准噶尔盆地油气勘探开发系列丛书

中深层稠油油藏开发技术与实践
——以吉7井区为例

彭永灿 秦 军 谢建勇 等著

石 油 工 业 出 版 社

内 容 提 要

本书通过理论研究与生产实践相结合，系统介绍了中深层稠油油藏开发多学科综合研究的思路、方法和技术，系统阐述了中深层稠油油藏渗流特征、采油机理、开发特征等，并以吉7井区为例，精细刻画油藏地质特征，结合物模、数模研究成果，确定适合吉7井区的开发方式及开采工艺。本书是对深层稠油油藏开发研究和实践的完善和总结，反映了该方面最新的成果。

本书可供从事稠油油藏开发工作的科研人员、工程技术人员及相关高校的师生学习和参考。

图书在版编目（CIP）数据

中深层稠油油藏开发技术与实践 / 彭永灿等著．—
北京：石油工业出版社，2018.1
（准噶尔盆地油气勘探开发系列丛书）
ISBN 978-7-5183-2389-0

Ⅰ．①中… Ⅱ．①彭… Ⅲ．①油层开采-稠油开采
Ⅳ．①TE355.9

中国版本图书馆 CIP 数据核字（2017）第 313979 号

出版发行：石油工业出版社
（北京安定门外安华里 2 区 1 号　100011）
网　址：www.petropub.com
编辑部：（010）64523708
图书营销中心：（010）64523633
经　　销：全国新华书店
印　　刷：北京中石油彩色印刷有限责任公司

2018 年 1 月第 1 版　2018 年 1 月第 1 次印刷
787×1092 毫米　开本：1/16　印张：16
字数：380 千字

定价：150.00 元
（如发现印装质量问题，我社图书营销中心负责调换）

《中深层稠油油藏开发技术与实践——以吉7井区为例》编写人员

彭永灿　秦　军　谢建勇　邱子刚

孔垂显　谭文东　梁成刚　史燕玲

卢志远　崔志松　石　彦　张宗斌

周　阳　罗鸿成　高宇慧

序

准噶尔盆地位于中国西部,行政区划属新疆维吾尔自治区。盆地西北为准噶尔界山,东北为阿尔泰山,南部为北天山,是一个略呈三角形的封闭式内陆盆地,东西长 700 千米,南北宽 370 千米,面积 13 万平方千米。盆地腹部为古尔班通古特沙漠,面积占盆地总面积的 36.9%。

1955 年 10 月 29 日,克拉玛依黑油山 1 号井喷出高产油气流,宣告了克拉玛依油田的诞生,从此揭开了新疆石油工业发展的序幕。1958 年 7 月 25 日,世界上唯一一座以石油命名的城市——克拉玛依市诞生。1960 年,克拉玛依油田原油产量达到 166 万吨,占当年全国原油产量的 40%,成为新中国成立后发现的第一个大油田。2002 年原油年产量突破 1000 万吨,成为中国西部第一个千万吨级大油田。

准噶尔盆地蕴藏着丰富的油气资源。油气总资源量 107 亿吨,是我国陆上油气资源当量超过 100 亿吨的四大含油气盆地之一。虽然经过半个多世纪的勘探开发,但截至 2012 年底石油探明程度仅为 26.26%,天然气探明程度仅为 8.51%,均处于含油气盆地油气勘探阶段的早中期,预示着巨大的油气资源和勘探开发潜力。

准噶尔盆地是一个具有复合叠加特征的大型含油气盆地。盆地自晚古生代至第四纪经历了海西、印支、燕山、喜马拉雅等构造运动。其中,晚海西期是盆地坳隆构造格局形成、演化的时期,印支—燕山运动进一步叠加和改造,喜马拉雅运动重点作用于盆地南缘。多旋回的构造发展在盆地中造成多期活动、类型多样的构造组合。

准噶尔盆地沉积总厚度可达 15000 米。石炭系—二叠系被认为是由海相到陆相的过渡地层,中、新生界则属于纯陆相沉积。盆地发育了石炭系、二叠系、三叠系、侏罗系、白垩系、古近系六套烃源岩,分布于盆地不同的凹陷,它们为准噶尔盆地奠定了丰富的油气源物质基础。

纵观准噶尔盆地整个勘探历程,储量增长的高峰大致可分为西北缘深化勘探阶段(20 世纪 70—80 年代)、准东快速发现阶段(20 世纪 80—90 年代)、腹部高效勘探阶段(20 世纪 90 年代—21 世纪初期)、西北缘滚动勘探阶段(21 世纪初期至今)。不难看出,勘探方向和目标的转移反映了地质认识的不断深化和勘探技术的日臻成熟。

正是由于几代石油地质工作者的不懈努力和执著追求,使准噶尔盆地在经历了半个多世纪的勘探开发后,仍显示出勃勃生机,油气储量和产量连续 29 年稳中有升,为我国石油工业发展做出了积极贡献。

在充分肯定和乐观评价准噶尔盆地油气资源和勘探开发前景的同时,必须清醒地看到,由于准噶尔盆地石油地质条件的复杂性和特殊性，随着勘探程度的不断提高，勘探目标多呈“低、深、隐、难”特点，勘探难度不断加大，勘探效益逐年下降。巨大的剩余油气资源分布和赋存于何处，是目前盆地油气勘探研究的热点和焦点。

由新疆油田公司组织编写的《准噶尔盆地油气勘探开发系列丛书》在历经近两年时间的努力，今天终于面世了。这是第一部由油田自己的科技人员编写出版的专著丛书，这充分表明我们不仅在半个多世纪的勘探开发实践中取得了一系列重大的成果、积累了丰富的经验，而且在准噶尔盆地油气勘探开发理论和技术总结方面有了长足的进步，理论和实践的结合必将更好地推动准噶尔盆地勘探开发事业的进步。

系列专著的出版汇集了几代石油勘探开发科技工作者的成果和智慧，也彰显了当代年轻地质工作者的厚积薄发和聪明才智。希望今后能有更多高水平的、反映准噶尔盆地特色地质理论的专著出版。

“路漫漫其修远兮，吾将上下而求索”。希望从事准噶尔盆地油气勘探开发的科技工作者勤于耕耘，勇于创新，精于钻研，甘于奉献，为“十二五”新疆油田的加快发展和“新疆大庆”的战略实施做出新的更大的贡献。

新疆油田公司总经理 陈洪发

2012.11.8

前言

浅层（埋深 100~600m）稠油油藏的开发技术已经比较成熟，不乏成功开发的范例。而吉 7 井区梧桐沟组油藏属深层中低渗透稠油油藏，由于井深在 1500m 左右，井口注热井身热损失大，如采用隔热油管进行保温，经济投入大，因此采取热采方式对吉 7 井区这样的中深层油藏不会取得很好的开发效果，经济有效的开发方式难以确定。

吉 7 井区梧桐沟组油藏探明含油面积 $25km^2$、石油地质储量 7206×10^4t，是新疆维吾尔自治区自新疆油田公司陆梁油田以后近十五年发现的首个储量超过 7000×10^4t 的整装油田。但是油藏开发存在诸多难点：（1）断块多（7 个）、跨度大（55~117m）、油层纵向分散（0.25~0.54），开发层系难组合；（2）原油性质、油水关系复杂造成油藏性质差异大，开发方式必须考虑具有针对性和经济性；（3）多层系交叉实施会造成地面施工条件复杂，后续施工地面很难达到安全环保标准，全面整装同步动用难；（4）常规有杆泵入井困难，无法有效举升；特种抽稠泵泵效低、提产效果较差；电加热、掺稀辅助举升提产效果好，技术可行，但采油成本高，经济上不可行，相配套的开采工艺还需要探索。

通过技术攻关、滚动开发，目前已建成 50×10^4t 以上的年产能规模，形成了配套的开发思路和工程技术，实现了油田的经济高效开发动用，为类似油藏的高效开发起到示范引领作用。本书即是以吉 7 井区梧桐沟组油藏开发实践为主线，从油藏开发地质基础出发，阐述了油藏地质特点、渗流机理、提高采收率、开发动态研究、开发方式、开采工艺、效果评价等内容。本书重在实际应用环节，注重理论与实际结合，是地质、工程、现场实施一体化集体智慧的结晶，相信本书的出版，将为中低渗透深层稠油油藏的有效开发动用打开更好的工作思路。

本书引用了前人的大量研究成果和文献，有些引用在书末可能没列出参考文献名称及作者，敬请谅解。本书一共包括六个章节。前言、第三章及第四章由彭永灿执笔编写，第二章由秦军执笔编写，第一章由邱子刚编写，第五章由谢建勇执笔编写，第六章由孔垂显编写，同时梁成刚、史燕玲和崔志松也参与了部分图件和文字的编写工作。全书由彭永灿负责统稿。

本书难免有不足之处，敬请各位读者批评指正。

CONTENTS 目 录

第一章　绪　　论

世界油气资源中稠油所占比例较大。稠油油藏分布范围十分广，世界上各产油国基本都有稠油。随着轻质油开采储量的减少，稠油开采技术的不断发展和完善，21 世纪动用的油气资源中稠油所占比重将逐渐增大，因此，稠油具有日益重要的战略地位。中国稠油资源分布广泛，已在 12 个盆地发现了 70 多个稠油油田（丁树柏等，2001；杜殿发等，2010）。其中，准噶尔盆地中深层稠油资源量较大，中深层稠油油藏的规模有效开发，对于维护新疆经济稳定发展、支持西部大开发战略、推动中国油气工业快速发展和改善环境等具有重要意义。

第一节　国内外稠油油藏分类及特征

稠油是指在油层条件下黏度大于 50mPa・s 的原油。国际上称稠油为重油（Heavy Oil）或沥青（Bitumen）。据统计，世界范围内稠油的地质储量约为 1000×10^8t。稠油资源丰富的国家有加拿大、委内瑞拉、美国、原苏联、中国、印度尼西亚等，其资源量约为（4000～6000）$\times10^8$m^3（含预测资源量），稠油年产量达 1.27$\times10^8$t 以上。加拿大稠油最为丰富，阿尔伯达盆地是主要分布区，有阿萨巴斯卡、冷湖及和平河等 8 个大油田，地质储量约为（2680～4000）$\times10^8$t。委内瑞拉 4 个已知稠油聚集区，地质储量约为（490～930）$\times10^8$t，主要分布在玻利瓦尔油区、东委内瑞拉盆地及其南部的奥里诺科重油带。美国稠油地质储量约（90～160）$\times10^8$t，克恩河油田是其主要的稠油油田。原苏联总体勘探和认识程度较低，约有 200 个稠油油田，地质储量约 1200×10^8t（于连东，2001；李秀娟，2008）。

中国稠油资源比较丰富，陆上稠油资源约占石油资源总量的 20%以上，预测资源量为 213.6$\times10^8$t，其中可探明的地质储量为 79.5$\times10^8$t，可采储量为 19.1$\times10^8$t。目前，已经在松辽盆地、二连盆地、渤海湾盆地、南阳盆地、苏北盆地、江汉盆地、四川盆地、珠江口盆地、准噶尔盆地、塔里木盆地、吐哈盆地等 11 个盆地中发现了 70 多个稠油油田，这些稠油油田主要集中在辽河、胜利、新疆克拉玛依及河南 4 大油区。最近几年在吐哈盆地、塔里木盆地发现了超深层稠油资源。

中国陆上稠油油藏多数为中新代陆相沉积，少量为古生代的海相沉积（邹才能，2011；康玉柱等，2014）。埋藏浅，一般分布在各含油气盆地的边缘斜坡地带及边缘隆起倾没带，也分布于盆地内部长期发育断裂带隆起上部的地堑，油藏埋藏深度一般小于 1800m，有的可露出地表，有的则距地表 80m 左右。稠油与常规轻质油藏有共生关系，受二次运移中生物降解及氧化等因素控制，在一个油气聚集带中，从凹陷中部向边缘逐渐变稠。陆相重质油，由于受成熟度较低的影响，沥青含量较低，胶质成分高，因此相对密度较低。多数稠油油藏为砂岩油藏，其沉积类型一般为河流相或河流三角洲相，储层胶结疏松，成岩作用低，固结性能差，所以生产井中容易出砂。储层物性好，具有高孔隙度、高渗透率的特点，孔隙度一般为 25%～30%，空气渗透率一般为 0.5～2.0D。

一、稠油分类的国际标准

不同的国家对稠油的称谓和定义标准并不一致，国际上原油价格是按质论价，相对密度大的原油轻质馏分少，价格就低，所以采用相对密度或原油重度（API）来表征稠油的特征及分类。

随着稠油储量的增加、稠油开采及加工技术的进步及生产规模的扩大，建立统一的定义与认识则成了业内所关注的问题，在稠油勘探开发中应关注以下几个方面：

（1）从定义上将天然油藏中存在的重油及沥青明确地与原油炼制产品中的重油与沥青区别开来；

（2）用以黏度为主的适用于油田勘探开发的分类方法取代以相对密度为主的适用于商品贸易的分类标准；

（3）合理地确定重油及沥青的分类标准，即定量确定重质原油的分界线值及普通重油与沥青分界线值；

（4）将重油与沥青的分类形成更科学的体系，有利于稠油开采技术的发展。

第二届国际重质油沥青砂学术会议上联合国培训研究署（UNITAR）对各国分类标准比较研究后推荐的分类标准，见表1-1。

分类标准中使用了原油重度（°API），它与相对密度的换算关系为

$$\gamma=141.5/(131.5+°API)\times\{2500/[2400+T(°F)]\}$$

当温度为60℉（即15.6℃），上式可以简化为

$$\gamma=141.5/(131.5+°API)$$

表1-1　由UNITAR推荐的重油及沥青分类标准

分类	第一指标		第二指标
	黏度①（mPa·s）	密度（kg/m³）（15.6℃）	重度（°API）（15.6℃）
重质原油	100～10000	934～10000	10～20
沥青	>10000	>10000	>10

注：①指在油藏温度下的脱气原油黏度，用油样测定或计算得到。

联合国培训研究署推荐的重质原油定义及分类标准的要点是：

（1）作为国际上研究稠油资源分类的基础，应将黏度作为确定重质原油及沥青砂石油的主要指标。当黏度测量不准或缺乏其数值时，用原油重度（°API）来确定；

（2）重质原油是指脱气原油在原始油层温度下，黏度为100～10000mPa·s或在15.6℃（60℉）及大气压力下比重为943（20°API）～1000kg/m³（10 °API）；

（3）沥青砂是指脱气油在原始油层温度下黏度大于10000mPa·s，或者在156 ℃（60℉）及大气压力下比重大于1000kg/m³（小于10°API），实际上，在原始油藏条件下，沥青砂石油或沥青是半固体或固体状态，不能流动，常规方法无法采出；

（4）主要根据美国加州重质原油及沥青资料，推荐重质原油与沥青的黏度分界线为10000mPa·s。虽然可用，但并不很精确；

（5）这种分类法考虑了开采方法。对于埋藏浅、接近地表的沥青砂矿，可以采用开矿

方法将石油从矿砂中提炼出来。对于埋藏较深的重质原油及沥青，最主要的方法是热采，其中包括注蒸汽及火烧油层，其他如电热、钻水平井、坑道方法、注入溶剂、共生蒸汽及烟道气方法等。

联合国培训研究署推荐的上述分类标准，主要是针对重质原油和沥青，但比较粗略。法国和委内瑞拉分别提出了一个较细的分类标准，见表1-2。

表1-2 法国和委内瑞拉对稠油的分类标准

单位	分类	相对密度	原油重度（°API）	黏度（mPa·s）
法国石油公司	Ⅰ	0.934~0.965	20~15	100~1200
	Ⅱ	0.966~0.993	15~11	800~1500
	Ⅲ	0.994~1.000	11~4.5	1300~15000
委内瑞拉能源矿业部	重质油	0.934~1.000	20~10	<10000
	特重质油	>1.000	<10	<10000
	天然沥青	>1.000	<10	>10000

原油重度与相对密度的运算关系为

$$\rho=\frac{141.5}{131.5+{}^{\circ}\mathrm{API}}\times\frac{2500}{2440+T}$$

当温度为60F（15.56℃）时上式可简化为

$$\rho=\frac{141.5}{131.5+{}^{\circ}\mathrm{API}}$$

式中 ρ——原油相对密度；

T——华氏度。

二、稠油分类的中国标准

中国稠油沥青质含量高，金属含量低，稠油黏度偏高，相对密度较低，刘文章（1983、1997）根据中国重质原油（稠油）的特点，提出了中国稠油的分类标准，见表1-3。该标准以原油黏度作为主要分类指标，以原油密度作为辅助分类指标，将稠油细分为3大类4级，没有考虑储层性质参数标准。

表1-3 中国稠油分类标准

稠油分类			主要指标	辅助指标	开采方式
名称	类别		黏度（mPa·s）	相对密度（20℃）	
普通稠油	Ⅰ		50[①]（或100）~10000	>0.9200	可先注水再热采热采
	亚类	$Ⅰ_1$	50[①]~150[①]	>0.9200	
		$Ⅰ_2$	50[①]~10000	>0.9200	
特稠油	Ⅱ		10000~50000	>0.9500	热采
超稠油（天然沥青）	Ⅲ		>50000	>0.9800	热采

注：①指在油藏条件下的原油黏度。

在中国的分类标准中，强调了以下几点：

（1）分类标准尽可能与国际标准一致，这有利于国际间交流与合作，也便于进行稠油资源评价和开采方式选择。

（2）以原油黏度为第一指标，相对密度为辅助指标，当两个指标发生冲突时则按黏度进行分类。

考虑到原油黏度测定，在分类标准中对普通稠油列出了两种情况。在油层条件下原油黏度较小时，应尽可能采用井下取样测量油层条件下的原油黏度。对于高黏度的原油，下井取样非常困难，在分类标准中采用了油层温度下的脱气原油黏度。

（3）分类标准中将稠油分为普通稠油、特稠油、超稠油。这有利于稠油资源的分类评价和开采方式选择。

以辽河油田为例，辽河各油田生产的稠油物性差异较大（任芳祥等，2012；王旭，2006），根据稠油特征及生产情况，可将其分为普通稠油、特稠油和超稠油 3 类。

（1）普通稠油黏度为 200~5000mPa·s，约占稠油总产量 70%。

（2）特稠油黏度为 5000~50000mPa·s，生产难度较大，约占稠油总产量 15%。

（3）超稠油黏度大于 50000mPa·s，近几年开始规模开采，约占稠油总产量 15%。超稠油的储量较大，埋深较浅，约在 700~800 m。

同时，还可以以深度为标准对油藏埋藏深度进行划分：中深层（600~900m）、深层（900~1300m）、特深层（1300~1700m）、超深层（大于 1700m）。吉 7 井区在此标准的基础上，结合油田实际地层条件，将其划定为中深层稠油油藏。

三、稠油基本特性

常规稠油疏松砂岩油藏深度浅、地质时代新，多属次生油藏。储层多为河道砂，少量浊积砂，油层疏松。胶结物以泥质为主。油层物性好，非均质严重，其中地下原油黏度大于 50mPa·s，脱气原油密度大于 0.94~0.95g/cm^3 的储量占这类油藏总储量的 2/3。

1. 稠油与普通原油的区别

（1）高黏度、高相对密度是稠油区别于普通轻质原油的主要指标。稠油中的胶质和沥青含量高，轻质组分少，而且随着胶质与沥青含量的增多，稠油的相对密度及黏度也在增加。

（2）稠油的黏温关系。稠油的黏度对温度敏感性强，随温度增加稠油黏度急剧下降。

（3）稠油中的硫、氧、氮等原子和稀有金属含量较多，石蜡含量一般较低。

（4）同一稠油油藏，原油性质在垂向上油层的不同井段及平面上的不同区域大多有很大差别，需要对油藏进行精细研究和描述。

（5）稠油流变特征。流变性是指黏性流体的流动特征，它主要受石油的组分，特别是沥青质和结晶石蜡等含量的影响，对一定的原油来说又受剪切速率、温度、压力影响。在稠油热采中，通过研究在不同温度、不同剪切速率下其表观黏度的变化规律，可以对不同流变型原油采取相应的工艺措施来提高热采效益。一般来说 50℃ 时原油黏度越高，其屈服值和转变成牛顿流体的温度也越高。超稠油和特稠油多属于具有一定屈服值的宾汉流体，在温度大于 70℃ 时变成中黏流体。热采普通稠油的流变性有低屈服值的宾汉流体、低屈服值的假塑性流体和低屈服值的塑性流体，其转变成牛顿流体的温度比特稠油和超稠油低，一般为40~50℃。

2. 中国稠油油藏的主要特征

与国外稠油油藏相比，中国稠油油藏具有以下主要特征（李涛等，2005；张方礼，2007；蔡国刚等，2010）。

1）稠油成因类型多，原油黏度涵盖范围广，原油组分中胶质沥青质含量高

中国稠油油藏的形成主要受盆地后期构造抬升活动、生物降解作用、地层水洗和氧化作用，以及烃类轻质组分散失等因素影响，而晚期构造运动是主导因素，其他因素是在这一背景下的叠加。按上述因素可将稠油油藏分为风化削蚀、边缘氧化、次生运移和底水稠变等4种类型。按原油黏度的标准，分为普通稠油、特稠油和超稠油。在中国石油的探明储量中，普通稠油占74.7%；特稠油占14.4%；超稠油占10.9%。在50℃条件下，脱气原油黏度最高达1.23×10^6mPa·s；稠油中胶质、沥青质含量高，油质含量低。稠油中胶质、沥青质含量一般大于30%，烷烃、芳香烃含量则小于60%（表1-4）。

表1-4 稠油组分对比表

国家	油田	原油相对密度	组分成分（%）		
			油质	胶质	沥青质
中国	高升	0.940~0.960		45.40	3.3
	孤岛	0.946		32.90	7.8
加拿大	Athabasca	1.015	43.49	23.39	18.0
	Cold Lake	0.994	53.57	28.32	15.0
	Peace River	1.026	50.00	30.50	19.5
委内瑞拉	Jobo	1.020		25.40	8.6

原油的基本组成是碳氢化合物，其中碳元素含量占80%~90%（质量百分比），氢元素含量占10%~14%，碳氢比约为5.9~8.5。其他元素（氧、硫、氮）约占1.0%左右，有时可达2.0%~3.0%。稠油与轻质原油在其化学组成中的重大差别之一在于稠油含氢量低、碳氢比大。氢含量一般小于12%，碳氢比一般大于7.0。原油中的碳氢化合物主要以不同碳链的烷烃、环烷烃、芳香烃构成。除此之外，原油中特别是稠油中还含有大量的氧、氢、硫的化合物及灰分。

稠油黏度对温度敏感，随温度升高，原油黏度急剧下降，黏度与温度关系曲线在ASTM坐标纸上呈直线变化，温度每升高10℃左右，黏度往往降低一半，此外，稠油中也溶解有天然气（一般溶解天然气量较小），这可使其黏度大大降低。

图1-1比较了水、轻质油和稠油黏度随温度的变化关系。当温度从100℉升高至400℉时，稠油（12°API）的黏度降低至原来的1/12。而水的黏度只降低至原来黏度的1/4。正是利用稠油的这种特性，采用注蒸汽热力开采，可以有效地改善稠油在地层中的流动状态。

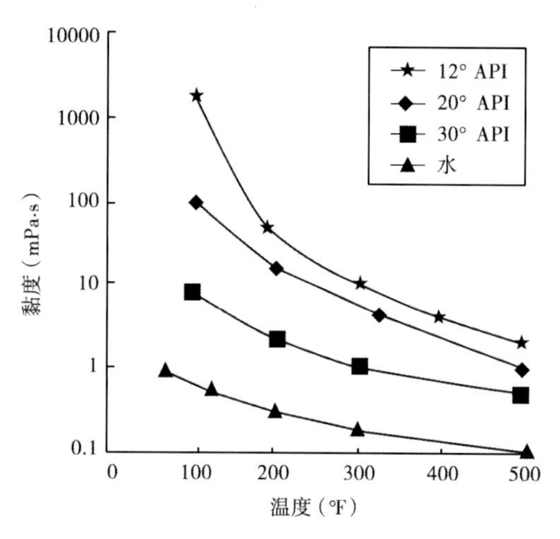

图 1-1 水、轻质油和稠油黏度随温度的变化关系

2）稠油储层以粗碎屑岩为主，油层胶结疏松，储层非均质强

稠油油藏储层多为粗碎屑岩，中国稠油油藏有的为砂砾岩，多数为砂岩，其沉积类型一般为河流相或河流三角洲相，储层胶结疏松，成岩作用低，固结性能差，泥质含量偏高，一般为6%~9%，因而，生产中油井易出砂。

稠油油藏储层物性较好，具有高孔隙度、高渗透率的特点。孔隙度一般为25%~30%，空气渗透率一般高于0.5D。但储层非均质强，纵向层间渗透率级差往往大于20~30倍，渗透率变异系数为0.5~0.7。

3）油藏埋藏深度较深

中国已探明的稠油油藏，既有浅层、中等埋深层（600~900m）、深层（900~1300m），又有特深层（1300~1700m）、超深层（>1700m）。埋藏深度大于800m的稠油储量约占已探明储量的80%以上，其中约有一半油藏埋深在1300~1700m。吐哈油田的鲁克沁稠油油藏埋深在2400~3400m，塔里木盆地的轮古稠油油藏埋深在5300m左右。

4）油藏类型较多

受断层、构造和岩性等诸多因素影响，形成了复杂的油、气、水分布特征，从而导致中国稠油油藏类型多样。目前已投入开发的油藏类型有如下几种（刘新福，1996；张方礼，2007）：

（1）带气顶的块状厚层油藏。

该类型油藏具有统一的油水界面，统一的油气界面。储层多为冲积扇—扇三角洲砂砾岩体，砂岩体厚度较大，呈块状，隔层和夹层不发育，储层物性较好，属高孔隙度、高渗透率油层。油层孔隙度一般大于20%，渗透率一般大于1D，泥质含量在5%~10%，油藏埋深为1550~1700m。代表油藏为辽河高升油田莲花油层。

（2）具有边底水的多层油藏。

该类油藏与具有气顶的巨厚块状油藏相似，具有统一的油水界面，边底水体积较大，一般为油藏体积的8~10倍，开采过程中，边底水较活跃，对注蒸汽开发有着重要影响。代表油藏为辽河曙光油田曙175块大凌河油层和胜利油田单家寺单2块沙河街组油层。

（3）多油组厚互层油藏。

该类油藏大多数为多期河流—三角洲沉积复合体，砂泥岩间互，按沉积旋回分为几个油层组。油藏含油井段长，一般可达150~250m，油层层数多、厚度大、总厚度一般大于30m，单层厚度大于2m。各油层间物性和原油性质不同，油水关系比较复杂，各油层组具有独立的油水系统。储层物性好，孔隙度大，渗透率高。孔隙度一般大于25%，渗透率一般大于1D，油层多为泥质胶结，泥质含量大于5%。油层组间隔层比较稳定，厚度一般大于5m。油层组内夹层不稳定，净总厚度比一般大于0.6。代表油藏为辽河欢喜岭锦45块于楼、兴隆台油层。

（4）多油组薄互层油藏。

该类油藏油层层数多，单层厚度小，净总厚度比小，一般在 0.3~0.6，油层物性差。代表油藏为辽河曙光油田一区杜家台油层、河南井楼和古城油田。

（5）单层状构造岩性油藏。

该类油藏多为分流平原河流相沉积，河床相为一套以含砾砂岩、中粗砂岩为主的碎屑沉积，分布稳定，油层厚度一般大于 10m，油层较集中，构造相对简单，隔层和夹层不发育，但油层内有泥岩条带和岩性夹层，油层集中段净总厚度比一般大于 0.5，油层物性的好坏与沉积相带有关，非均质较严重，天然能量小。代表油藏为新疆克拉玛依油田九区。

（6）薄层状油藏。

储层为一套含砾细砂岩和粉砂岩、胶结疏松，物性好。储层砂体厚度小，但又细分小层，层间有较稳定的泥岩隔层和夹层，油层厚度一般小于 10m。代表油藏为河南井楼零区。

（7）超深层稠油油藏。

吐哈油田鲁克沁稠油埋深 2300~3700m，含油井段 50~180m，单井平均油层厚度 35.3m，油水分布主要受断层和构造形态控制。

塔里木油田轮古 15、轮古 40 奥陶系稠油油藏，埋深 5200~5700m，为具有倾斜油底的准层状碳酸盐岩溶缝洞型复杂潜山油藏，储层类型为裂缝型、裂缝孔洞型和裂缝溶洞型，溶孔溶洞分布很不均一。

5）油水系统复杂

大部分稠油油藏具有边底水。多层状稠油油藏，含油井段达 150~300m，按沉积旋回可划分为数个油层组，发育 20~30 个小层，具有多套油水系统，油水关系复杂；块状稠油油藏，油层厚度达 30~70m，层内隔层、夹层不发育，具有较活跃的边底水，水体体积一般为含油体积的 8~10 倍；单层状油藏油层厚度较小，一般为 10~20m，油藏较集中，油水关系较简单。

第二节　稠油开发技术进展

一、国外稠油开发技术进展

1. SAGD 开发技术

1998 年以来加拿大在不同类型的重油油藏中已经开辟了多个 SAGD 试验区，截至 2011 年底，加拿大商业化 SAGD 项目达 23 个，年生产能力达 2000×10^4t 以上，另有 35 个 SAGD 项目正在规划和实施中，其中 PanCanadian 和 OPTI Canadian 两个较大的石油公司 SAGD 日产油量达到 10000t 以上。SAGD 技术在加拿大已经成熟并得到工业化应用。

2. 火驱辅助重力泄油技术（THAI 技术）

THAI 技术最早于 1991 年由英国巴斯大学的 Malcolm Greaves 提出，1998 年先后在美国、加拿大、委内瑞拉获得专利。巴斯大学通过 120 组以上的三维物理模拟实验，对 THAI 基础理论和机理进行了室内实验研究。

2006 年加拿大 White sands Pilot Project 油田开展了世界上第一个 THAI 火烧项目的先导试验，2008 年进行了另外 3 个井组的扩大试验，单井产油量初期为 20t/d，稳定期为 100～160t/d，含水率 23%。

2007 年以来，在 Athabasca White Sands 油田先导试验的基础上，先后又开展了 3 个井组 THAI 先导试验，对于火线的监测和调控、火线的扩展情况及先导试验的最终效果仍需进一步跟踪研究。

3. 二氧化碳混相/非混相驱技术

1986 年以来，国外二氧化碳混相/非混相驱矿场实施项目已由 38 项增加到 2006 年的 82 项，目前采用二氧化碳混相/非混相驱产油量已经达到每天 3.7×10^5bbl。特别是北美地区近 10 年来注气驱、注气吞吐开发油藏的配套技术发展很快，已成为除热采之外发展较快的提高采收率方法。

目前，西方很多大石油公司加强了新一轮提高采收率的矿场实施工作，注气驱和注气吞吐开发油藏的产出量增加了 50%以上，近几年还有增长的趋势。注气驱仍以逐年增长的态势和显著的成效成为具有很大潜力和前景的技术。

4. 火烧油层开发技术

火烧油层开发技术从 20 世纪 20 年代起，在世界上 150～160 多个稠油和轻质油油藏上进行了现场试验，并取得了一定的成果。1998 年全世界共有 29 个火驱项目，火驱开发日产原油 4800t，单井日产油 4.8t。其中，美国的 8 个火驱项目日产油 960t；加拿大的 3 个项目日产油 1040t，火驱产能规模占非蒸汽开采的 50%以上；印度与罗马尼亚各有 5 个火驱项目，罗马尼亚原油总产量中 10%以上的产量是用该方法开采出的。

5. 蒸汽驱开发技术

蒸汽驱开发技术起源于 20 世纪 50 年代。1952 年壳牌石油公司首次在美国加州的 Yorba Linda 油田开始蒸汽驱矿场试验；1968 年雪佛龙石油公司又在 Kern River 油田开展了 10 井组的蒸汽驱矿场试验。蒸汽驱技术自诞生后，经历了 60 年代、70 年代的缓慢发展，80、90 年代的突飞猛进，已发展成了一项成熟的热采技术。目前，国外几个大型的蒸汽驱的油田有：美国的 Kern River 油田、Belridge 油田、Midway Sunset 油田、印度尼西亚的 Duri 油田、委内瑞拉的 Bare 油田、加拿大的 Cold Lake 和 Peace River 油田。蒸汽驱开发技术已在国外得到大规模应用。

二、中国稠油开发技术进展

1. SAGD 开发技术

辽河油田“十五”以来，在杜 84 块超稠油油藏开展了直井—水平井组合 SAGD 先导试验。2008 年底，杜 84 块 SAGD 10 个试验井组较原方式 3 年累计增产 21.2×10^4t，其中 2008 年增产 12.5×10^4t，对当年减缓油区递减贡献 0.5%，采油速度高达 5.1%和 3.5%。通过科技攻关与现场实践，在杜 84 块 SAGD 工业化试验中形成了高效汽水分离技术、产出液计量与换热技术、生产井多点温度和压力监测技术及观察井管外光纤监测技术等多项主要配套工艺技术。

新疆油田于2008年、2009年分别在重32井区和重37井区开辟了两个双水平井SAGD先导试验区，开展了11个井组的浅层超稠油SAGD先导试验，已全部成功转入SAGD生产。经过3年多的现场试验和技术攻关，重32井区SAGD先导试验区累计产油9.3×10^4t，单井组日产油量达到32.0~61.0t，重37井区SAGD先导试验区累计产油9.1×10^4t，单井组日产油量达到9.34~35.6t，已初步形成了一套地质油藏、钻井、采油、地面等SAGD开发配套技术，但需要进一步完善和配套。

2. 火驱辅助重力泄油技术

中国火驱辅助重力泄油技术的室内物模实验和数值模拟取得一定进展。中国石油勘探开发研究院在平面火驱室内研究和矿场试验研究的基础上，初步配套了加速量热仪、同步扫描量热仪、燃烧釜实验、一维火驱实验、三维火驱物理模拟技术设备和系列方法。

目前新疆油田完成了火驱辅助重力泄油先导试验方案研究工作，在风城重18井区部署了3个井组的先导试验区。

2012年初在辽河油田曙13832区块开展了国内第一个吞吐后转水平井火驱先导试验，但从初期的动态反应看，水平井火驱采油工艺复杂，燃烧前缘控制难度大。

3. 二氧化碳混相/非混相驱技术

大庆油田从20世纪60年代开始就在小井距进行了早期注二氧化碳水及二氧化碳—轻质油提高采收率的矿场试验，分别比水驱提高采收率7.3%和6%，1985年大庆油田开始二氧化碳非混相驱油先导性矿场试验研究，1988年在萨南东部过渡带开辟了注二氧化碳试验区，1990—1995年先后对葡2油层和萨10-14油层进行了非混相二氧化碳驱油先导性矿场试验。此外，江苏油田富14断块、胜利油田桩西油区、苏北洲城油田也相继开展了一系列矿场试验。

4. 火烧油层开发技术

1958年起，先后在新疆、玉门、胜利、吉林和辽河等油田开展了火烧油层试验研究。1980年以来，中国石油勘探开发研究院和中国科学院化学所相继开展火烧油层的物理模拟、化学模拟和数学模拟研究，开展了大量的室内实验，也进行了现场火烧可行性研究、施工设计与预测。目前，火烧油层开发稠油油藏还处于试验探索阶段。

5. 蒸汽驱开发技术

1992年，新疆油田在九1—九6区开展了不同井距蒸汽驱工业化应用，最高年产油量达到了90×10^4t，目前已连续汽驱生产20余年，整体区块采收率达到40%以上，已形成成熟配套的浅层稠油普通稠油、特稠油蒸汽驱技术。2009年开辟了百重7井区水平井与直井组合汽驱开采先导试验区，从2009年7月至2011年底，累计产油5.11×10^4t，汽驱采出程度8.06%，单井日产油由1.1t上升至1.8t，油汽比由0.07上升到0.12，见效率84%，产量递减明显减缓，试验取得了较好效果，为实现水平井蒸汽吞吐中后期转换方式提供了技术思路。2011年开辟了重32井区超稠油小井距蒸汽驱试验，取得了较好的生产效果。先导试验的初步成功，为进一步扩大超稠油小井距汽驱规模，实现超稠油蒸汽吞吐中后期转换方式提供了技术思路。

第三节　中国稠油勘探开发历程及典型油田实例分析

一、中国稠油勘探开发历程

中国国稠油主要分布在胜利、辽河、大港、新疆和吉林等油区，有效开发此类油田对稳产和增产具有重要意义。

1. 中国稠油油藏开发历程

早在 1958 年，准噶尔盆地西北缘断阶带发现了乌尔禾—夏子街浅层稠油带，钻探 48 口井，发现 2 个浅层稠油层，分布面积几十平方千米。在克拉玛依黑油山可以看到浅层稠油油砂露头。从 1965 年开始，在黑油山浅油层进行了几口油井的蒸汽吞吐开采试验。1967—1971 年在黑油山 8042 井组进行了蒸汽驱试验。汽驱 1 年 5 个月，原油采收率高达 68%，累计油汽比为 0.115t/m^3；如按高峰末期计算，采收率约 60%，油汽比为 0.148t/m^3。以后又在其他浅层油井进行蒸汽吞吐开采。到 1980 年底，共进行了 47 次吞吐作业，拉开了中国稠油热采的序幕。

1978 年，在中国东部辽河油区发现了高升稠油油田，到 1982 年，已相继发现了 20 多个稠油油藏。尽管东部地区的稠油油藏多数埋藏深度超过 800m，甚至达到 1700m；原油黏度高达数千至 10000mPa · s，但油层较厚，油层物性较好，储量丰度高，储量大。国民经济建设对原油增长的需求，要求尽快开发这些稠油油藏。因而在原石油工业部领导的重视及具体组织下，以东部为主攻地区，以深层稠油为主要对象，开始了中国稠油开发技术的崭新的发展时期。

从 1980 年到目前，中国稠油开发技术的发展大致经历了 3 个阶段。一是 1980—1985 年，以稠油蒸汽吞吐开采技术为重点；二是 1986—1990 年，以稠油蒸汽吞吐技术推广应用与稠油蒸汽驱先导试验为重点；三是 1991—1995 年，以改善蒸汽吞吐及蒸汽驱开采效果为重点，连续进行技术攻关。

值得指出的是，辽河油田与中国石油勘探开发研究院密切合作，在深井注蒸汽关键技术研究的基础上，采用国产隔热油管，于 1982 年首次在高升油田深度 1600m 的 7 口油井蒸汽吞吐试验成功，当年热采产量 1.2×10^{4}t，成为中国稠油热采技术发展的新起点。中国石油勘探开发研究院创建了热采试验室，后来成为稠油热采研究中心（研究所），以“双模”技术为主，发挥了推动热采技术的先驱作用。辽河油田在深井注蒸汽开采配套技术上发挥了“火车头”的作用。1984 年，两单位合作，完成了中国首个整装深层油田（高升油田）的稠油注蒸汽开发设计方案，投入实施获得了成功，年产油量高达 1×10^{6}t。由于深井稠油油藏蒸汽吞吐技术的重大突破，使得蒸汽吞吐开采产量大幅度增加，由第一周期单井产量几吨甚至不出油的情况，迅速增加到 50t/d 以上，有少数油井产量甚至高达 80t/d 以上，因而被很快地推广应用到了其他油田。

中国稠油开发，从 1982 年油层最深的高升油田（深度 1600～1700m）蒸汽吞吐技术试验成功成为新起点，经过十几年的时间，热采技术不断完善，开发水平不断提高，开发规模不断扩大，稠油产量持续大幅度增长，到 1995 年为止，累计热采产量达 7780×10^{4}t。从

1985 年起，平均每年增长 100×10^4t 以上，同时经济效益十分显著，先后建成了辽河、新疆、胜利、河南 4 个稠油生产基地及中国石油勘探开发研究院稠油热采研究中心，为中国稠油开发做出了贡献。

最近 10 年，中国调油油藏的开发方式以蒸汽吞吐为主，稠油常规冷采年产量约为 100×10^4t。总体来说，稠油吞吐开发效果比较好，开采技术已经完善配套。但是，许多油藏或区块已处于吞吐开发的中后期，同时在油层的纵向动用程度上仍有待改善。而稠油蒸汽驱开采也正处于工业性试验和进一步的改进、完善阶段。随着近年来稠油产量大幅度增加，但可供开发的后备稠油资源接替不足的矛盾日益突出，因此，为保证稠油产量的稳定增长，必需有效动用超稠油资源，然而超稠油黏度很高（大于 5×10^4mPa・s），在地层条件下很难流动。目前，最有效果的方式就是热力采油，主要有蒸汽吞吐、蒸汽驱、蒸汽辅助重力泄油及火烧油层等。

根据国内各大稠油油田开采分析，一般来说，特稠油的开发方式为早期蒸汽吞吐，后期蒸汽驱；超稠油的开发方式为蒸汽吞吐，基本上还没有应用汽驱生产。而超稠油的生产特征受超稠油油品性质限制，主要表现为：在吞吐生产阶段，周期产量呈不对称“抛物线”型变化，同时吞吐周期产量低，周期生产时间短，油汽比低。同时，周期产量高峰出现的时间也随着油品性质的不同而异，对于高黏度的原油，周期产油量与油汽比的高峰期一般为 4~6 周期，而低黏度的原油，周期产油量与油汽比的高峰期一般为 3~5 周期。在蒸汽吞吐过程中，蒸汽超覆现象的发生将会严重影响油层的开采，使得油层在纵向动用程度低，吞吐开采效果差，采出程度低。通过对超稠油蒸汽吞吐的生产动态的预测与数值模拟分析，吞吐阶段的采出程度为 22%~29%。所以，扭转超稠油产量递减趋势，实现产量接替，转换开发方式是当前的重中之重。

2. 昌吉油田勘探开发历程及现状

昌吉油田是吉木萨尔凹陷发现的第一个油田（孙靖等，2011；德勒恰提・加娜塔依等，2011；罗鸿成等，2014；彭永灿等，2014），该油田的勘探历程，可分为以下 3 个阶段。

1）油藏发现阶段（1990 年）

吉木萨尔凹陷南北宽约 30 km，东西长约 60 km，面积约 $1278km^2$，属于盆地东部隆起的二级构造，勘探始于 20 世纪 50 年代，在凹陷的东斜坡相继钻探了吉 1、吉 2、吉 3、吉 10、吉 13 等井，共钻探进尺 12416m，1982—1989 年以地震勘探为主，完成二维地震测线总长 1030km，测网密度达 1km×1. 5km，共完钻探井 3 口。进入 20 世纪 90 年代，随着准东地区油气勘探的发展，先后钻探了吉 7、吉 8、吉 9 井。

吉 7 井钻于 1990 年，完钻井深 2341m，完钻层位二叠系芦草沟组。1990 年 10 月吉 7 井射开二叠系梧桐沟组二段（$P_3wt_2^2$）及二段二砂层组（$P_3wt_2^2$），分别获 2. 39t 和 4. 98t 的平均日产油量，发现了吉 7 井区梧桐沟组油藏。吉 8 井在二叠系梧桐沟组测试获 3 层低产油流，原油密度 $0.9383g/cm^3$，原油黏度 1231. 2mPa・s（50℃），受当时工艺条件限制，未获工业油流。吉 9 井在二叠系梧桐沟组试油为含油水层。基于当时的研究和认识程度，油质偏稠，难以采出，该区的勘探进展缓慢。

2）评价控制阶段（2004—2008年）

2004年实施吉17井区三维地震勘探，随着工艺技术进步与地质认识的不断深化，2007年先后对吉7、吉8、吉9井梧桐沟组开展老井恢复试油。吉7井压裂后，日产油5.02t；吉8井压裂后获日产油3.7t；吉9井老井恢复试油，压裂后日产油0.2t、水15.3m^3。

2008年针对该区油质较稠，产量低的情况，进行试油工艺技术攻关，开展防砂压裂试验、电加热和螺杆泵井筒举升工艺技术试验，油层增产效果显著，螺杆泵井筒举升技术应用经济可行，为吉7井区块二叠系梧桐沟组油藏开采工艺技术积累了经验，为油藏整体探明、开发奠定了基础。

目前，吉7井已累计产油1.19×10^4t，吉8井累计产油0.77×10^4t。2008年实施的评价井吉001井梧桐沟组获日产油2.42t。

2008年10月吉7井区梧桐沟组油藏上报石油控制地质储量2161×10^4t，含油面积13.1km^2，技术可采储量367.4×10^4t。根据井筒及地震资料分析认为该油藏为岩性油藏。

3）整体探明阶段（2009—2012年）

2009年对吉15井区和吉17井区三维进行了连片处理，满覆盖面积413.6km^2。随着井筒资料的逐步丰富与研究工作不断深入，圈闭及油藏认识有了较大变化，由原来的岩性油藏转变为以断块为主的构造油藏。

通过钻井资料与地震研究相结合，本区发现6个断块圈闭。2010年吉7井区块二叠系梧桐沟组油藏按照整体部署、分步实施的原则，先后实施评价井7口，均在梧桐沟组获工业油流。

2011年吉7井区外围开展滚动评价工作，发现了吉101井和吉103井断块圈闭，2011年共实施评价井9口，吉102井报废，吉010井试油为水层，其余井均在梧桐沟组获得工业油流。在评价基础上部署开发控制井11口，J1017井梧桐沟组为水层，其余井在梧桐沟组均获工业油流。

为了验证吉7井区块梧桐沟组油藏注水开发的可行性，为后期整体开发确定合理开发方式，在吉008井附近采用150m井距反七点井网部署注水试验井组，总井数19口，其中采油井12口（利用老井1口），注水井7口。考虑注采对应关系及注水试验效果，统一在梧二段（P_3wt_2）砂层射孔，油水井投产均未采取压裂措施，目前采油井、注水井均投产投注，初期单井日产油1.87~9.41t，平均日产油4.4t。

2012年吉7井区外围梧桐沟组进一步评价，共实施评价井12口，其中8口评价井在梧桐沟组获工业油流。

截至2012年11月，吉7井区块梧桐沟组累计产油8.06×10^4t。2012年12月，吉7井区梧桐沟组油藏上报探明石油地质储量7205.86×10^4t，叠合含油面积25.36km^2，技术可采储量1080.89×10^4t（图1-2、图1-3）。吉7井区$P_3wt_2^2$油藏含油面积15.21km^2，石油地质储量2676.42×10^4t。P_3wt_1油藏含油面积18.85km^2，石油地质储量4529.44×10^4t（表1-5）。

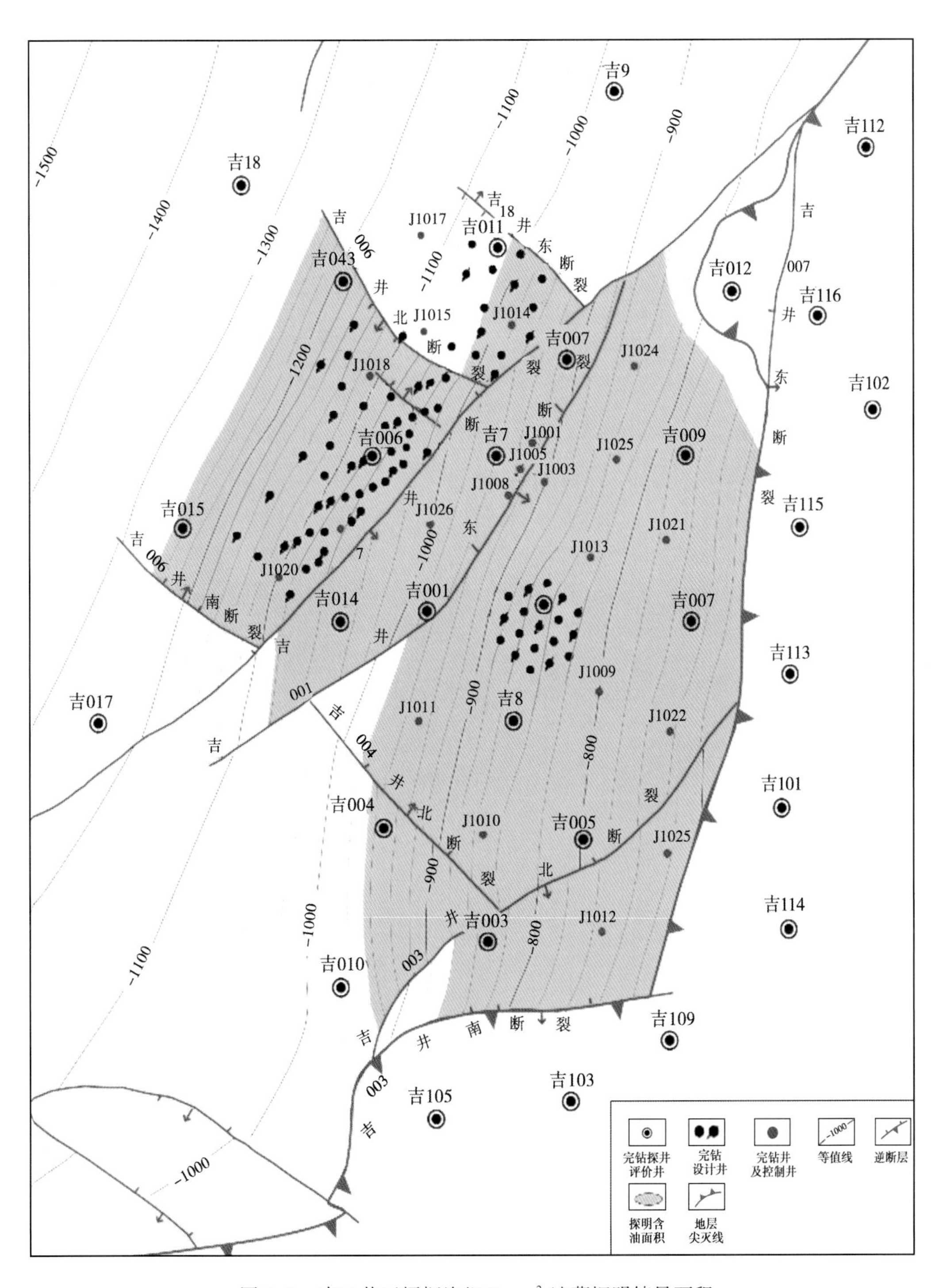

图 1-2 吉 7 井区梧桐沟组 $P_3wt_2{}^2$ 油藏探明储量面积

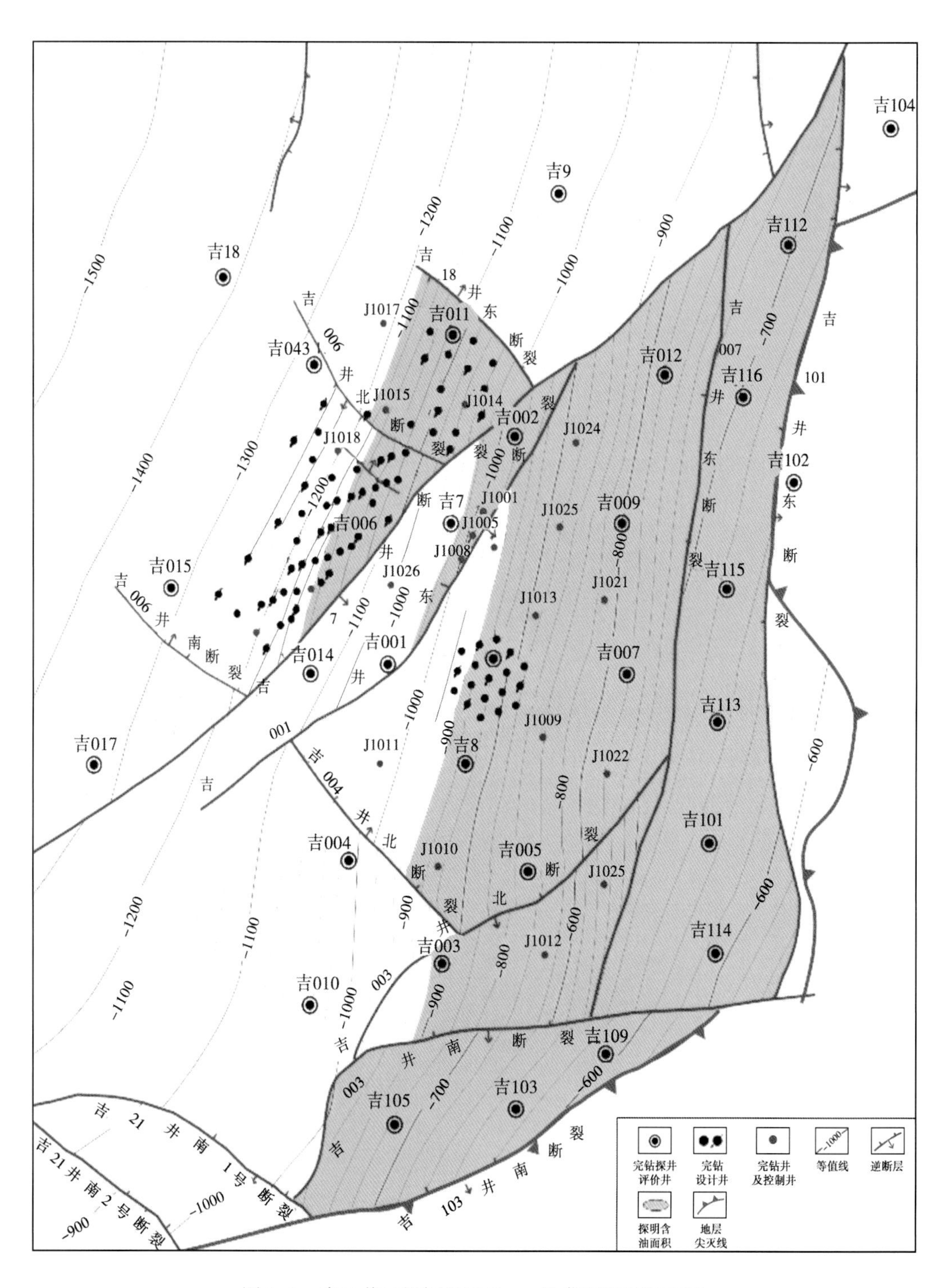

图 1-3　吉 7 井区梧桐沟组 P_3wt_1 油藏探明储量面积

表 1-5 吉 7 井区梧桐沟组油藏石油探明储量表

层位	计算单元	储量参数						探明储量	
		A_o (km^2)	h (m)	Φ (f)	S_{oi} (f)	B_{oi} (无因次)	ρ_o (g/cm^3)	天然气 (10^4m^3)	石油 (10^4t)
$P_3wt_2^2$	吉 011 井断块	0.44	17.9	0.199	0.574	1.098	0.931	81.93	76.28
	吉 006 井断块	3.19	17.2	0.200	0.550	1.098	0.924	549.68	507.90
	吉 7 井断块	2.07	17.8	0.201	0.530	1.052	0.928	373.12	346.25
	吉 8 井断块	7.09	17.7	0.201	0.582	1.041	0.942	1410.22	1328.43
	吉 003 井断块	1.63	16.5	0.214	0.575	1.032	0.950	320.68	304.65
	吉 004 井断块	0.79	12.4	0.229	0.543	1.027	0.952	118.61	112.91
	小 计	15.21						2854.24	2676.42
P_3wt_1	吉 011 井断块	1.08	22.5	0.180	0.540	1.095	0.920	215.70	198.45
	吉 006 井断块	0.60	15.9	0.193	0.552	1.095	0.934	92.82	86.69
	吉 7 井断块	0.52	8.2	0.201	0.530	1.052	0.931	43.18	40.20
	吉 8 井断块	6.77	23.7	0.202	0.565	1.041	0.944	1759.08	1660.57
	吉 003 井断块	1.57	25.8	0.213	0.563	1.032	0.950	470.68	447.15
	吉 103 井断块	2.60	27.5	0.197	0.640	1.032	0.963	873.52	841.20
	吉 101 井断块	5.71	21.3	0.188	0.606	1.041	0.943	1331.05	1255.18
	小 计	18.85						4786.03	4529.44
P_3wt	合 计	25.36						7640.27	7205.86

按照原油黏度对探明储量进行分类，吉 7 井区梧桐沟组油藏以 50℃ 原油黏度范围 400~2800mPa · s 为主，地质储量 4474.84×10^4t，占总储量的 62.1%。其次为 50℃ 原油黏度大于 2800mPa · s，地质储量 1815.88×10^4t，占总储量的 25.2%（表 1-6）。

表 1-6 吉 7 井区梧桐沟组油藏储量分类统计表

	50℃ 地面原油黏度（mPa · s）			
	<400	400~2800	>2800	合计
储量（10^4t）	915.14	4474.84	1815.88	7205.86
储量百分比（%）	12.7	62.1	25.2	100

二、中国典型稠油油藏实例分析

1. 辽河油田稠油油藏

辽河盆地是新生代发育的大陆裂谷型断陷盆地，是华北新生代裂谷系的组成部分，经历了多期构造运动，断裂十分发育，按断裂发育时期可分为沙四—沙三段沉积期、沙一段—东营组沉积期、馆陶组沉积期，按断裂展布方向分为北东向、北西向、北北东向和近东西向。其中北东向断层发育时期早，活动时间长，这类断层近平行于凹陷走向，不仅控制地层沉积，也控制油气聚集，在其作用下使西部凹陷形成了东陡西缓的箕状凹陷。由于辽河断陷北东向、北西向断层分区，近东西向断层分块，最终形成辽河凹陷“三凸三凹”的构造格局。

辽河油区具有丰富的稠油资源，主要储集在西部凹陷砂岩油藏中，其他地区也有零星分布。纵向上发育了10套稠油层系，自下而上为中上元古界的大红峪组，古近系沙河街组牛心坨、高升、杜家台、莲花、大凌河、兴隆台、于楼油层；东营组马圈子油层；馆陶组绕阳河油层。平面上集中分布在西部凹陷西斜坡带，由北向南为牛心坨油田、高升油田、曙光油田、欢喜岭油田上台阶，其次为西部凹陷东部陡坡带和中央隆起南部倾没带，由北向南为冷家堡油田、小洼油田和海外河油田。辽河盆地稠油油藏埋深变化大，既有中深层、深层油藏，又有特深层、超深层油藏，最大埋藏深度2300m。

辽河油田稠油油藏储层类型多样，可划分为块状、中—厚互层状、中—薄互层状油藏。以中—厚互层、中—薄互层状油藏为主，动用储量占地质储量的72%。储层大多为高孔隙度、高渗透率储层。储层类型以碎屑岩为主，非均质强。辽河油田稠油油藏体现出4大特点：

（1）原油黏度跨度大。按成因分类可分为边缘氧化、次生运移、底水稠变3种类型。

按原油黏度的标准，分为普通稠油、特稠油和超稠油。探明储量中，普通稠油占69.4%，特稠油占12.7%，超稠油占17.9%。脱气原油黏度最高达670000mPa·s，稠油组分中胶质沥青质含量一般高达40%~55%。

（2）藏埋深。辽河油田稠油油藏埋深以中深—深层为主，中深层、深层和特深层3种类型油藏的探明储量分别占总探明储量的24.7%、44.6%和23.6%，超深层油藏仅占探明储量的7.1%。

（3）储层类型以碎屑岩为主，非均质强。沉积类型一般为扇三角洲相，岩性以砂岩、砂砾岩为主，胶结疏松，泥质含量一般为6%~15%，孔隙度为17%~35%，渗透率为0.5~5.25D；储层层间渗透率级差20~40倍，渗透率变异系数为0.5~0.8。

（4）含油井段长，油水关系复杂。层状油藏含油井段长达150~350m，一般发育30~50个小层，具有多套油水组合；块状油藏油层厚度达35~190m，水体体积一般为含油体积的8~15倍；部分油藏内部发育有透镜状夹层水，也有四周被水包围的特殊类型油藏，如杜84块馆陶组超稠油油层。

2. 胜利油田稠油资源

胜利油田经过30多年的勘探和开发，先后在济阳坳陷的东营组、馆陶组、沙河街组及奥陶系、寒武系等油层中发现了稠油。胜利油田稠油油藏类型多、地质条件复杂，已动用的油藏大体可分为5类：

（1）具有活跃边底水的厚层砂岩稠油油藏，典型油藏为单家寺油田。油藏埋深1150m，主力油层单层厚度30~50m。储层胶结疏松，具有高孔隙度（33%）、高渗透率（3~15D）、高含油饱和度（70%~80%）的特征。油层温度下的脱气原油黏度为5000~10000mPa·s。

（2）具有边水的薄层砂砾岩特稠油油藏，典型油藏是乐安油田。油藏埋深900~1000m，单层有效厚度10~15m，岩性复杂，包括砾岩、砂岩充填砾岩、泥质岩填充砂岩和砂岩。储层物性较好，渗透率高（4~6D），但孔隙度较低（15%）。砾岩导热系数大，物性劣于前一类砂岩油藏。油层温度下脱气原油黏度10000~30000mPa·s。

（3）薄互层砂岩稠油油藏，油藏埋深900~1100m，突出的地质特征是单层薄（2~

5m），油层多（10层左右）、油层井段的冷总比低（0.2~0.5）、泥质含量较高、储层渗透率相对较低（0.1~1.0D）。

（4）具有活跃边底水的碳酸盐岩裂缝（溶洞）型潜山特超稠油油藏，该类油藏的地质特征表现为储层孔隙结构为裂缝和溶洞，裂缝发育方向和发育程度多变复杂，具有低孔隙度（<10%）和高渗透率（几个到几十达西）的特征。

（5）小断块砂岩稠油油藏，典型的油田有红柳油田等。基本地质特征是油田面积较小，油层厚度薄至中薄，有边水，原油黏度适中（10000mPa·s左右），具有热采与天然能量混合驱动开采特点。

孤岛是胜利油田典型的稠油油藏。孤岛披覆背斜油藏是中国油气勘探在20世纪60年代的重要发现，位于山东省东营市河口区，黄河入海口的北侧，平均海拔高3~4m。其区域构造位于济阳坳陷沾化凹陷的东部，西北为渤南洼陷，东北为五号桩洼陷，南为孤南洼陷所围绕，其原油特点与辽河高升油田原油特点对比见表1-7。

表1-7　孤岛和高升油田原油特点对比

项目	孤岛	高升
比重（g/cm^3）	0.9570	0.94~0.96
50℃黏度（mPa·s）	460.3	1000~4000
凝固点（℃）	-8	12
含蜡量（%）	5.94	6.76
沥青质含量（%）	6.83	3.30
胶质含量（%）	38.43	45.40
含硫量（%）	1.92	0.55
残碳含量（%）	4.50	11.45
含盐量（mg/L）	77.0	25.9
闪点（℃）	116	
平均分子量	392	
出馏点（℃）	130.0	153.5
160℃馏出组分量（%）	0.8	1.0
300℃馏出组分量（%）	13.5	9.5

以孤岛油田1地区为例，其主含油层段是馆陶组第三至第五砂层组，储层为河流相沉积，砂体空间分布复杂，储层非均质强。研究区油藏具有原油密度高、黏度高，油水分布关系复杂的特点。孤北1地区油藏为过饱和重质稠油油藏，原油具有高密度、高黏度、高含硫的“三高”特点。据全区原油性质资料统计，Ng_3—Ng_5砂层组地面原油密度平均值为0.9948g/cm^3，50℃时地面原油动力黏度为13769mPa·s，含硫量平均为2.22%（表1-8）。密度和黏度的高值区往往分布在断层附近，越靠近断层，其数值越高。垂向上原油密度和黏度随深度埋深的增加而呈增高的趋势。

表 1-8　孤北 1 地区油藏原油性质统计

层位	样品数（个）	密度（g/cm^3）	黏度（mPa·s）	含硫量（%）	
				样品数	平均值
Ng_3	30	0.9888	7979	22	2.10
Ng_4	64	0.9940	11913	38	2.52
Ng_5	9	1.0016	21416	2	2.06
Ng_3-Ng_5	103	0.9948	13769	62	2.22

3. 克拉玛依油田稠油油藏

克拉玛依稠油与国内外其他稠油对比，其有密度相对较低、黏度较高、极性化合物及钒镍含量较低等物理特性。

以克拉玛依油田九区为例，克拉玛依油田九区南齐古组油藏位于准噶尔盆地西北缘克拉玛依市东北 45km 处，属于浅层稠油。该稠油按密度和黏度划分属于中质低凝稠油，按硫含量和关键组分分类属于低硫环烷—中间基原油。九区南齐古组原油黏度在平面上变化较大，按中国稠油油藏的分类标准可分为普通稠油、特稠油、超稠油。九区南齐古组原油密度为 0.8732~0.9404g/cm^3，平均为地面原油密度为 0.923g/cm^3；20℃时地面脱气原油黏度94.9~72062.2mPa·s，平均为 13372.3mPa·s。原油凝固点为-31.5~-17.8℃，平均为-25.7℃，原油黏温敏感。

根据圈闭成因，九区南齐古组油藏断层遮挡的岩性油藏，油藏分布在不整合面之上，油气沿不整合面或断层面运移而致，受断层遮挡和孔、渗性较差岩性的圈闭形成油藏。根据油藏的成因，九区齐古组属次生稠油油藏。根据储层性质，九区齐古组岩性多为辫状河流相河流—心滩微相沉积的中细砂岩、不等粒砂岩、砂砾岩，物性条件好，孔隙度 23.3%~38.1%，渗透率 52.4~5003mD，孔隙度、渗透率均表现出较强的非均质性；含油饱和度平均约 60%。属大孔隙、高渗透、中等饱和型油藏。油层埋藏浅，一般埋深在 320~390m，平均为 375m。

第四节　中深层低渗透稠油油藏开发难点及意义

一、稠油油藏开发面临难点

对于构造复杂、储层非均质性严重的油藏，如何使油层均匀受热，提高蒸汽热利用率和热波及范围，提高最终采收率，是目前及将来一段时间内油藏开发方案研究和数值模拟计算的主要工作。

以昌吉油田吉 7 井区为例，昌吉油田吉 7 井区二叠系梧桐沟组稠油油藏探明石油储量超过 7000×10^4t，油藏埋深在 1317~1775m，平均地层原油黏度为 458.3mPa·s，20℃时，平均脱气油相对密度为 0.9276g/cm^3，属于普通稠油—特稠油。目前国内外尚无类似油藏开发的成功先例可供借鉴，因此确定该油藏合理开发方式至关重要。

1. 昌吉油田吉 7 井区的油藏特征

（1）吉 7 井区梧桐沟组油藏埋藏深，中部深度为 1317m~1836m，浅层稠油的埋藏深度一般小于700m。

（2）油层条件下，溶解汽油比20~30m^3/m^3，地饱压差9.0MPa，地层原油黏度40.2~934.5mPa·s。依据稠油油藏的分类标准，昌吉油田梧桐沟组油藏属于中深层中低渗透普通—特稠油油藏。

（3）油层物性具有中孔隙度、中渗透性特征，孔隙度为21.9%，渗透率为80.8mD，比克拉玛依浅层稠油的渗透率低一个数量级以上。

（4）油藏被几条大的断裂切割，且高部位油稠，低部位原油性质相对较好，油藏的封闭性较差。

2. 吉7油藏开发面临的难点

（1）梧桐沟组原油的流动能力较差，流度仅为渗透率为5mD和地层原油黏度为3mPa·s的普通特低渗透油藏的1/4。

（2）由于埋藏深，导致开发方式和浅层稠油油藏的开发方式存在很大差别。

吉7井区梧桐沟组油藏平面上原油性质变化较大，如何针对不同地质和流体条件，结合稠油油藏开发方式筛选标准，优选相适应的、经济有效的开发方式是该区勘探开发工作的重点问题，同时也是难点问题。

鉴于上述中深层低渗透稠油油藏勘探开发的难点问题，有效地开展该类稠油开发方式攻关，对推动中国中深层低渗透稠油油藏勘探、开发进程等具有重要意义。

二、稠油开发意义

稠油将以其丰富的资源，逐渐发展完善的开采技术，将成为21世纪的重要能源。西方国家，特别是稠油开采大国，在稠油开采理论和基础研究方面不断加大力度，促进了稠油开采技术的不断发展。在吉7井区中深层稠油勘探开发过程中，对其形成机制和分布特点进行了系统研究，针对稠油油气藏的特性开展室内实验研究，充分利用各种技术手段，形成了具有吉7油区特色的稠油开发主导技术，在昌吉油田吉7井区稠油开发中取得了明显效果。对吉7井区勘探开发历程进行总结并对存在的难点进行分析，为中深层稠油的勘探开发提供了一定的参考价值。在肯定稠油勘探开发成果的同时，必须认清勘探开发中存在的问题和难点，积极开展稠油剩余油研究、热采稠油储层变化规律研究、不同类型稠油油藏多元化转换开采方式、高凝油开采配套工艺等的技术攻关，保证稠油的稳产、高产，同时为更好地挖掘巨大的中深层稠油资源潜力做好技术上的准备，保证中国油田储量和产量接替。

第二章　吉7井区中深层稠油油藏地质特征

油藏地质描述一直是油藏工程及开发研究中的重要内容。结合地质、测井及地震等资料对油藏进行精细地质描述，预测储层非均质性，建立接近地层真实情况的油藏地质模型，为油田生产过程中存在的问题提供了良好的理论依据，同时对开发层系的划分、开发方式的选择、开发方案的制定等均起到关键作用。

第一节　油藏地质特征

昌吉油田吉7井区位于准噶尔盆地东部吉木萨尔凹陷东斜坡，行政隶属新疆维吾尔自治区吉木萨尔县，在吉木萨尔县城北约14km，距北三台油田北16井区53.4km。工区地表为草原耕地，地面平坦，地面海拔650~680m。

吉7井区梧桐沟组$P_3wt_2^2$顶、底面构造形态总体表现为向西北倾的单斜，在东部、南部逐渐剥蚀尖灭，地层倾角4°~7°。工区内断裂发育，形成多个断块。梧桐沟组自下而上分为P_3wt_1和P_3wt_2两段，进一步细分为4个砂层组11个小层。储层岩性以砂砾岩、砂岩为主，储层沉积相为辫状河三角洲前缘沉积，物源主要来自东南方向。油层孔隙度平均为21.08%~21.90%，渗透率平均为80.8~89.4mD，属于中孔隙度、中渗透储层。

油藏原油密度平均为0.935~0.939g/cm^3，50℃黏度平均为1140.83~2315.1mPa·s；天然气相对密度平均为0.665~0.703，甲烷含量平均为79.51%~82.41%；地层水矿化度平均为7922.98~8496.24mg/L，地层水型为$NaHCO_3$型。

油藏平均埋深1517~1527m，油层中部海拔-840~-850m，原始地层压16.00~16.12MPa，饱和压力8.58~9.87MPa，地层温度51.77~52.00℃。属正常压力、温度系统的未饱和油藏。油藏在平面上主要受断裂控制，局部受岩性控制，油藏类型为岩性—构造油藏。

一、构造形态模型

1. 区域地质

吉木萨尔凹陷位于准噶尔盆地东部隆起，新疆吉木萨尔县境内，距乌鲁木齐市150km，是在中石炭统褶皱基底上沉积起来的一个西断东超的东西向箕状凹陷，面积1500km^2，西以西地断裂和老庄湾断裂为界与北三台凸起相接，北以吉木萨尔断裂为界与沙奇凸起毗邻，南面为三台断裂带，向东表现为一个逐渐抬升的斜坡，最终过渡到古西凸起上。吉木萨尔凹陷二级构造单元进一步划分为西部深洼带、中部超覆带、东部削蚀带，后两个单元统称东部斜坡带（图2-1）。

西部深洼带位于吉木萨尔凹陷的西北部，其内地层发育齐全，沉积厚度相对稳定，自二叠纪至白垩纪一直表现为持续的沉降中心，该单元断裂及局部构造不发育。中部超覆带位于

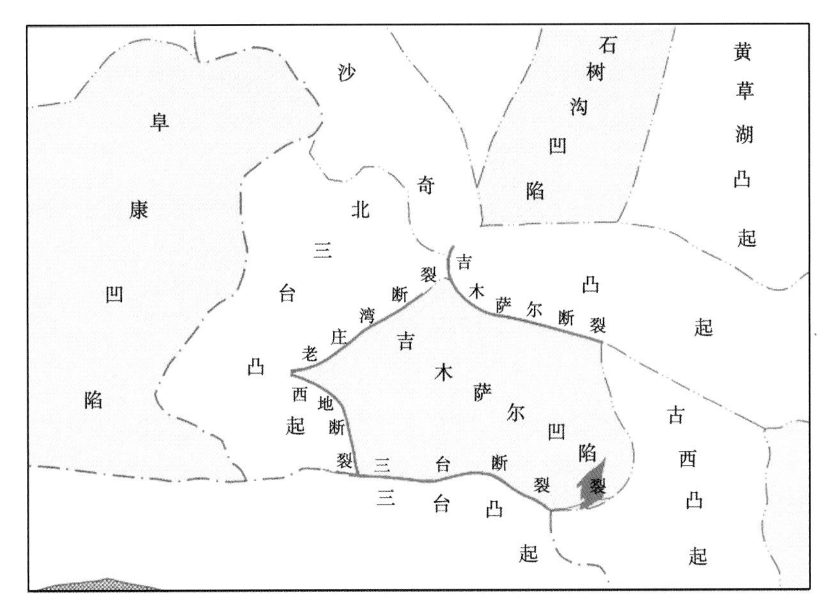

图 2-1 吉木萨尔凹陷构造图

吉木萨尔凹陷的中部，二叠纪、三叠纪地层内部有向东、北东、南东超覆现象，形成地层走向呈弧形的大型地层圈闭，地层坡度与上倾的削蚀带相比明显变缓，断裂不发育。东部削蚀带位于吉木萨尔凹陷东缘，其构造形态呈弧形，地层的岩性和厚度变化较大，二叠纪—白垩纪地层均表现为削截尖灭，残余地层由老到新逐渐向西收缩，至新生界，地层分布范围空前扩大。印支、燕山期，二叠系、三叠系向东抬升遭受剥蚀，形成大型的剥蚀地层圈闭，地层坡度较陡。

吉木萨尔凹陷经历了海西期、印支期、燕山期、喜马拉雅期等多期构造运动。中二叠世早期，吉木萨尔凹陷发生强烈的构造沉降，在石炭系基底上接受了较厚的井井子沟组沉积，中二叠世晚期，发育一套湖相沉积，形成了本区最重要的芦草沟组烃源岩。晚二叠世吉木萨尔凹陷沉积了上二叠统梧桐沟组至下三叠统韭菜园组，梧桐沟组是吉木萨尔凹陷的主要产油层。印支末期构造运动使凹陷东部古西凸起强烈上升，造成凹陷东斜坡三叠系、二叠系不同程度剥蚀，侏罗系与下伏地层不整合接触。侏罗纪末的燕山运动Ⅱ幕使侏罗系遭受严重剥蚀，吉木萨尔凹陷向南西方向萎缩，只残存八道湾组。白垩纪，独立的凹陷格局消失，受燕山Ⅲ幕构造运动的影响，吉木萨尔凹陷东南角逐渐抬升。进入新生纪，喜马拉雅运动造成凹陷整体由东向西掀斜，地层向东逐渐减薄。

吉木萨尔凹陷梧桐沟组油气源充足，凹陷东南斜坡区断裂发育，油气输导体系完备，地层由北西向南东方向地层削失尖灭发育大型尖灭带，为油气运移与聚集创造良好条件。其次，分析认为该区存在早期和晚期成藏，成藏期与构造演化和圈闭形成配合较好，对油气聚集有利，因此，吉木萨尔凹陷东南斜坡是理想的油气聚集区域。

2. 构造特征

吉 7 井区梧桐沟组 $P_3wt_2^2$ 顶、底面构造形态总体表现为向东南抬升的单斜，工区内断裂发育，形成以吉7井断裂、吉007井东断裂、吉101井东断裂、吉003井南断裂、吉103井南断裂为骨架断裂的断阶状构造带（表2-1）。由于断裂的切割，吉7井区又可分为吉006井断块、吉7井断块、吉8井断块、吉003井断块、吉004井断块、吉101井断块和吉103井断块（图2-2、图2-3）。

表2-1 吉7井区梧桐沟组油藏断裂要素表

断裂名称	断裂性质	断开层位	断裂产状			断距（m）	延伸长度（km）
			走向	倾向	倾角（°）		
吉103井南断裂	逆	P—J	NEE	S	50~70	50~80	6.6
吉7井断裂	逆	P—J	NE	SE	50~60	10~70	9.6
吉001井东断裂	逆	P—J	NE	SE	50~60	5~35	4.6
吉007井东断裂	逆	P—J	NNE	E	40~60	10~60	6.1
吉101井东断裂	逆	P—J	NNE	E	40~60	10~30	7.0
吉003井南断裂	逆	P—J	EW	S	50~60	40~170	5.0
吉003井北断裂	逆	P—J	NE	SE	40~60	10~50	3.5
吉004井北断裂	正	P—J	NW	NE	40~50	5~10	2.0
吉18井东断裂	逆	P—J	NW	NE	40~50	5~10	1.3

该区断裂既有逆断裂也有正断裂，逆断裂主要受北西—南东方向挤压应力的作用形成，多为北东—南西或近南北走向的逆断裂，如吉7井断裂、吉001井东断裂、吉007井东断裂、吉101井东断裂、吉103井南断裂；正断裂主要受构造应力的释放作用形成，多为北西走向的正断裂，如吉004井北断裂、吉006井南断裂、吉006井北断裂。

1）吉103井南断裂

该逆断裂位于研究区南部，近东西走向，倾向南，剖面上断裂表现为上陡下缓，断距较大。断开层位自二叠系—侏罗系，到侏罗纪晚期才停止活动。在工区内延伸长度为6.6km，最大断距80m。该断层上盘缺失二叠系，油藏均保存在该断层下盘地层中，属控藏边界断裂，该断层的持续活动伴生形成了近东西向、北东向、北西向等一系列小断裂，这些断裂相互切割形成了多个断块。

2）吉7井断裂

该逆断裂自研究区西南部吉19井区发育，至东北部的吉3井附近尖灭，近北东走向，倾向东南，剖面上断裂表现为上陡下缓。该断裂主要在二叠纪发育，到侏罗纪早期基本停止活动。在工区内延伸长度为9.6km，最大断距70m，目前发现的二叠系梧桐沟组、侏罗系八道湾组油藏均分布在该断裂带两盘，该断层对本区油气运移、成藏起着重要的控制作用。

3）吉001井东断裂

该逆断裂位于吉001井东，是吉7井断裂伴生次级断层，走向、倾向与吉7井逆断裂一致，在吉012井附近合为一条断层，近北东走向，倾向东南。该断裂主要在二叠纪发育，到侏罗纪早期基本停止活动，在工区内延伸长度为4.6km，最大断距35m。

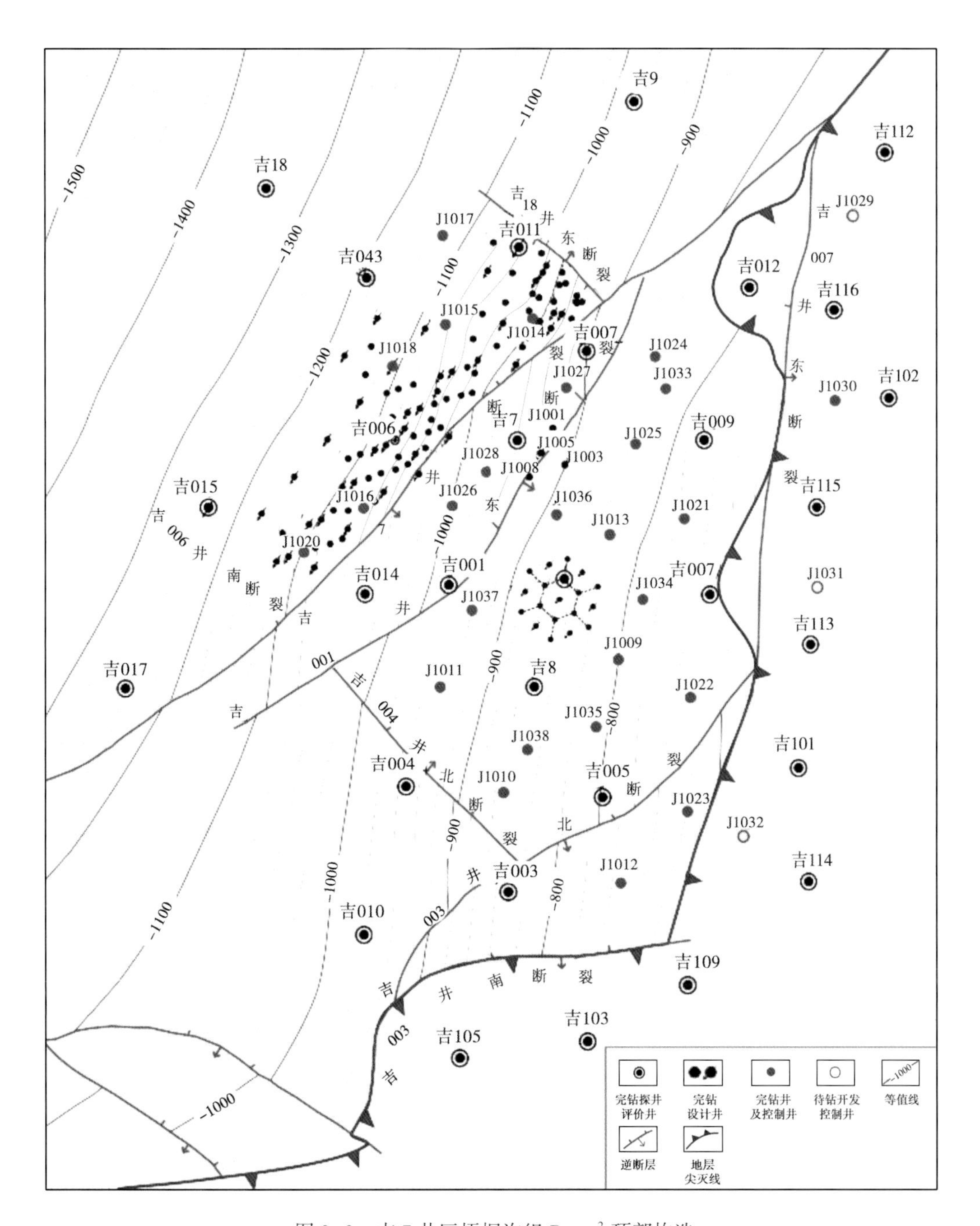

图 2-2　吉 7 井区梧桐沟组 $P_3wt_2^2$ 顶部构造

4）吉 007 井东断裂

该逆断裂位于吉 007 井东，近南北走向，倾向东，断距较大。该断裂主要在二叠纪发育，到侏罗纪早期基本停止活动。在工区内延伸长度为 6.1km，最大断距 60m，该断裂上盘缺失大部分梧桐沟组（P_3wt_2），只残留部分梧桐沟组（P_3wt_1）。

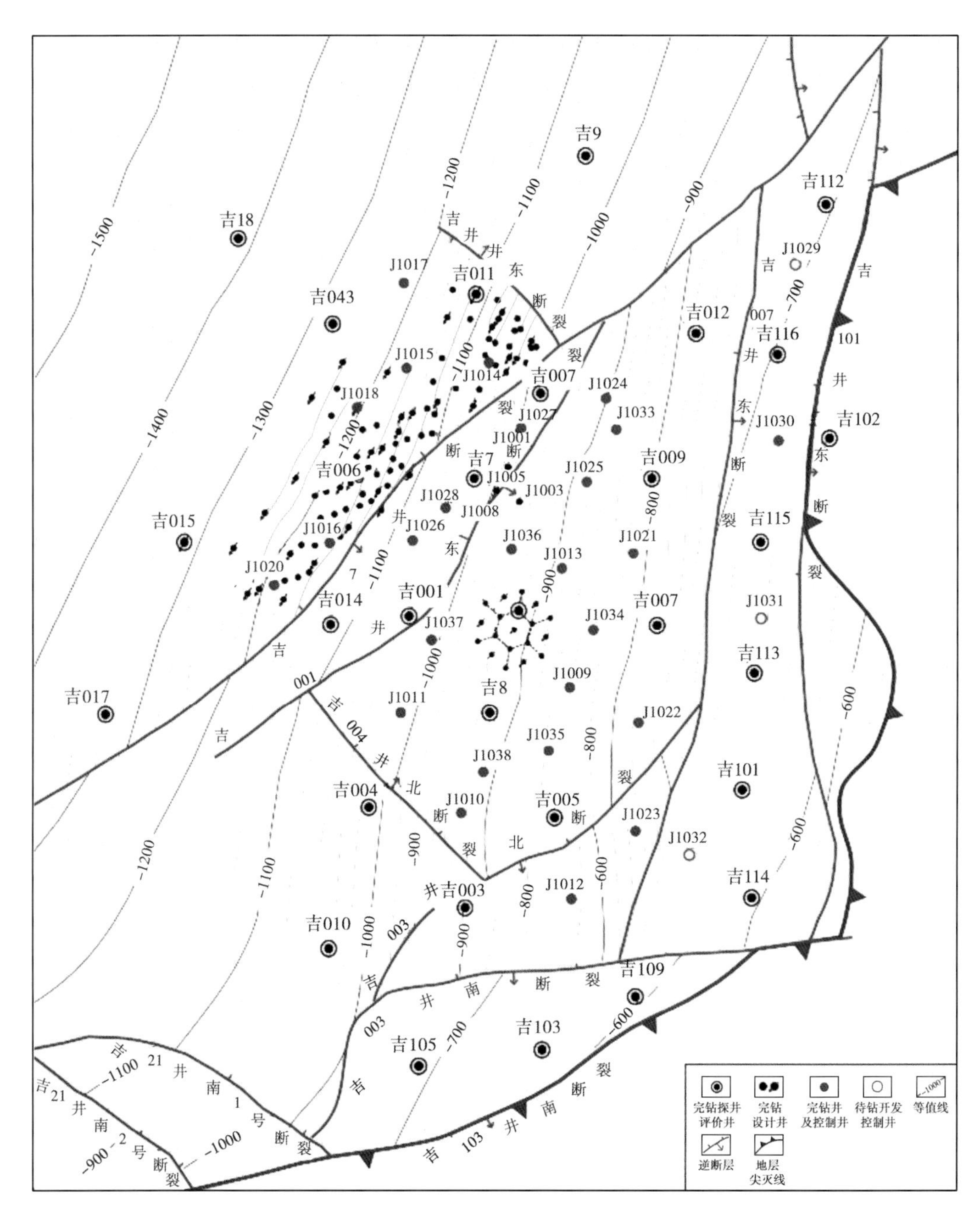

图 2-3　吉 7 井区梧桐沟组 P_3wt_1 顶部构造

5）吉 101 井东断裂

该逆断裂位于吉 101 井东，与吉 007 井东逆断裂基本平行，近南北走向，倾向东。该断裂主要在二叠纪发育，到侏罗纪早期基本停止活动。在工区内延伸长度为 7.0km，最大断距 30m，该断裂的上盘基本没有梧桐沟组分布，只在吉 113 井东残留部分梧桐沟组（P_3wt_1）。

6）吉003井南断裂

该逆断裂位于吉003井南，是吉103井南断裂伴生次一级断层，近东西走向，倾向南，剖面上断裂表现为上陡下缓，断距较大。断开层位自二叠系—侏罗系，到侏罗纪晚期才停止活动，在工区内延伸长度为5.0km，最大断距170m，该断裂上盘缺失大部分梧桐沟组（P_3wt_2），只残留部分梧桐沟组（P_3wt_1）。

7）吉003井北断裂

该逆断裂位于吉003井北，北东走向，倾向东南。该断裂主要在二叠纪发育，到侏罗纪早期基本停止活动。在工区内延伸长度为3.5km，最大断距40m。

8）吉004井北断裂

该正断裂位于吉004井北，北西走向，倾向东北。该断裂主要在二叠纪发育，到侏罗纪早期基本停止活动。在工区内延伸长度为2.0km，最大断距10m。该断裂对本区油气的封隔起着一定控制作用。

9）吉18井东断裂

该逆断裂位于吉18井东，北西走向，倾向东北。该断裂主要在二叠纪发育，到侏罗纪早期基本停止活动。在工区内延伸长度为1.3km，最大断距10m。该断裂对本区油气的封隔起着一定控制作用。

二、沉积特征

1. 地层特征

吉木萨尔凹陷自上而下发育第四系（Q），新近系（N），古近系（E），白垩系吐谷鲁群（K_1tg），侏罗系齐古组（J_3q）、头屯河组（J_2t）、西山窑组（J_2x）、三工河组（J_1s）、八道湾组（J_1b），三叠系克拉玛依组（T_2k）、烧房沟组（T_1s）、韭菜园组（T_1j），二叠系梧桐沟组（P_3wt）、平地泉组（P_2p）、将军庙组（P_2j），石炭系（C）。缺失三叠系郝家沟组（T_3hj）、黄山街组（T_3h）及侏罗系喀拉扎组（J_3k）。岩性及接触关系特征如下：

西山窑组（J_2x）：主要为浅灰、灰绿色粉砂质泥岩、深灰色泥岩夹煤层、与下伏地层整合接触。

三工河组（J_1s）：灰色、深灰色泥岩，泥质粉砂岩，下部为厚层细砂岩。与下伏地层整合接触。

八道湾组（J_1b）：主要为深灰色、灰色泥岩夹粉砂岩、细砂岩及煤层。与下伏地层不整合接触。

克拉玛依组（T_2k）：中上部为中厚—厚层褐色、深褐色泥岩，砂质泥岩及含砾泥岩夹薄—厚层褐灰色、绿灰色粉砂岩，细砂岩，底部为一套巨厚层褐灰色泥质细砂岩、细砂岩、含砾细砂岩、中砂岩沉积。

烧房沟组（T_1s）：以中厚—巨厚层深褐色、红褐色泥岩，含砾泥岩为主，夹薄—厚层灰褐色、褐灰色泥质粉砂岩、粉砂岩、泥质细砂岩，底部为一巨厚层褐灰色细砂岩、含砾中砂岩沉积。

韭菜园组（T_1j）：以中厚—巨厚层深褐色、深灰褐色泥岩，含砾泥岩，砂质泥岩为主，夹薄—厚层灰色粉砂岩、泥质细砂岩、细砂岩（表 2-2）。

表 2-2 吉木萨尔凹陷地层分布表

界	系	统	群	组	备注
新生界	第四系	下更新统		西域组 Q_1x	
	新近系	上新统		独山子组 N_2d	全区未进行细分
		中新统		塔西河组 N_1t	
				沙湾组 N_1s	
	古近系	渐新—始新统		安集海河组 $E_{2-3}a$	全区未进行细分
		古新统		紫泥泉子组 $E_{1-2}z$	
中生界	白垩系	上统		红砾山组 K_2h	
		下统	吐谷鲁群 K_1tg	连木沁组 K_1l	
				胜金口组 K_1s	
				呼图壁河组 K_1h	
				清水河组 K_1q	
	侏罗系	上统	石树沟群 $J_{2-3}sh$	喀拉扎组 J_3k	
				齐古组 J_3q	
		中统	石树沟群 $J_{2-3}sh$	头屯河组 J_2t	
			水西沟群 $J_{1-2}sh$	西山窑组 J_2x	
		下统	水西沟群 $J_{1-2}sh$	三工河组 J_1s	
				八道湾组 J_1b	
	三叠系	上统	小泉沟群 $T_{2-3}xq$	郝家沟组 T_3hj	吉 17 井区缺失该套地层
				黄山街组 T_3h	
		中统		克拉玛依组 T_2k	
		下统	上仓房沟群 T_1ch	烧房沟组 T_1s	
				韭菜园组 T_1j	
古生界	二叠系	上统	下仓房沟群 P_3ch	梧桐沟组 P_3wt	
		中统		平地泉组 P_2p	
				将军庙组 P_2j	
	石炭系	上统		巴塔玛依内山组 C_2b	

第四系（Q）：黄色、土黄色未成岩黏土、灰色、杂色砂砾石层。与下伏地层不整合接触。

新近系（N）：浅灰黄色、褐红色泥岩与泥质粉砂岩互层，底部为杂色细砾岩。与下伏地层假整合接触。

古近系（E）：中上部为绿灰色、红褐色泥岩夹泥质粉砂岩，下部为红褐色、杂色泥质粉砂岩，粉砂岩，细砂岩及细砾岩。与下伏地层不整合接触。

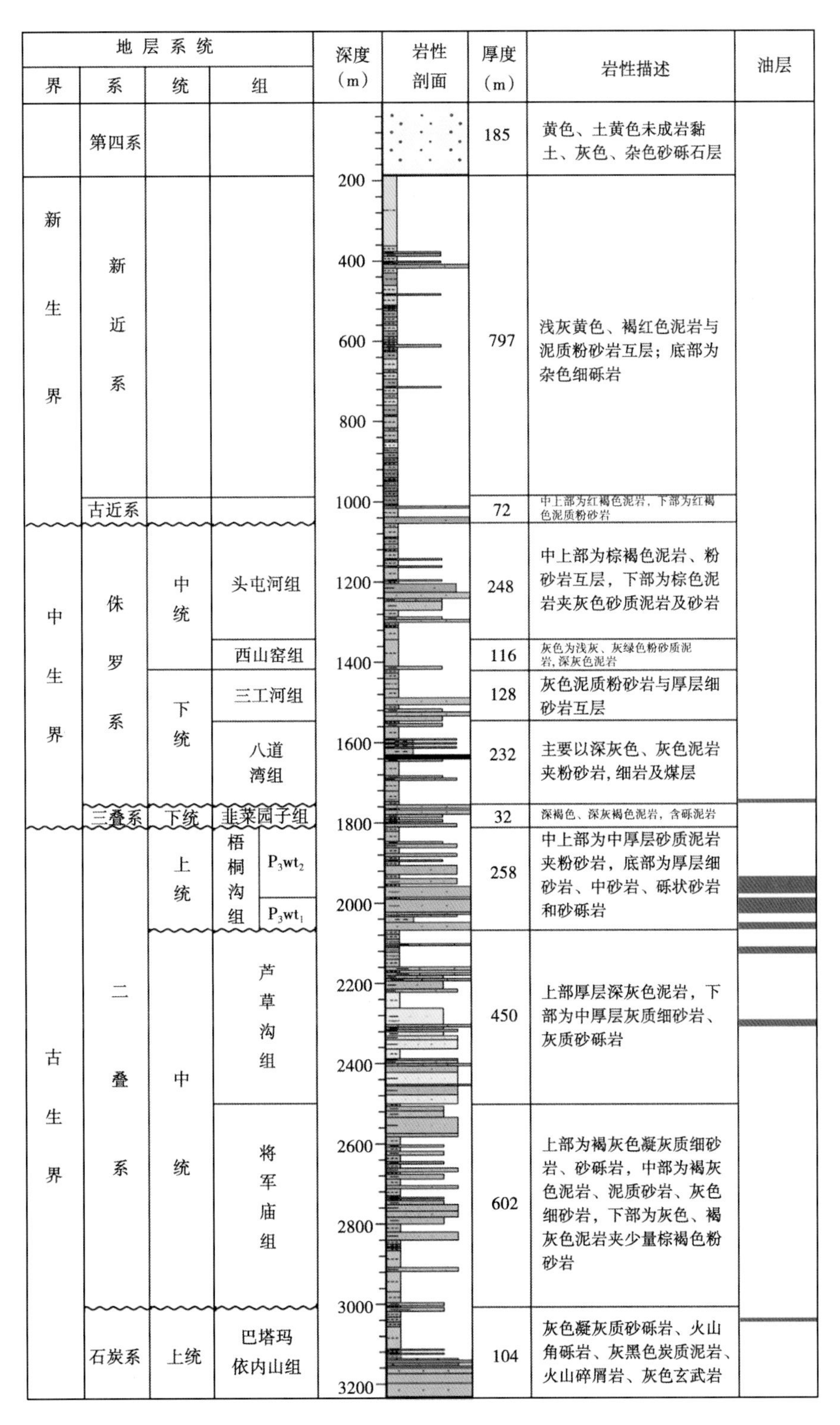

图2-4 吉7井区综合柱状图

吐谷鲁群（K_1tg）：以巨厚层灰色粗砂岩、中砂岩、泥质中细砂岩、细砂岩、泥质细砂岩为主，夹薄—中厚层红褐色泥岩、砂质泥岩。

齐古组（J_3q）：中上部棕褐色泥岩、砂岩、粉砂岩不等厚互层，下部为棕色泥岩夹灰色砂质泥岩及砂岩。与下伏地层假整合接触。

梧桐沟组二段（P_3wt_2）：中厚—巨厚层灰色泥岩、砂质泥岩夹中厚层粉砂岩，底部为巨厚层细砂岩、中砂岩、砾状砂岩和砂砾岩，为主要含油层系。与下伏地层整合接触。

梧桐沟组一段（P_3wt_1）：发育近源沉积的粗相带，主要为厚层灰色细砂岩、中砂岩、砾状砂岩、砂砾岩，单层砂砾岩厚度最大近100m。梧桐沟组厚度最大的地区位于凹陷中部，呈近东西向展布，向南、向北地层逐渐减薄，最大厚度可达400~500m。该层在北部吉17井出油，为含油层系之一。与下伏地层不整合接触。

平地泉组（P_2p）：为一套岩性较细的湖泊相沉积，整体上表现为一湖侵过程，岩性上细下粗，为一正韵律沉积，上部为厚层深灰色泥岩、泥质粉砂岩、砂质泥岩和灰质泥岩，下部为中厚层灰质细砂岩、灰质砂砾岩及凝灰质细砂岩、砂砾岩。与下伏地层整合接触。

将军庙组（P_2j）：上部为褐灰色凝灰质细砂岩、砂砾岩，中部为褐灰色泥岩、泥质砂岩、灰色细砂岩，底部为灰色、褐灰色泥岩夹少量棕褐色粉砂岩。与下伏地层不整合接触。

本书以二叠系梧桐沟组为主要研究层段，对准噶尔盆地吉木萨尔凹陷中深层稠油的开发技术进行阐述，旨在为同类型中深层稠油的开发提供借鉴和指导。

2. 沉积及粒度特征

吉7井区二叠系梧桐沟组由北西向南东方向逐渐减薄，在凹陷边缘尖灭，最深的吉006井断块钻揭厚度约260m。梧桐沟组储层发育，岩性较粗，储层主要岩性为灰色砂砾岩、含砾砂岩、中—粗砂岩，夹薄层粉细砂岩及泥岩。根据岩性、电性组合特征将梧桐沟组自上而下划分为两段：梧二段（P_3wt_2）和梧一段（P_3wt_1），其中P_3wt_1细分为$P_3wt_1^{1}$、$P_3wt_1^{2}$2个砂层组，进一步细分为$P_3wt_1^{1-1}$、$P_3wt_1^{1-2}$、$P_3wt_1^{2-1}$、$P_3wt_1^{2-2}$、$P_3wt_1^{2-3}$5个砂层；P_3wt_2细分为$P_3wt_2^{1}$、$P_3wt_2^{2}$2个砂层组，进一步细分为$P_3wt_2^{1-1}$、$P_3wt_2^{1-2}$、$P_3wt_2^{1-3}$、$P_3wt_2^{2-1}$、$P_3wt_2^{2-2}$、$P_3wt_2^{2-3}$6个砂层组。

砂层对比分析表明，梧二段（$P_3wt_2^{2}$）和梧一段（P_3wt_1）储层发育，砂层展布稳定，油层主要分布在梧二段（$P_3wt_2^{2}$）中下部和梧一段（P_3wt_1）（图2-5、图2-6）。

通过岩心观察及岩屑描述，P_3wt_2主要岩性为深灰色泥岩、灰色中砂岩、细砂岩、含砾砂岩、砂砾岩。垂向上粒度主要为由下向上变细的正粒序，局部存在向上变粗的反粒序。砂岩主要发育浪成沙纹层理、侧积交错层理、平行层理与冲刷充填构造，泥岩发育水平层理。

P_3wt_1主要岩性为深灰色—灰色泥岩、深灰色—灰色砾岩、砂砾岩、含砾砂岩、中砂岩。垂向上粒度主要为向上变细的正粒序。砂岩主要发育有冲刷充填构造、浪成沙纹层理、平行层理和侧积交错层理（图2-7）。

梧桐沟组在累计概率曲线上，表现为两段式和三段式，两段式主要为滚动和跳跃搬运；

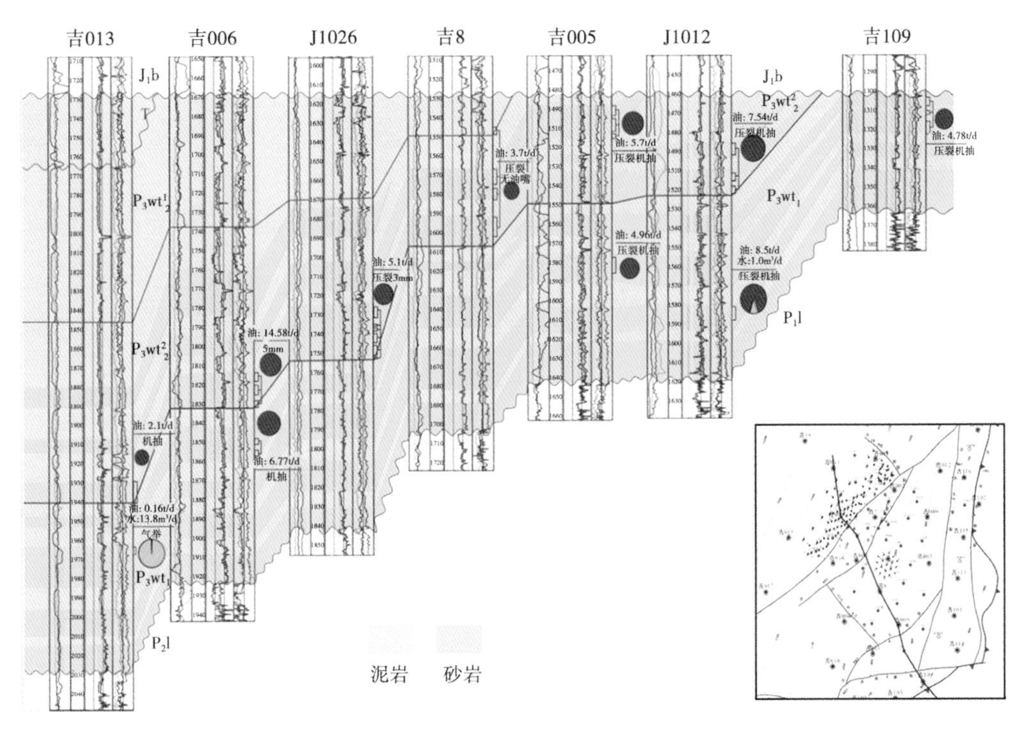

图 2-5 吉 7 井区过吉 013—吉 109 井二叠系梧桐沟组砂层对比

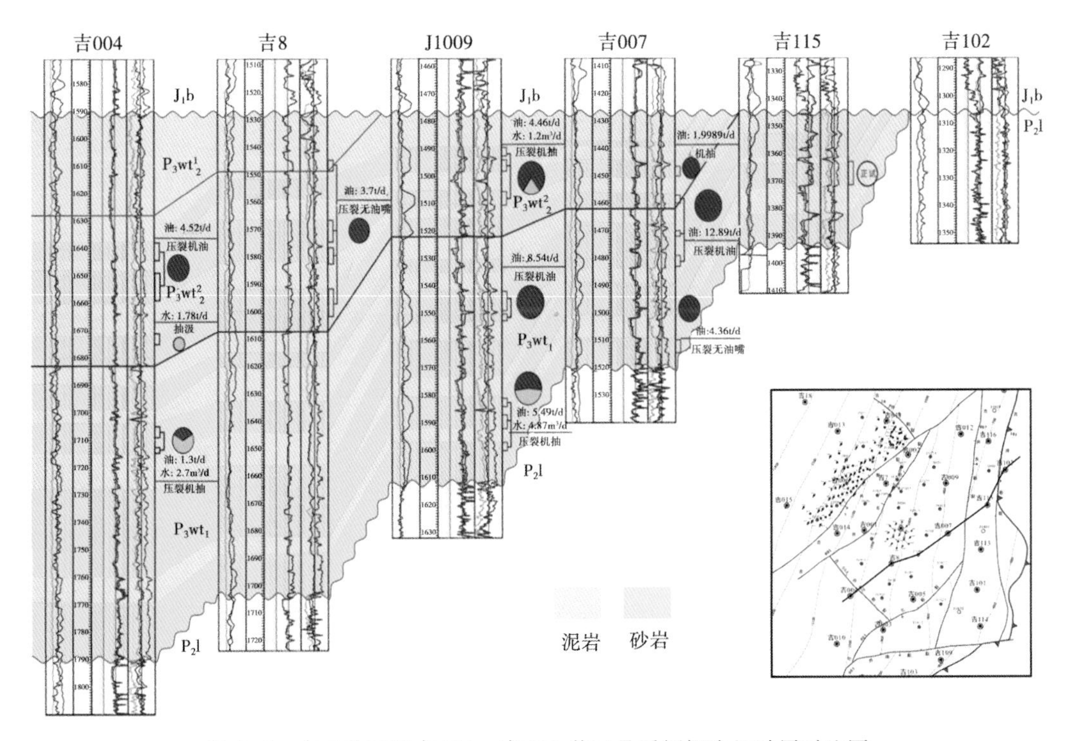

图 2-6 吉 7 井区过吉 004—吉 102 井二叠系梧桐沟组砂层对比图

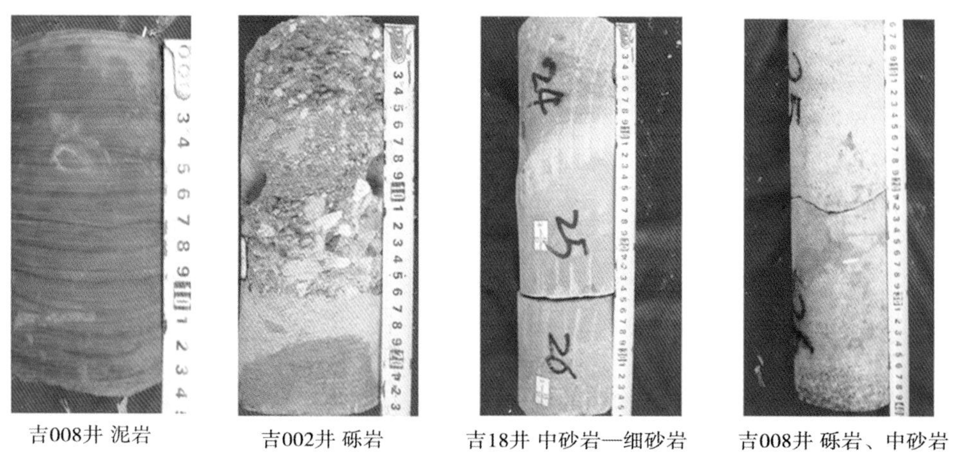

图 2-7 吉 7 井区梧桐沟组岩心照片

三段式则包含悬浮、跳跃和滚动搬运。从 C—M 分析来看样品点主要集中在 PQ 段和 RS 段，表现为递变悬浮沉积和均匀悬浮沉积，OP 段存在少数滚动搬运沉积。反映沉积物为典型的牵引流方式搬运，主要作用力为河流，其次为波浪（图 2-8）。

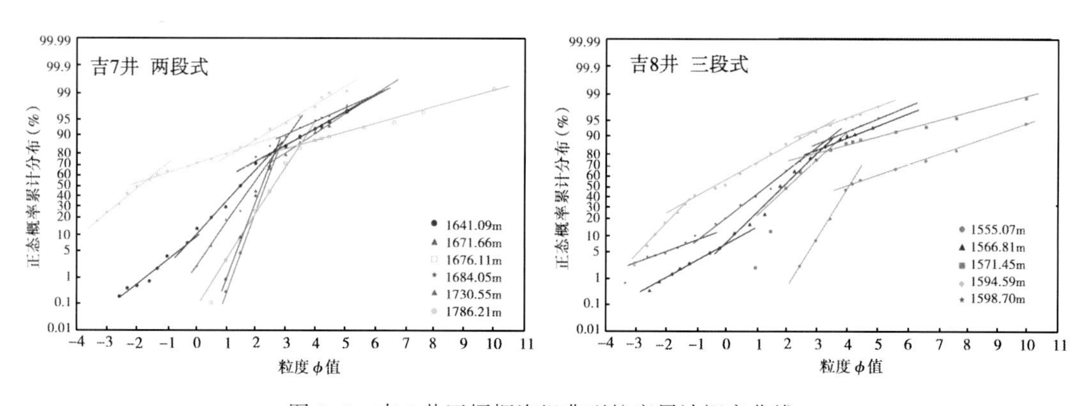

图 2-8 吉 7 井区梧桐沟组典型粒度累计概率曲线

3. 物源分析

梧桐沟组稳定重矿物有白钛矿—板钛矿—磁铁矿—电气石—刚玉—锆石—褐帘石—尖晶石—金红石—十字石—石榴石—榍石组合，不稳定重矿物有黑云母—绿帘石—普通辉石—普通角闪石—阳起石—黝帘石组合。从稳定重矿物含量 ZTR 指数的平面分布特征来看，ZTR 指数南东方向小，向北西向增大。

从研究区砂地比、砾地比值平面等值线图（图 2-9）来看，梧桐沟组总体变化趋势明显，砂地比、砾地比值南东方向大，向北西向降低。

在重矿物特征、砂地比分析基础上，结合地震属性特征判断吉 7 井区梧桐沟组的物源来自南东方向。

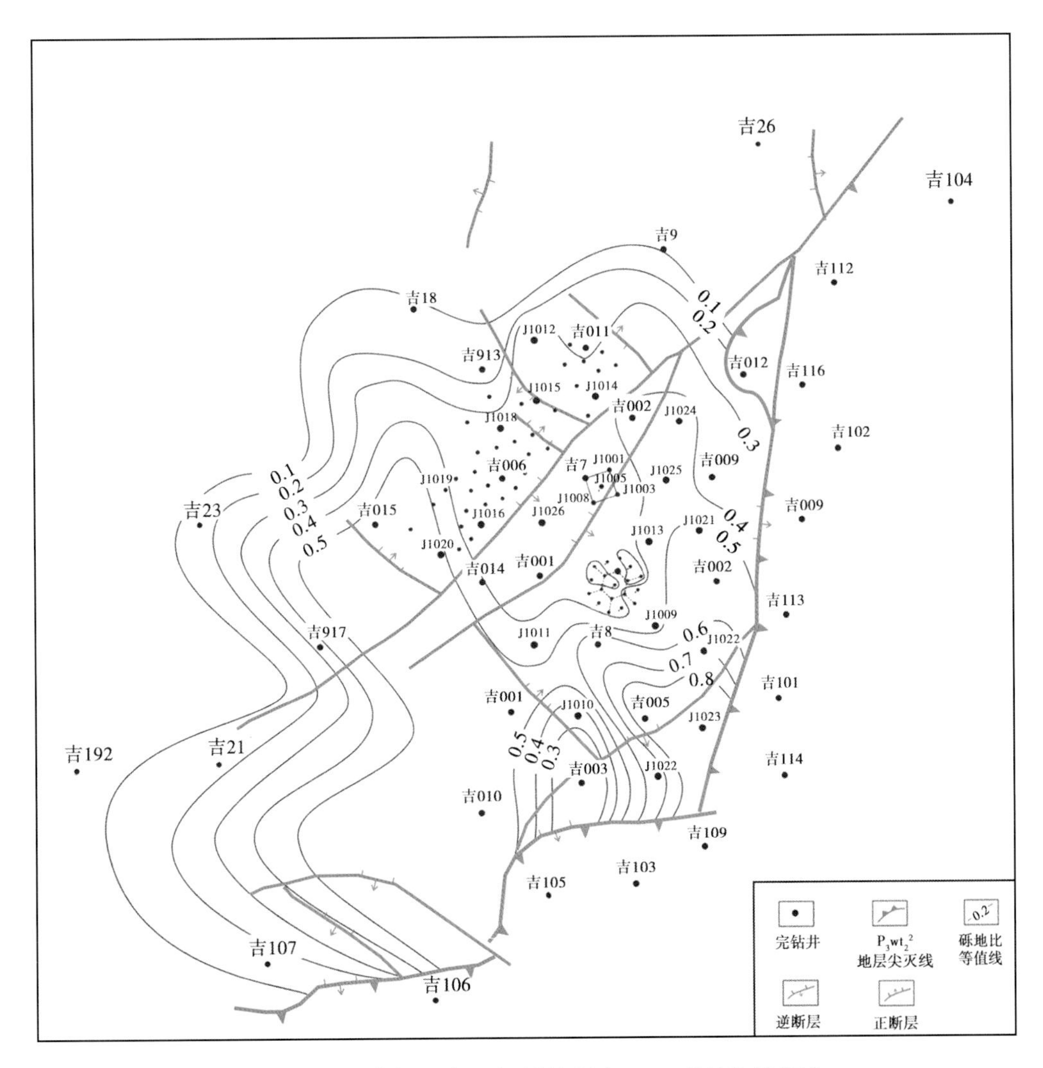

图 2-9 吉木萨尔凹陷二叠系梧桐沟组 P_3wt 砂地比等值线

4. 岩相展布特征

梧桐沟组沉积微相主要以水下分流河道为主，但垂向上各小层岩相变化较大，由下向上主要是砾岩、砂砾岩向中细砂岩和泥岩变化的正旋回。其中 $P_3wt_1^2$ 主要为砾岩，$P_3wt_1^1$ 以砾岩、砂砾岩、中砂岩为主，$P_3wt_2^{2-3}$以砂砾岩、中砂岩为主，$P_3wt_2^{2-2}$和 $P_3wt_2^{2-1}$以砂砾岩、中细砂岩为主。

5. 沉积相及沉积微相展布特征

通过取心井的岩心、岩屑观察描述以及单井沉积相分析，吉 7 井区梧桐沟组为辫状河三角洲—湖泊沉积体系，发育辫状河三角洲前缘、前辫状河三角洲，共识别出水下分流河道、河口沙坝、远沙坝、支流间湾和前三角洲泥等微相。水下分流河道是梧桐沟组成藏优势微相。

从单井相（图 2-10）和剖面相（图 2-11、图 2-12）来看，梧桐沟组梧一段（P_3wt_1）

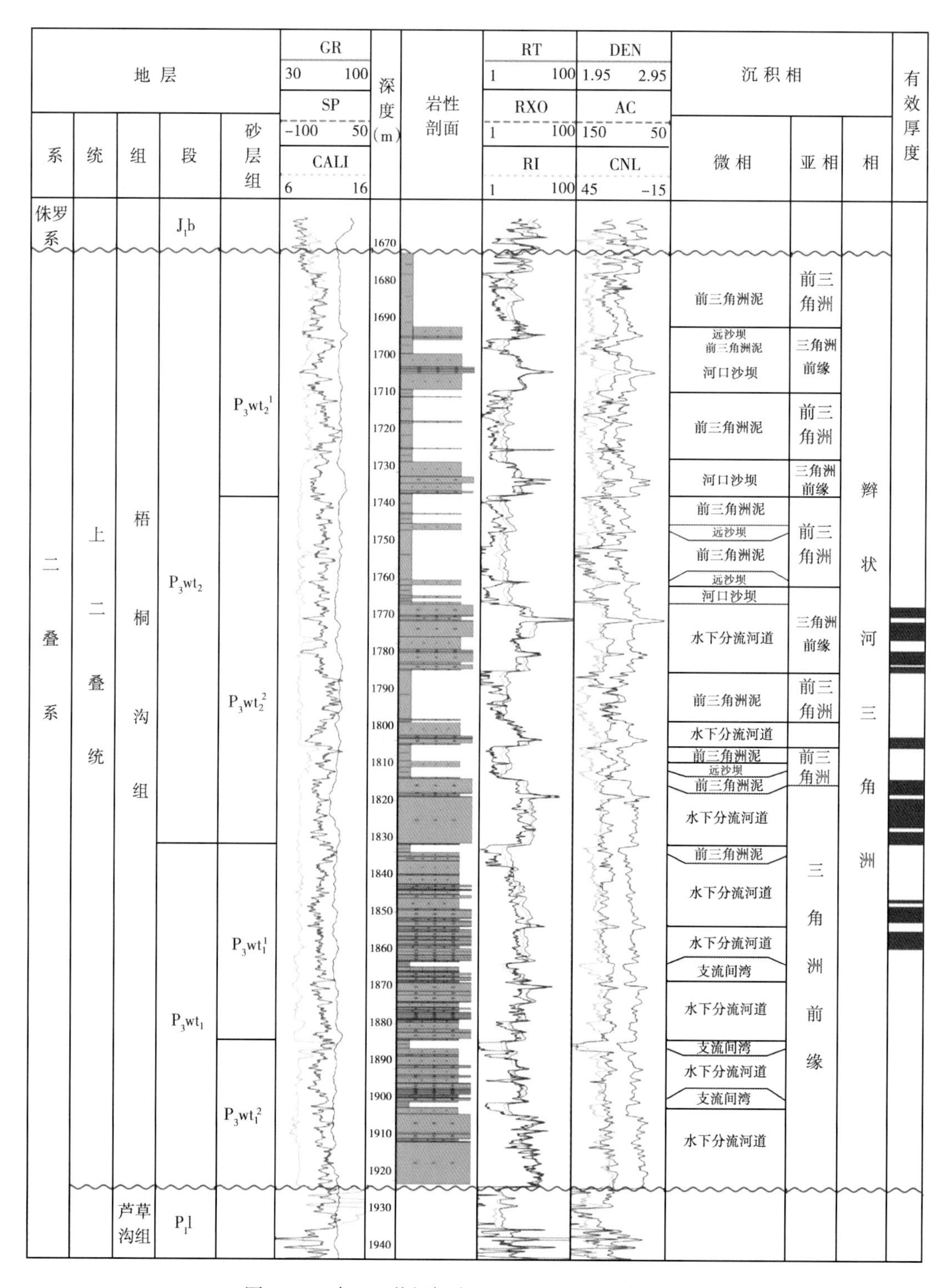

图 2-10　吉 006 井梧桐沟组 P_3wt 沉积相综合柱状图

主要为水下分流河道沉积，夹薄层及透镜状的支流间湾沉积，在砂层组的顶部，发育一套区域稳定分布的前三角洲泥沉积；梧桐沟组梧二段（$P_3wt_2^2$）发育 3 套稳定的砂泥岩组合，砂岩段为水下分流河道沉积，泥岩段为前三角洲泥沉积，梧桐沟组梧二段（$P_3wt_2^1$）以前三角洲泥沉积为主，夹河口沙坝、远沙坝沉积，偶夹水下分流河道沉积，具泥包砂的特征，可以作为区域性盖层。梧一段（P_3wt_1）和梧二段（$P_3wt_2^2$）水下分流河道砂体发育，横向叠置，连通性好，为良好的储层段。

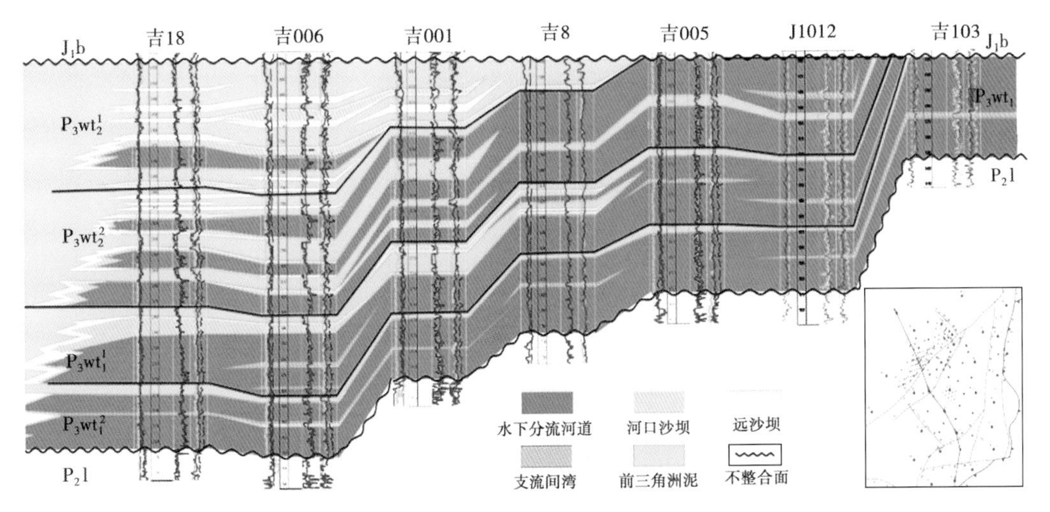

图 2-11 吉 7 井区过吉 18—吉 103 井二叠系梧桐沟组剖面相

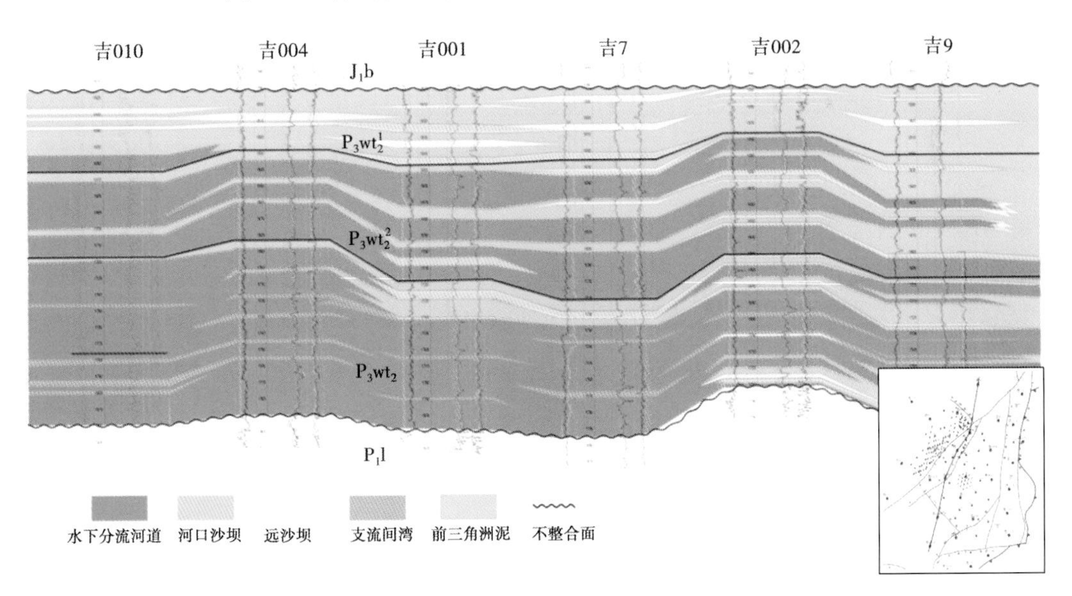

图 2-12 吉 7 井区过吉 010—吉 9 井二叠系梧桐沟组剖面相

梧二段（P_3wt_2）砂层组厚度 12.4~69.2m，平均 47.5m，砂层厚度稳定。该时期，相对湖平面上升，河道萎缩，形成的水下分流河道沉积范围较梧一段（P_3wt_1）小，主河道经过吉 009、吉 002、吉 011、吉 18 井由南东向北西方向沉积，水下分流河道主要分布在梧二段二砂层组（$P_3wt_2{}^2$）中，夹支流间湾沉积，河道末端向盆地方向依次演变为河口沙坝、远沙坝、前三角洲泥—浅湖泥沉积（图 2-13）。

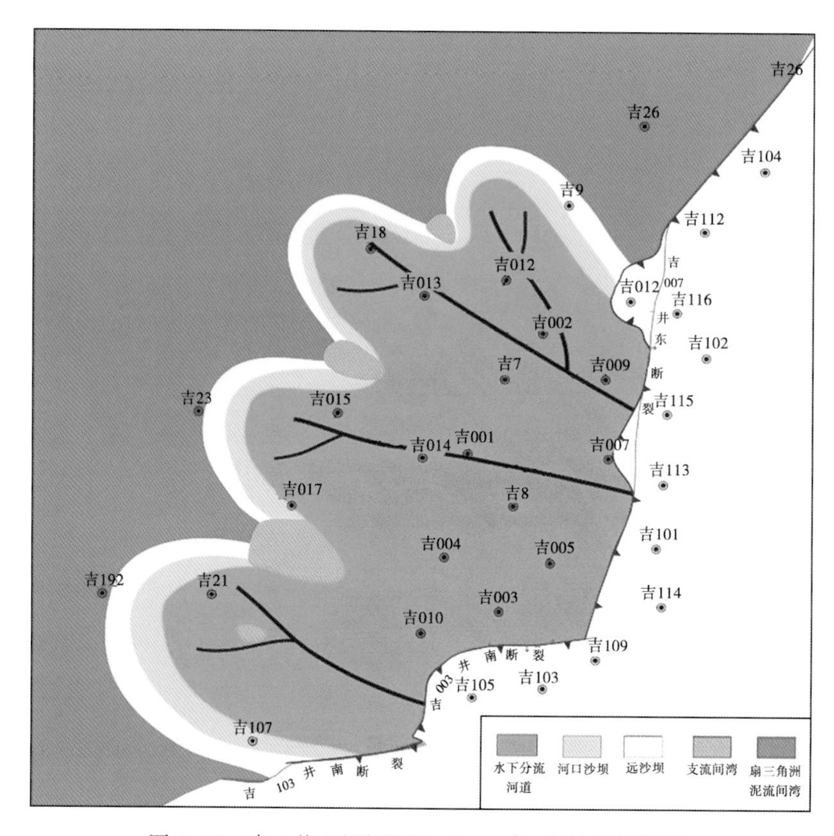

图 2-13　吉 7 井区梧桐沟组（$P_3wt_2{}^2$）平面沉积微相

梧一段（P_3wt_1）砂层组厚度 22.3～95.9m，平均为 72.5m，分布相对稳定。该时期，相对湖平面较低，河道规模较大，延伸较远，形成的水下分流河道沉积范围大，主河道经过吉 005、吉 8、吉 001、吉 18 井附近，在水下分流河道沉积之间夹少量的支流间湾沉积，河道末端向盆地方向依次演变为河口沙坝、远沙坝、前三角洲泥—浅湖泥沉积（图 2-14）。

综上所述，吉 7 井区梧桐沟组沉积特征明显，可以归纳出以下几点：

（1）物源来自东南方向，深水区在西北方向；

（2）梧一段（P_3wt_1）及梧二段（$P_3wt_2{}^2$）沉积期是研究区油气储层的主要形成时期，为辫状河三角洲前缘环境，沉积了一套岩性较粗、以水下分流河道砂为主的沉积体；

（3）纵向上沉积演化规律清楚，梧桐沟组形成期总体显示为湖平面不断上升的过程，其内又出现多期次一级的湖平面升降变化；梧一段（P_3wt_1）及梧二段二砂层组（$P_3wt_2{}^2$）以三角洲前缘沉积为主，局部夹次级湖平面升降形成的前三角洲泥；梧二段一砂层组（$P_3wt_2{}^1$）为浅湖及前三角洲沉积为主，局部夹三角洲前缘；

（4）梧一段（P_3wt_1）沉积晚期出现一次较大规模湖侵并形成的一套广泛、稳定分布的泥岩，为梧二段二砂层组（$P_3wt_2{}^2$）和梧一段（P_3wt_1）主力油层的区域性盖层。

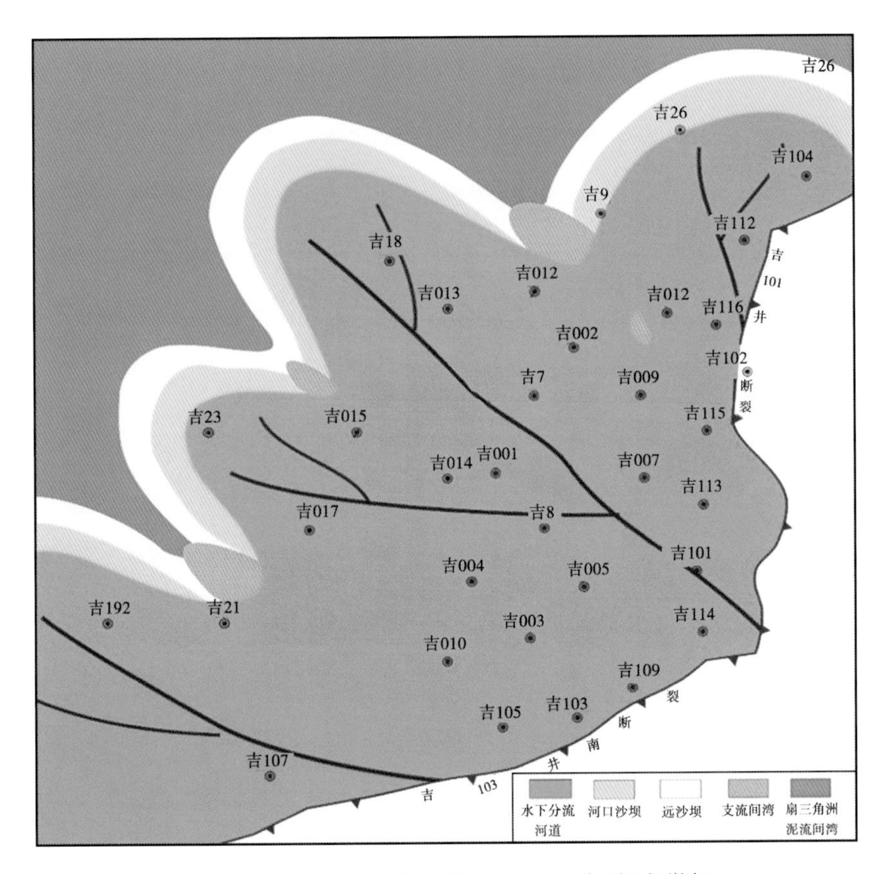

图 2-14 吉7井区梧桐沟组（P_3wt_1）平面沉积微相

三、储层特征

1. 岩矿特征

吉7井区梧桐沟组储层以岩屑砂岩、长石质岩屑砂岩为主。

（1）梧桐沟组 $P_3wt_2^2$：沉积厚度约75m。岩性主要为深灰色泥岩、灰色中砂岩、细砂岩、含砾砂岩、砂砾岩。砂岩中石英含量平均为11.3%，长石含量平均为13.9%。岩屑以凝灰岩为主，平均为20.2%，其次为安山岩、霏细岩、泥质等。杂基含量平均为5.9%，以高岭石为主，胶结物含量平均值4.8%，以方解石为主。碎屑颗粒以次棱角状为主，分选好—中等。胶结类型以接触—孔隙型为主，颗粒接触方式以线—点接触为主。

（2）梧桐沟组 P_3wt_1：沉积厚度约90m。岩性主要为深灰色—灰色泥岩、深灰色—灰色砾岩、砂砾岩、含砾砂岩、中砂岩。砂岩中石英含量平均为6.6%，长石含量平均为7.1%。岩屑以泥质为主，平均为46.5%，其次为凝灰岩等。杂基含量平均为5.6%，以高岭石为主。胶结物含量平均为2.5%，以方解石为主。碎屑颗粒以次圆状—圆状为主，分选差。胶结类型以压嵌—孔隙型为主，颗粒接触方式以线—点接触为主。

总体上，吉7井区梧桐沟组储层具有成分成熟度和结构成熟度均较低的特征。

2. 储集空间类型

根据铸体薄片分析，$P_3wt_2{}^2$ 储层孔隙类型以剩余粒间孔为主，平均为 84.1%；孔隙直径平均为 83.0μm，总面孔率平均为 3.8%，孔喉配位数 0~4。P_3wt_1 储层孔隙类型以剩余粒间孔为主，平均为 89.0%；孔隙直径平均为 80.0μm，总面孔率平均为 4.5%，孔喉配位数 0~4。

总体上，P_3wt 储层孔隙类型以剩余粒间孔为主，含少量的粒内溶孔（图 2-15、图 2-16）。

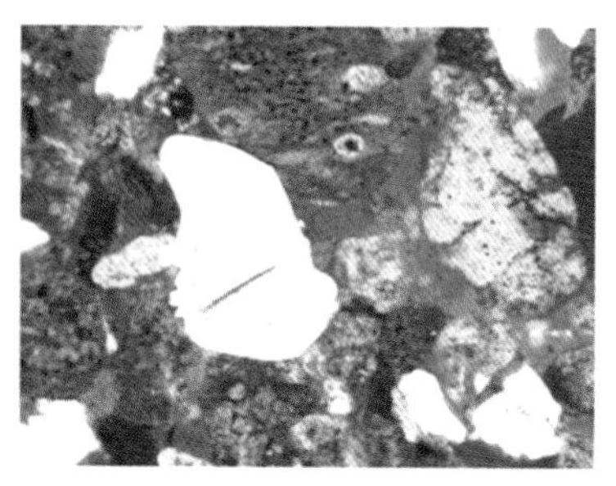

吉001井，1704.73m，剩余粒间孔85%，粒内溶孔15%，40X

吉002井，1642.14m，剩余粒间孔90%，粒内溶孔10%，40X

吉003井，1571.40m，剩余粒间孔90%，粒内溶孔10%，40X

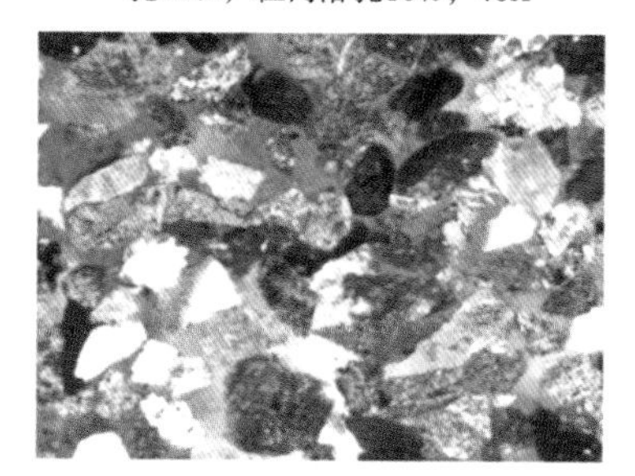

吉008井，1567.22m，剩余粒间孔80%，粒内溶孔20%，40X

图 2-15　吉 7 井区二叠系梧桐沟组 P_3wt_2 孔隙类型照片

3. 储层孔隙结构特征

从压汞资料分析，吉 7 井区梧桐沟组油层具有排驱压力较低，中值半径较小，孔隙结构较差的特征。$P_3wt_2{}^2$ 储层饱和度中值压力平均为 1.11MPa，中值半径平均为 1.45μm，排驱压力平均为 0.07MPa，最大孔喉半径平均为 24.96μm，平均毛细管半径为 5.36μm。P_3wt_1 储层饱和度中值压力平均为 1.81MPa，中值半径平均为 1.44μm，排驱压力平均为 0.07MPa，最大孔喉半径平均为 22.96μm，毛细管半径平均值 5.52μm。总体上，储层毛细管压力曲线形态偏细，以中细孔喉为主。

从 CT 扫描孔隙度分布统计结果分析，孔隙度主要贡献区间为 20%~25%，随着渗透率的增大，大孔隙度的比例增大。整体来看，孔隙度大于 20%的占 79.2%，表明储层具有较好的连通性。从 CT 扫描结果来看，CT 值变化小，轴向及层面均质性相对较好。随着渗透率降低，岩心层面及轴向均质性变差。

吉003井，1571.40m，剩余粒间孔90%，粒内溶孔10%，40X

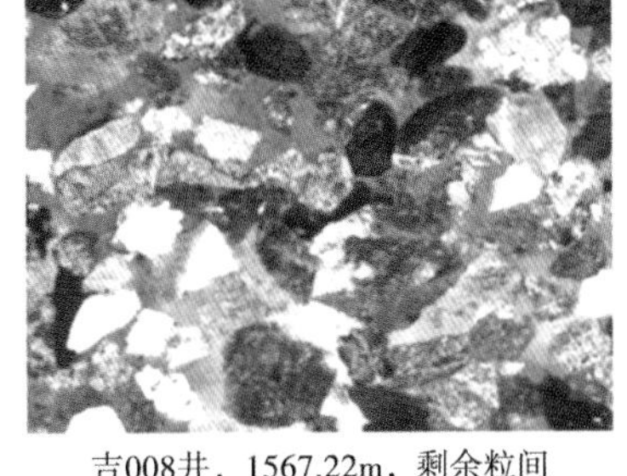
吉008井，1567.22m，剩余粒间孔80%，粒内溶孔20%，40X

吉101井，1365.79m，剩余粒间孔95%，粒内溶孔5%，40X

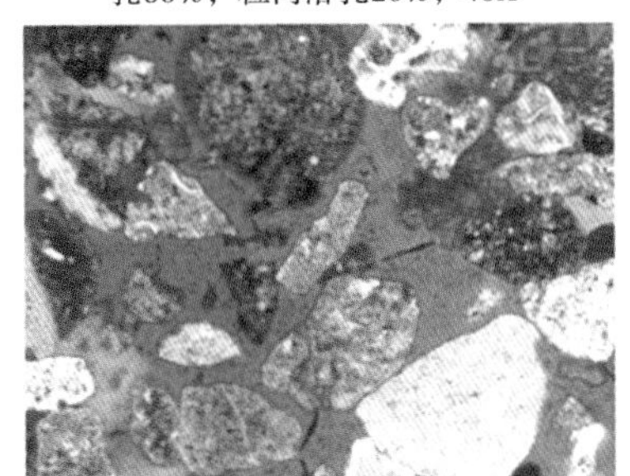
吉101井，1372.10m，剩余粒间孔95%，粒内溶孔5%，40X

图2-16 吉7井区二叠系梧桐沟组 P_3wt_1 孔隙类型照片

4. 黏土矿物成分

根据X射线衍射和扫描电镜分析，梧二段二砂层组（$P_3wt_2^2$）储层黏土矿物以粒表不规则的伊/蒙混层为主，含量为21%~76%，平均为48.2%，其次为蠕虫状高岭石，含量为13%~64%，平均为31.0%，含少量的绿泥石和伊利石。

梧一段（P_3wt_1）储层黏土矿物以粒表不规则的伊/蒙混层为主，含量为12%~65%，平均为43.4%，其次为蠕虫状高岭石，含量为8%~66%，平均为32.7%，含少量的绿泥石和伊利石（表2-3）。

表2-3 吉7井区梧桐沟组储层黏土矿物含量统计表

层位		黏土矿物含量（%）				黏土矿物占岩石含量（%）	样品个数
		伊/蒙混层 I/S	伊利石 I	高岭石 K	绿泥石 C		
P_3wt_2	范围	21~76	2~27	13~64	5~37	3.49	56
	平均值	48.2	5.7	31.0	15.2		
P_3wt_1	范围	12~65	1~28	8~66	6~47	2.66	18
	平均值	43.4	7.2	32.7	16.6		
合计	范围	12~76	1~28	8~66	5~47	3.25	74
	平均值	47.1	6.0	31.4	15.5		

5. 储层物性特征

据物性资料分析，吉7井区 P_3wt_2 储层孔隙度为7.00%~26.30%，平均为19.53%，渗透率为0.08~1254.18mD，平均为25.69mD。油层孔隙度为14.54%~26.30%，平均为21.08%，渗透率为7.07~1254.18mD，平均为89.40mD（图2-17）。

P_3wt_1 储层孔隙度为6.30%~29.80%，平均为18.29%，渗透率为0.14~2749.00mD，平均为6.98mD。油层孔隙度为14.17%~29.80%，平均为21.90%，渗透率为5.07~2749.00mD，平均为80.80mD（图2-18）。

综上所述，吉7井区梧桐沟组油层具有中孔隙度、中低渗透特征。

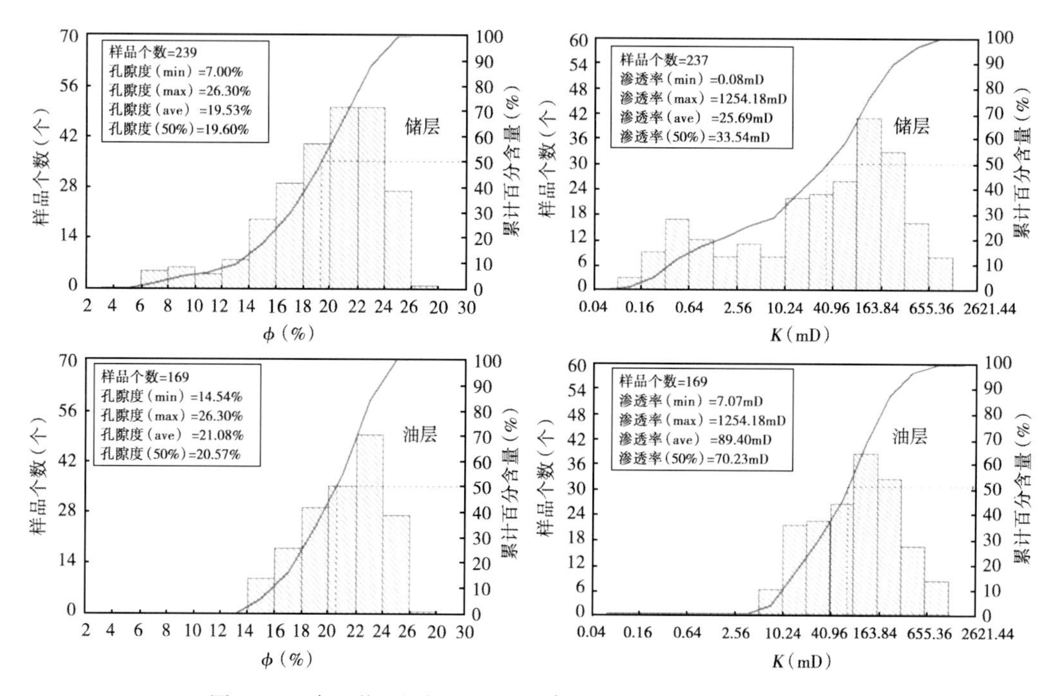

图2-17 吉7井区梧桐沟组 $P_3wt_2^2$ 油藏孔隙度、渗透率直方图

6. 四性关系特征

1）岩性与电性关系

梧桐沟组主要岩性包括砾岩、砂砾岩、中砂岩、细砂岩、钙质砂岩、泥岩。利用岩心、录井、测井及化验分析等资料，分别建立了 $P_3wt_2^2$、P_3wt_1 的岩性识别图版，其岩性界限见表2-4、表2-5。

表2-4 吉7井区梧桐沟组 $P_3wt_2^2$ 岩性界限划分

测井响应	泥岩	钙质砂岩	细砂岩	中砂岩	砂砾岩	砾岩
RT（Ω·m）	<5	≥7.6	5~7.6	≥7.6	≥10.2	≥7.6或7.6~10.2
CNL（%）		<15		≥30	23~30	15~23或23~30

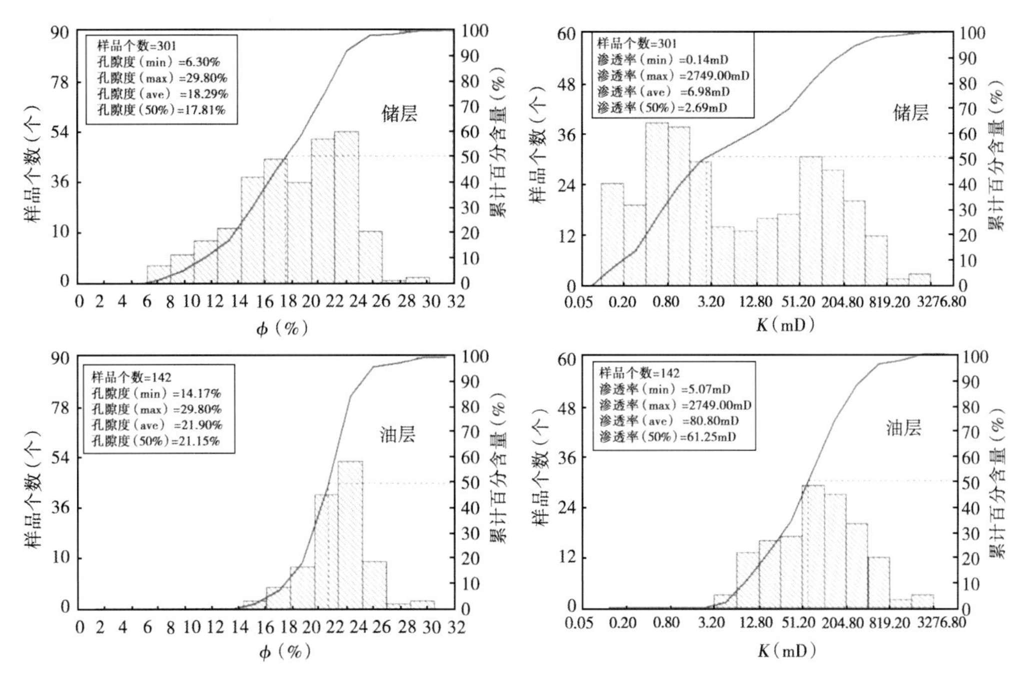

图 2-18 吉 7 井区梧桐沟组 P_3wt_1 油藏孔隙度、渗透率直方图

表 2-5 吉 7 井区梧桐沟组 P_3wt_1 岩性界限划分

泥岩	钙质砂岩	细砂岩	中砂岩	砂砾岩	砾岩
RT<4.7 或 4.7≤RT<7 lg(RT)<0.0717CNL - 1.6426	RT≥4.7CNL <15	RT≥4.70.0717CNL-1.6426≤lg（RT）<0.0706CNL - 1.2333 或 RT≥7 lg（RT）<0.0717CNL-1.6426	RT ≥ 4.70.0706CNL - 1.2333 ≤ lg（RT）< 0.0712CNL-1.0674	RT ≥ 4.70.0712CNL - 1.0674 ≤ lg（RT）< 0.0715CNL-0.7635	RT ≥ 4.7CNL ≥ 15lg（RT）≥0.0715CNL-0.7635

注：RT：电阻率测井，Ω · m；CNL：中子测井，%。

2）岩性与含油性关系

根据取心井不同岩性的含油特征统计分析，$P_3wt_2^2$ 含油岩性为砾岩、砂砾岩、中砂岩和细砂岩，最好的是砂砾岩和中砂岩，钙质砂岩和泥岩为非储层。

P_3wt_1 含油岩性为砾岩、砂砾岩、中砂岩、细砂岩，最好的是砂砾岩和中砂岩，其次是砾岩和细砂岩，钙质砂岩和泥岩为非储层。

综合分析，梧桐沟组含油岩性下限可定为细砂岩。

3）岩性与物性关系

对 $P_3wt_2^2$、P_3wt_1 物性进行了统计分析，表明砂砾岩和中砂岩的物性明显好于砾岩和细砂岩。根据岩心物性资料、岩石薄片及录井等资料，确定储层岩性下限为细砂岩。

4）物性与含油性关系

根据物性分析数据、岩心油气显示及试油数据确定 $P_3wt_2^2$ 油层的物性下限为孔隙度≥

14.5%，渗透率≥5.0mD；P_3wt_1 油层的物性下限为孔隙度≥14.0%，渗透率≥5.0mD。

5）电性与物性关系

利用岩心分析孔隙度与测井值建立了目的层段的物性关系，关系式如下。

$P_3wt_2{}^2$ 储层孔隙度关系式：$\phi=1.699-0.647\rho_b$，$R=0.899$，$N=178$

P_3wt_1 储层孔隙度关系式：$\phi=1.668-0.635\rho_b$，$R=0.885$，$N=163$

式中 ϕ——孔隙度，f；

ρ_b——密度测井值，g/cm³；

R——相关系数；

N——样品个数。

6）电性与含油性关系

纵向上 $P_3wt_2{}^2$ 和 P_3wt_1 的岩性、电性特征不同，因此，分别利用阿尔奇公式计算含油饱和度，其他参数通过实验室资料确定，具体如下。

$P_3wt_2{}^2$：$R_w=0.35\Omega\cdot m$，$a=1.082$，$m=1.581$，$b=1.061$，$n=1.423$。

P_3wt_1：$R_w=0.35\Omega\cdot m$，$a=1.079$，$m=1.613$，$b=1.052$，$n=1.408$。

将以上各项参数代入阿尔奇公式计算，分别确定 $P_3wt_2{}^2$ 和 P_3wt_1 的油层下限。

$P_3wt_2{}^2$：孔隙度（ϕ）≥15.0%；

电阻率（R_t）≥10.0Ω·m；

含油饱和度（S_o）≥46.0%。

P_3wt_1：孔隙度（ϕ）≥14.0%；

电阻率（R_t）≥10.0Ω·m；

含油饱和度（S_o）≥45.0%。

7. 储层敏感性分析

根据敏感性资料分析，$P_3wt_2{}^2$ 储层为中等偏强水敏、无速敏—弱速敏特征；P_3wt_1 储层为强盐敏、强水敏、无速敏特征（表2-6）。

表2-6 吉7井区梧桐沟组油藏储层敏感性评价表

层位	评价类型	井号	样品深度（m）	孔隙度（%）	克氏渗透率（mD）	地层水渗透率（mD）	水渗透率（mD）	K_w/K_∞（%）	K_w/K_d（%）	渗透率损失率（%）	渗透率损失等级				
											非	弱	中	强	极强
$P_3wt_2{}^2$	水敏	吉002	1636.23	14.00	28.10	2.37	1.40	4.98	59.07	40.93			√		
			1639.82	18.60	151.00	48.20	19.10	12.65	39.63	60.37			√		
			1642.14	18.90	136.00	54.60	25.50	18.75	46.70	53.30			√		
			1643.58	13.50	47.60	15.30	6.89	14.47	45.03	54.97			√		
		吉008	1565.36	18.80	39.40	29.00	6.67	16.93	23.00	77.00				√	
			1568.14	20.70	14.90	2.72	0.73	4.92	26.95	73.05				√	

续表

层位	评价类型	井号	样品深度（m）	孔隙度（%）	克氏渗透率（mD）	地层水渗透率（mD）	水渗透率（mD）	K_w/K_∞（%）	K_w/K_d（%）	渗透率损失率（%）	渗透率损失等级				
											非	弱	中	强	极强
$P_3wt_2^2$	速敏	吉002	1636.23	15.10	41.90	11.60	10.40	24.82	89.66	10.34		√			
			1639.82	18.30	154.00	72.90	66.70	43.31	91.50	8.50	√				
			1643.58	14.10	28.80	11.10	9.77	33.92	88.02	11.98		√			
		吉008	1565.36	19.50	70.80	38.50	33.50	47.32	87.01	12.99		√			
			1568.14	21.10	37.10	22.80	17.90	48.25	78.51	21.49	√				
P_3wt_1	水敏	吉003	1601.16	23.30	147.00	65.50	3.93	2.67	6.00	94.00					√
			1605.63	21.10	239.00	89.30	10.00	4.18	11.20	88.80				√	
			1607.94	18.90	635.00	178.00	25.20	3.97	14.16	85.84				√	
			1609.88	21.90	24.60	5.13	0.82	3.35	16.04	83.96				√	
		吉008	1599.71	201.00	192.00	58.20	26.60	13.85	45.70	54.30			√		
			1602.88	20.90	587.00	107.00	63.20	10.77	59.07	40.93			√		
			1606.90	21.50	59.30	36.60	9.96	16.80	27.21	72.79				√	
			1628.84	19.70	97.00	36.00	11.70	12.06	32.50	67.50			√		
	速敏	吉008	1606.90	22.40	154.00	83.70	80.40	52.21	96.06	3.94	√				

8. 储层非均质性

梧桐沟组 $P_3wt_2^2$ 渗透率变异系数为0.27~0.80，平均值为0.58。P_3wt_1 渗透率变异系数为0.20~0.93，平均值为0.59（表2-7）。总体来看，梧桐沟组油藏非均质性中等。

表2-7　吉7井区梧桐沟组油层段非均质特征参数统计表

层位	油藏	渗透率（mD）		变异系数	
		范围	平均值	范围	平均值
$P_3wt_2^2$	吉006井断块	35.4~159.9	74.6	0.30~0.78	0.52
	吉7井断块	35.9~149.6	63.9	0.46~0.80	0.59
	吉8井断块	28.8~161.9	88.9	0.27~0.78	0.58
	吉003井断块	68.4~110.9	87.5	0.35~0.80	0.59
	吉004井断块	127.6	127.6	0.59	0.59
小计		28.8~161.9	83.2	0.27~0.80	0.58
P_3wt_1	吉006井断块	13.6~97.6	55.3	0.24~0.74	0.50
	吉7井断块	26.4~158.6	68.9	0.46~0.80	0.69
	吉8井断块	25.1~171.6	85.5	0.43~0.93	0.69
	吉003井断块	63.8~114.6	76.7	0.58~0.74	0.72
	吉103井断块	42.5~76.7	56.0	0.48~0.58	0.53
	吉101井断块	34.1~91.6	69.4	0.35~0.51	0.43
小计		13.6~171.6	76.8	0.20~0.93	0.59

9. 隔夹层特征及分布规律

1）隔层分布规律

梧桐沟组隔层分别发育在 P_3wt_1、P_3wt_2 油层间、$P_3wt_2^{2-2}$、$P_3wt_2^{2-3}$ 油层间、$P_3wt_1^1$、$P_3wt_1^2$ 油层间，其中 P_3wt_1、P_3wt_2 油层间的隔层为梧桐沟组内部最大湖泛面形成的一套泥岩，厚度 1.8~10.6m。$P_3wt_2^{2-2}$、$P_3wt_2^{2-3}$ 油层间、$P_3wt_1^1$、$P_3wt_1^2$ 层间发育的隔层为梧桐沟组内部次一级湖泛面形成的一套泥岩，厚度分别为 1.1~9.6m、0.5~8.5m。

2）夹层分布规律

梧桐沟组发育两类夹层，一类为岩性夹层，主要为沉积岩石颗粒细小的泥质砂岩和泥岩。另一类为物性夹层，因成岩作用使储层物性、含油性变差，形成低渗透夹层，如钙质砂岩。

通过对吉 7 井区梧桐沟组油藏的夹层统计，垂向上夹层分布特征为：$P_3wt_2^2$ 平均单井夹层个数为 4.4 个，单井夹层厚度平均为 13.4m；P_3wt_1 平均单井夹层个数为 5.9 个，单井夹层厚度平均为 12.4m（表 2-8）。

表 2-8　吉 7 井区梧桐沟组油藏夹层统计表

层位	油藏	单井夹层数（个）		单井夹层厚度（m）	
		区间	平均值	区间	平均值
$P_3wt_2^2$	吉 006 井断块	1~9	4.6	0.5~28.7	16.1
	吉 7 井断块	1~7	3.3	1.0~26.9	14.4
	吉 8 井断块	1~9	4.6	1.2~26.1	9.7
	吉 003 井断块	2~4	3.3	1.6~9.4	6.3
	吉 004 井断块	4		5.1	
小计		1~9	4.4	0.5~28.7	13.4
P_3wt_1	吉 006 井断块	1~10	6.0	0.7~20.3	12.0
	吉 7 井断块	2~9	6.0	8.2~21.9	14.6
	吉 8 井断块	3~13	7.2	3.2~26.9	13.1
	吉 003 井断块	5~9	7.7	7.9~22.4	13.5
	吉 103 井断块	2~5	3.5	7.5~8.1	7.8
	吉 101 井断块	4~6	4.8	7.1~9.1	7.9
小计		1~13	5.9	0.7~26.9	12.4

四、储层地质模型

储层三维建模是兴起于 20 世纪 80 年代中期、以计算机为手段、以地质统计学为基础的石油储层表征建模技术，其核心是对井间储层进行多学科综合一体化、三维定量化及可视化的预测。

油藏描述的目的是建立油气藏地质模型，地质体三维建模是地学信息系统的核心问题之一。当钻井资料较少、前期的方案在各项地质参数及分布不确定的条件下完成，预测的可信度较低的情况下，建立较为精细的三维地质模型尤为重要。这些模型能描述并预测油气藏的分布状况，能预测控制着流体流动特征的、决定着流体在储集体内流动路径和屏蔽的地质、岩石物理、成岩、构造及工程等参数。油藏模型的准确程度决定了方案的研究水平，因此，要充分认识油藏地质特征，在钻井过程中，所建地质模型的正确性不断地用随钻测井数据和综合地质信息进行实时拟合校正，做到边认识、边修改、边调整，使模型尽量提前预知地下情况。三维地质建模技术作为精细油藏描述和储层表征的重要组成部分，有效推动了油藏描述技术从定性到定量的转化，为开发后期井型井网的调整和剩余油分布规律的揭示提供了地质基础。

为了深化对昌吉油田吉 7 井区的地质认识，精细描述开发目的层的储层参数在空间的分布特征，保证吉 7 井区注水试验的历史拟合与试验分析工作的顺利开展，在综合地质研究的基础上，建立了覆盖吉 008 井注水试验区、吉 006 井断块等 4 个区域的精细三维地质模型。

1. 三维地质建模目标

建模的目的层位于昌吉油田吉 7 井区的梧桐沟组，共建立 4 个小型的区域模型，分别是吉 008 井注水试验井组、吉 006 井断块、吉 003 井断块及吉 004 井断块模型（图 2-19）。

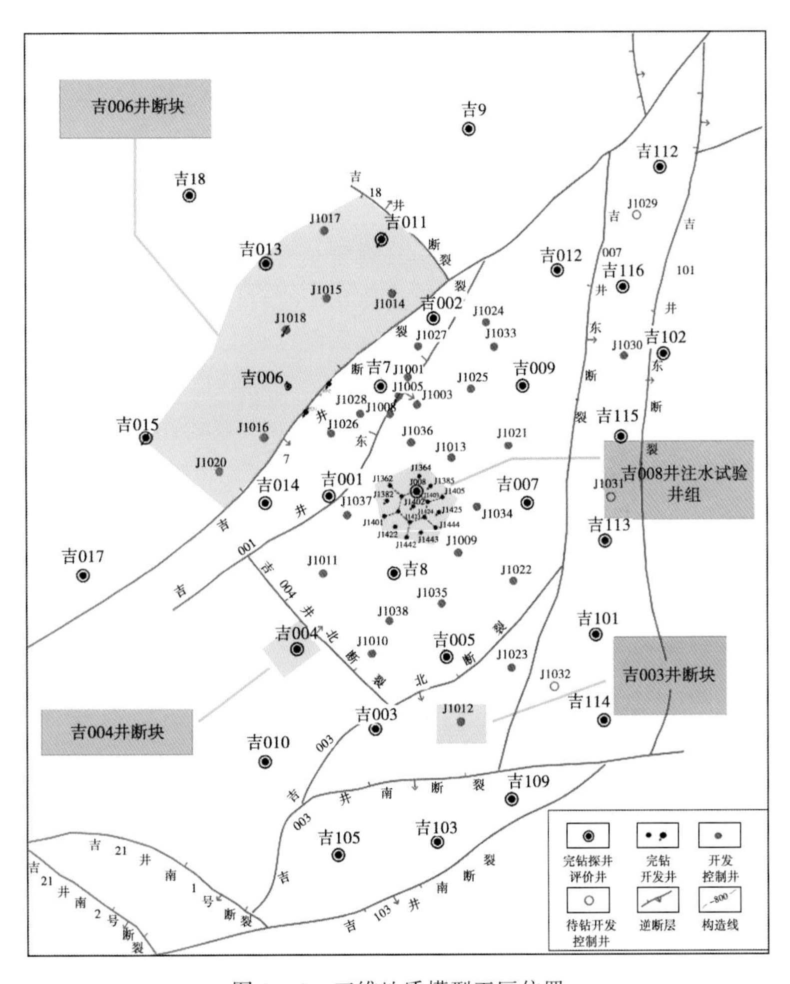

图 2-19 三维地质模型工区位置

其中，吉 008 井注水试验井组模型，共有 7 口注水井，12 口采油井，井网形式为反 7 点注水井网，井距为 150m，目的层为 $P_3wt_2^{2-3}$；建模范围外扩 1 个井距，总面积为 $0.46km^2$，网格数总计 97875 个，其中 *I* 方向 75 个，*J* 方向 87 个，*z* 方向 15 个，平面网格步长 10m，纵向上步长约为 1m。

吉 006 井断块模型区，部署 4 套井网，共完钻 101 口井，井网形式为反 7 点注水井网，井距为 210m，网格数总计为 672.2 万，其中 *I* 方向为 131 个，*J* 方向为 87 个，*Z* 方向为 165 个，纵向有 11 个小层，平面网格步长 10m，纵向上步长约为 1m。

2. 三维地质建模的技术方法

1）技术路线

三维地质建模是一项复杂的技术工作，技术范围涵盖了地质综合研究、测井资料处理、钻录井资料整理及综合数据库的应用等多方面，是多种技术在计算机及建模软件平台方面的综合运用。地质模型的建立与油藏描述的阶段相配套，通过建立地质模型，能够根据地质家的观点，预测井间各种地球物理参数的确定性分布，再通过图形、切片及其他一些技术手段，使构造、油层、储层物性的分布特征，以最直接的方式直观地展现出来。同时，可以利用三维地质模型完成有利储层追踪，有利区域直井、水平井部署研究等，并为油藏开发的数值模拟工作，提供计算基础平台。

本次建模工作的主要目标是配合开发方式研究，对吉 008 井注水试验区目的层油层展布及储层特征进行描述，分析确定影响开发效果的各种地质因素分布及影响程度。因此，在建模过程中，既要考虑模型的网格数不能太大，又需要在纵向划分上要尽量精细，体现纵向上的油藏非均质特征对储层动用的影响及规律。需要在等时对比的基础上，利用测井解释成果对模型属性的计算进行约束控制，合理描述储层特征在空间上的变化。

2）方法原理

本次模拟主要采用顺序高斯模拟方法。顺序高斯模拟方法被认为是模拟连续型变量的首选方法，采用该方法首先对小层砂体的发育情况进行模拟。在此基础上，根据单井沉积相的划分，计算内部的沉积相平面分布情况。以沉积相及砂体的发育特征为约束条件，对孔隙度、净总比等进行模拟，再根据孔隙度与渗透率的相关特征、饱和度与孔隙度、沉积相的相关关系，计算渗透率、饱和度等空间的分布特征，其中孔隙度、含油饱和度、净总比的数据粗化采用算术平均法，而渗透率采用几何平均法，目的是考虑低渗透非均质油藏的特点。

3）数据准备

在地质建模中，数据准备及质量控制是一项基础工作，但十分重要。三维数据模型的选择对于构建地质模型非常重要，一般来说，选取三维数据模型必须遵循实用性原则、节省性原则、快速性原则、易改性原则、兼容性原则。本次建模数据主要为井数据，即分层数据和井参数数据（井头信息、解释层、孔隙度、渗透率、含油饱和度）。

（1）井数据。

井头文件、分层数据文件、参数文件。

（2）测井解释成果数据。

包括孔隙度、渗透率的成果，以及油水层的解释结论。

数据质量控制是非常重要的一个环节，项目工作中主要是利用各种可视化工具检查原始数据中可能存在的各种不合理的地方及可能输入的错误等。如可以通过三维可视化工具，可以直观地检查各个井的井轨迹是否合理，并且在显示井轨迹时同时可以显示井的属性，如孔隙度等。可以选择任意井组合在一起对比，从而从多个方向检查分层数据及井属性数据是否合理。当发现有不正确的地方，需要及时修正，以确保模型使用的数据是正确的。在检查过程中，发现一些数据的分层信息的不确切性问题，及时进行修改或剔除，保证建模的正确性。

4）三维网格化

为了进行储层三维建模，必须对储层进行三维网格化，即将实际的地质体按 X、Y、Z 方向划分成一序列网格。本次建模使用 Petrel 三维地质建模软件，在确定模型区域后，在软件的二维窗口显示工区的平面图形，圈定模型范围，确定本次建模的网格方向。根据井网特征、沉积相方向、构造方向，综合确定 I、J、K 方向。平面网格采用均匀网格，其中平面上采用 10m 的网格大小，纵向上采用的约 1m 左右的网格大小（图 2-20）。

图 2-20　吉 008 井注水试验井组网格模型

3. 模型成果

1）三维构造模型

构造建模包括建立断层模型、三维网格化、地质层格架建模、地层结构建模、层细剖分模型。

吉 008 井注水试验井组共有 19 口井，开发的目的层为梧桐沟组 $P_3wt_2^{2-3}$，是一完整的单砂层组。通过对比分析，发现该小层总体上为一个正旋回的分流河道相特征，内部又有一定的韵律旋回性，根据韵律旋回特征可进一步把储层细分为 3 个韵律段（图 2-21）。

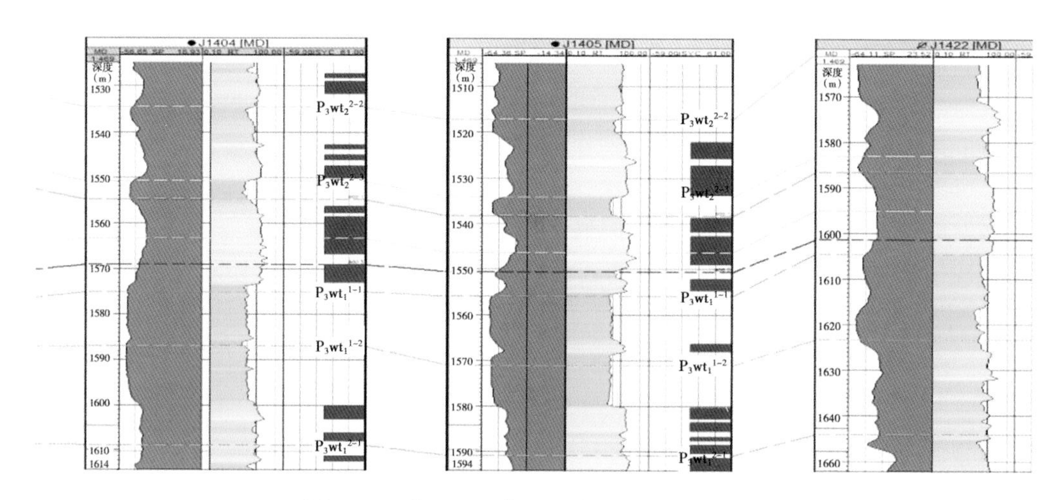

图 2-21　吉 008 注水试验井组的井对比剖面

本次工作涉及的模型区构造比较简单。因此在原分层等时对比基础上，直接通过井对比模块添加出储层砂体的底面，建立小层砂体的顶底面对比数据。并计算形成顶底面的构造模型（图 2-22）。

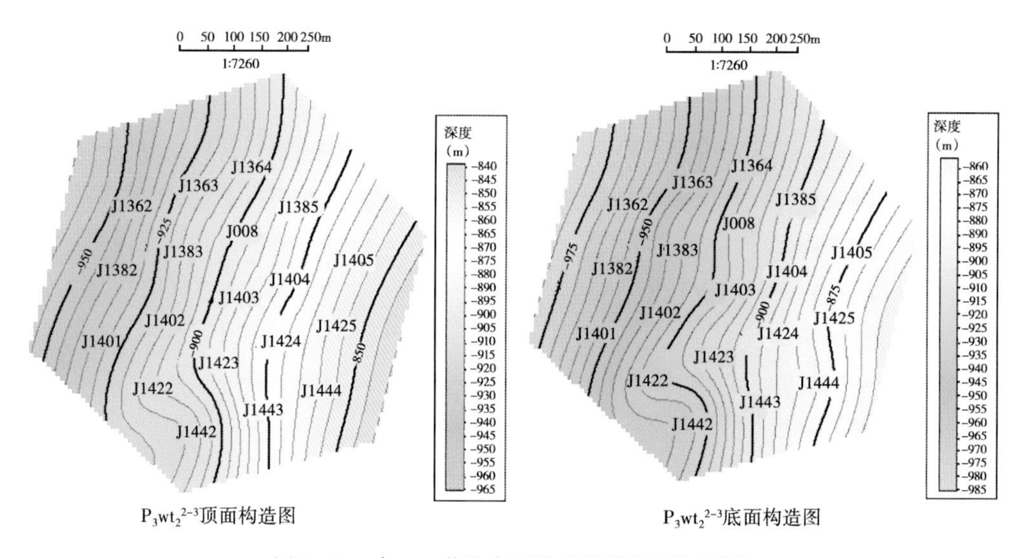

图 2-22　吉 008 井注水试验井组顶底面构造图

从总体构造特征来看，该区位于一个东高西低的宽缓斜坡背景之上，构造高点在工区东部，试验区为东高西低的单斜构造，局部有小的鼻状隆起。$P_3wt_2^{2-3}$顶面构造的海拔在−850~−975m，构造幅度为 125m，地层倾角为 6°。

2）储层的三维非均质模型

将目的层的砂体平面图进行简化处理，分别在不同厚度范围赋予不同数值，输入到模型中，作为储层物性非均质特征的约束条件。利用储集砂体模型进行相控，采用随机模拟中的序贯高斯方法计算孔隙度、渗透率、含油饱和度模型。

（1）孔隙度模型

注水试验区油层孔隙度平均值为20.2%，其中水下分流河道主流线的孔隙度一般大于20.5%（图2-23、图2-24）。

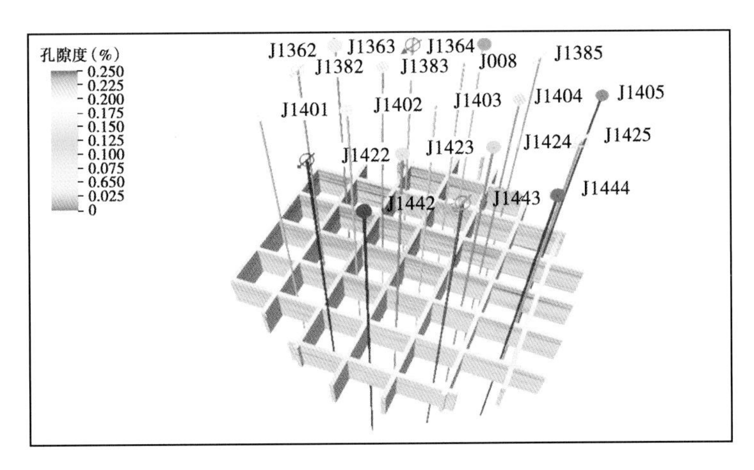

图2-23　吉008井注水试验区孔隙度三维栅状模型

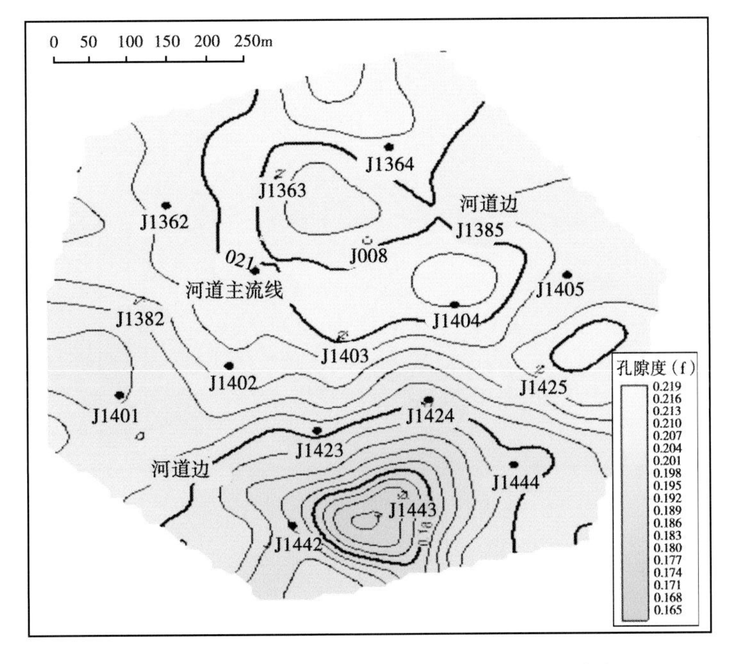

图2-24　吉008井注水试验井组的油层孔隙度分布图

（2）渗透率三维模型

渗透率的模拟过程与孔隙度类似。利用几何平均算法进行计算，得到地下的油层平均渗透率为61mD，而水下分流河道主流线渗透率平均在80mD以上（图2-25、图2-26）。

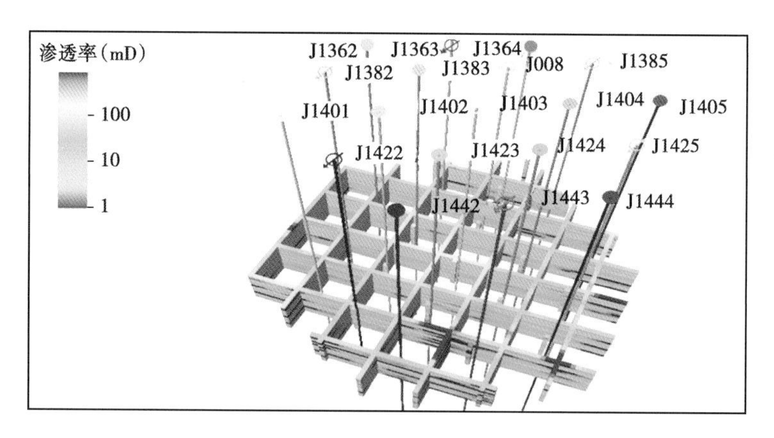

图 2-25 吉 008 井注水试验区的渗透率三维模型

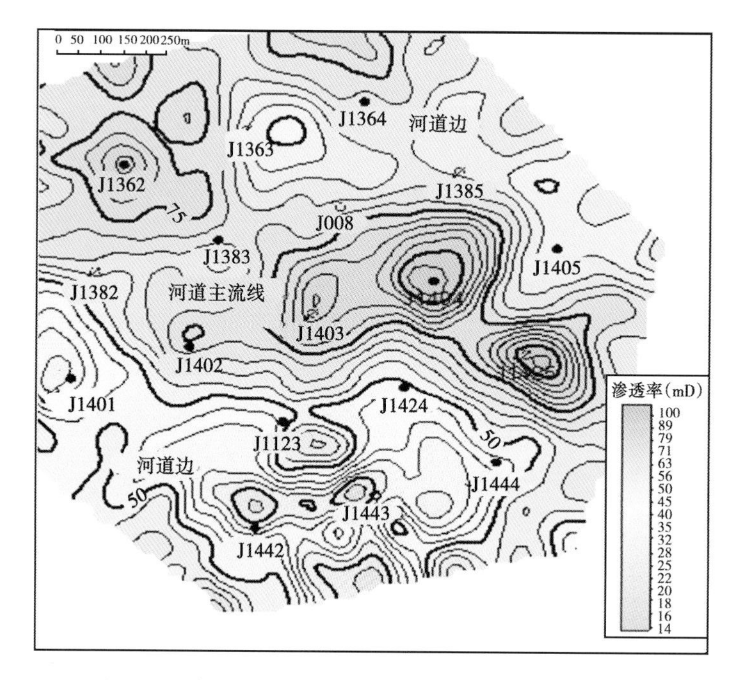

图 2-26 吉 008 井注水试验区油层的渗透率平面分布图

（3）含油饱和度及油层的三维模型

总体上看，该油藏的含油饱和度较低，为 48%~65%，平均为 55%，含油饱和度分布受沉积微相控制。在注水试验区中部、近南东—北西方向，即 J1425—J1403—J1362 井一线，属于水下分流河道主流线位置，含油饱和度相对较高，而两侧边部含油饱和度相对较低（图 2-27）。

通过净总比计算的油层厚度分布特征，与饱和度分布类似，即水下分流河道主流线部位油层厚，两侧油层薄。试验区目的层油层厚度为 8~18m，平均为 13.6m（图 2-28）。

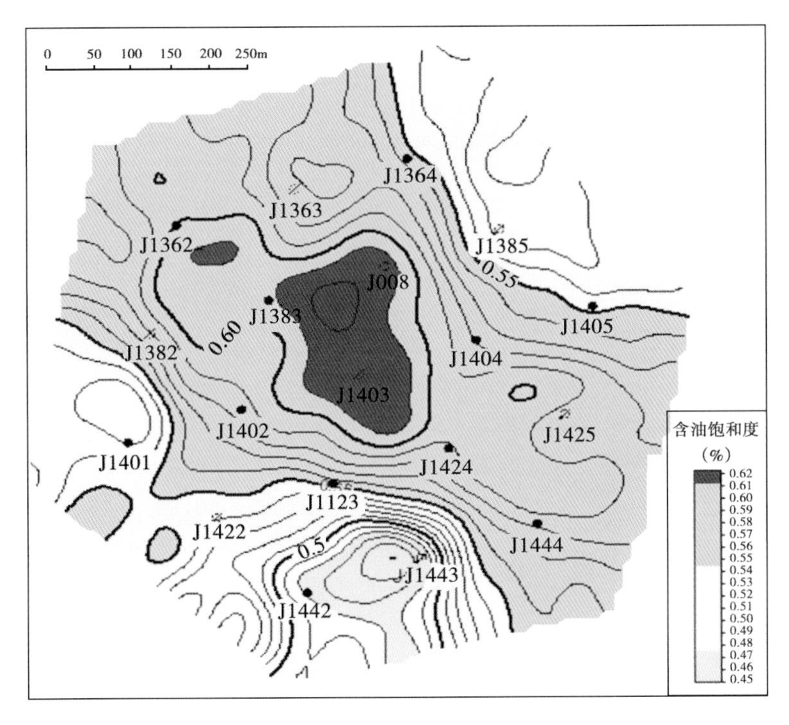

图 2-27 含油饱和度平面等值线图

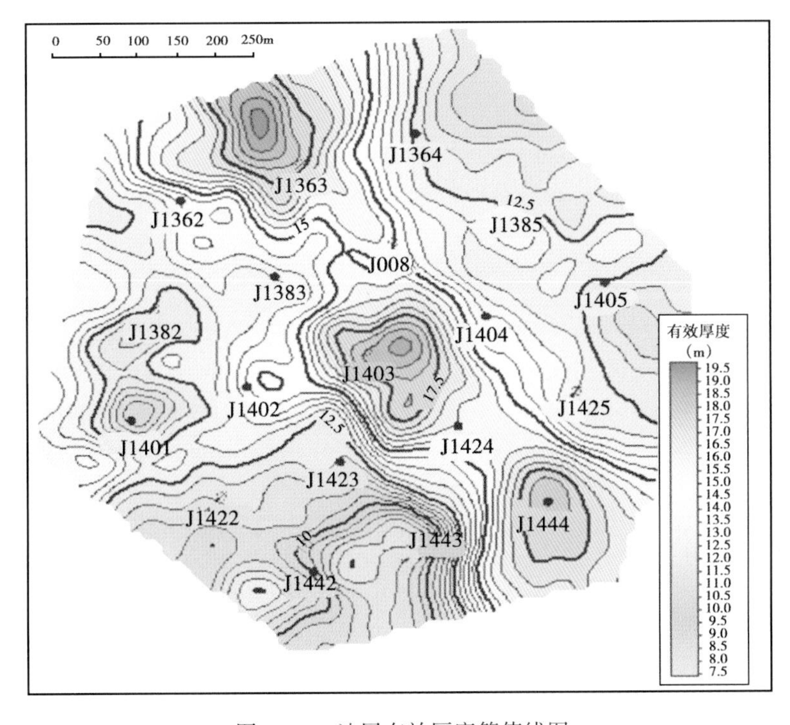

图 2-28 油层有效厚度等值线图

根据相同的建模技术和方法，得到了吉006井断块、吉003井断块、吉004井断块的三维地质模型，不仅成为直观表征油藏特征的技术手段，而且也成为不同油藏开发方式筛选的数值模拟模型的基础。

第二节　油藏性质及流体特征

一、油藏性质

1. 油藏类型

根据构造解释、油层对比及油水分布情况，认为吉7井区梧桐沟组 $P_3wt_2^2$ 和 P_3wt_1 油藏主要受断裂构造控制，边部和低部具边、底水，局部受地层尖灭和岩性、物性变化控制。

根据全区油层对比结果，$P_3wt_2^2$ 油层稳定、横向连续性较好，但上倾方向受剥蚀作用，东北角的吉012井、吉007井和吉109井连线附近梧桐沟组 P_3wt_2 缺失，因此 $P_3wt_2^2$ 油藏既受断裂控制又受地层控制；P_3wt_1 油层分布稳定连续，该油藏主要受断裂控制的构造油藏。

平面上，吉7井区以成藏断块为单位，$P_3wt_2^2$ 划分为5个油藏，P_3wt_1 划分为6个油藏，共计11个油藏。各油藏含油界面确定依据见表2-9。

表2-9　吉7井区梧桐沟组油藏含油界面确定表

层位	油藏单元	油水界面（m）	油藏中部深度（m）	含油边界确定依据
$P_3wt_2^2$	吉006井断块		1735.0	构造岩性油藏
	吉7井断块	-1082	1650.0	J1026井试油证实油层底界
	吉8井断块	-999	1527.0	J1011井试油证实油层底界
	吉003井断块	-890	1476.0	吉003井测井解释油层底界
	吉004井断块	-976	1584.0	吉004井测井解释油层底界
P_3wt_1	吉006井断块		1775.0	构造岩性油藏
	吉7井断块	-1021	1660.0	吉002井测井解释油层底界
	吉8井断块	$P_3wt_1^1$：-967 $P_3wt_1^2$：-905	1517.0	$P_3wt_1^1$：J1363井测井解释油层底界 $P_3wt_1^2$：J1009井试油证实油层底界
	吉003井断块	-921	1484.0	吉003井测井解释油层底界
	吉103井断块	全充满	1366.0	吉105井测井解释油层底界
	吉101井断块	全充满	1317.0	吉112井试油证实油层底界

2. 油层分布

从油层平面分布图来看，吉7井区梧桐沟组 $P_3wt_2^2$ 油层厚度为3.5~41.9m，平均为20.9m（图2-29）。其中吉006井断块油层厚度为3.5~36.5m，平均为17.2m，油层在J1020—J6396井、吉006—J6152井、J1014—J5095井区域发育；吉7井断块油层厚度为4.4~28.3m，平均为17.8m，油层在吉001—J1026井、吉002井区域发育；吉8井断块油层厚度为 4.9~41.9m，平均为 17.7m，油层在吉 008—吉 8—吉 005 井区域发育；吉 003 井断块油层厚度为 7.5~27.3m，平均为 16.5m，油层在 J1012 井区域发育；吉 004 井断块含油面积内只有吉 004 井，油层厚度 11.4m。

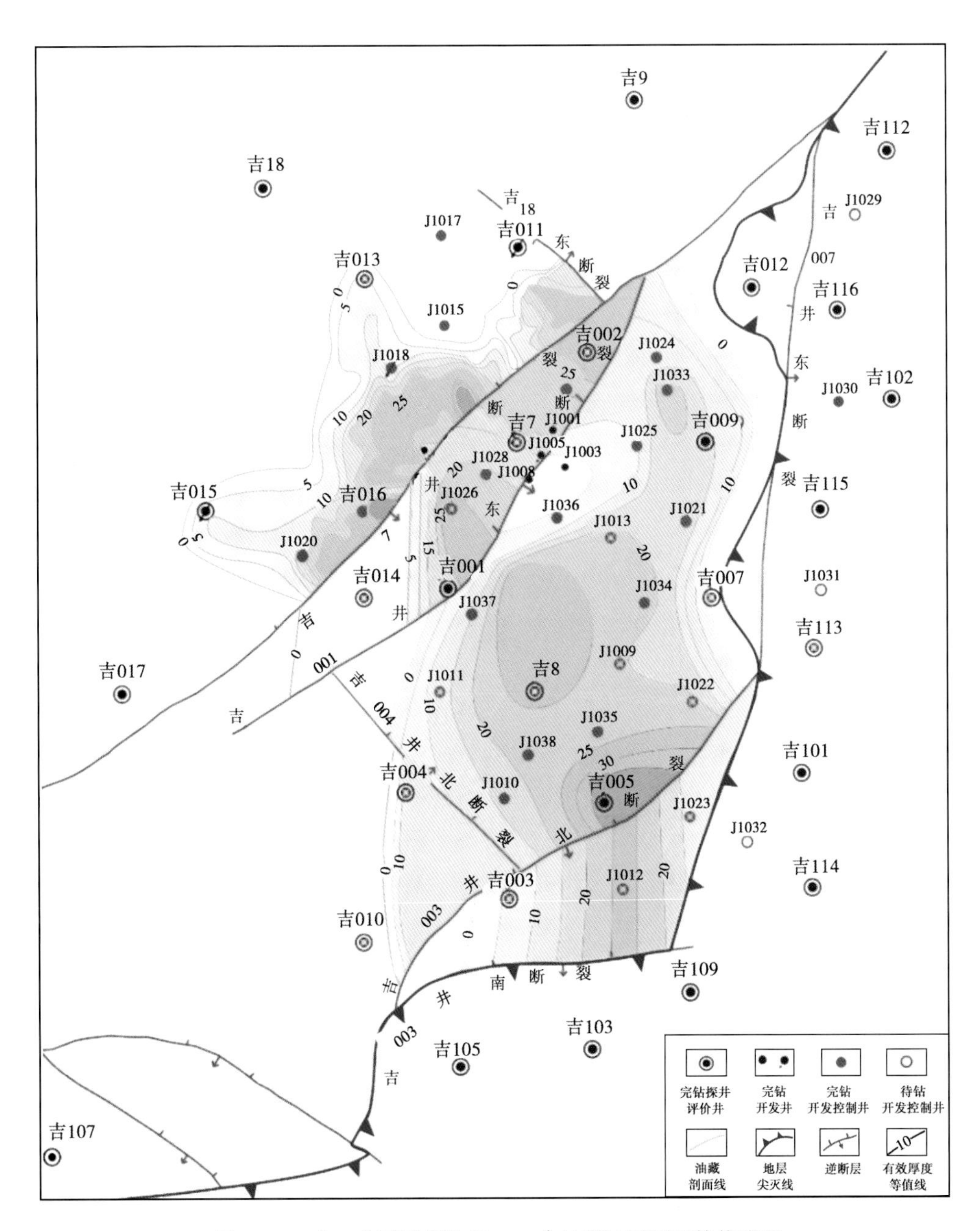

图 2-29 吉 7 井区梧桐沟组 $P_3wt_2^2$ 油藏油层厚度等值线图

P_3wt_1 油层厚度为 1.0~46.5m，平均为 20.7m（图 2-30）。其中吉 006 井断块油层厚度 1.0~43.0m，平均为 17.4m，油层在吉 006—J6152 井、吉 011—J5135 井区域发育；吉 7 井

断块油层厚度为 2.4~13.9m，平均为 8.2m，油层在吉 002 井区域较发育；吉 8 井断块油层厚度为 1.0~46.5m，平均为 23.7m，油层在吉 005—吉 007—吉 009—吉 012 井区域发育；吉 003 井断块油层厚度为 8.6~37.5m，平均为 26.6m，油层在 J1012—J1023 井区域发育；吉 103 井断块油层厚度为 24.4~32.1m，平均为 28.4m，断块内油层发育；吉 101 井断块油层厚度为 13.5~32.1m，平均为 21.6，油层在吉 114—吉 115 井区域发育。

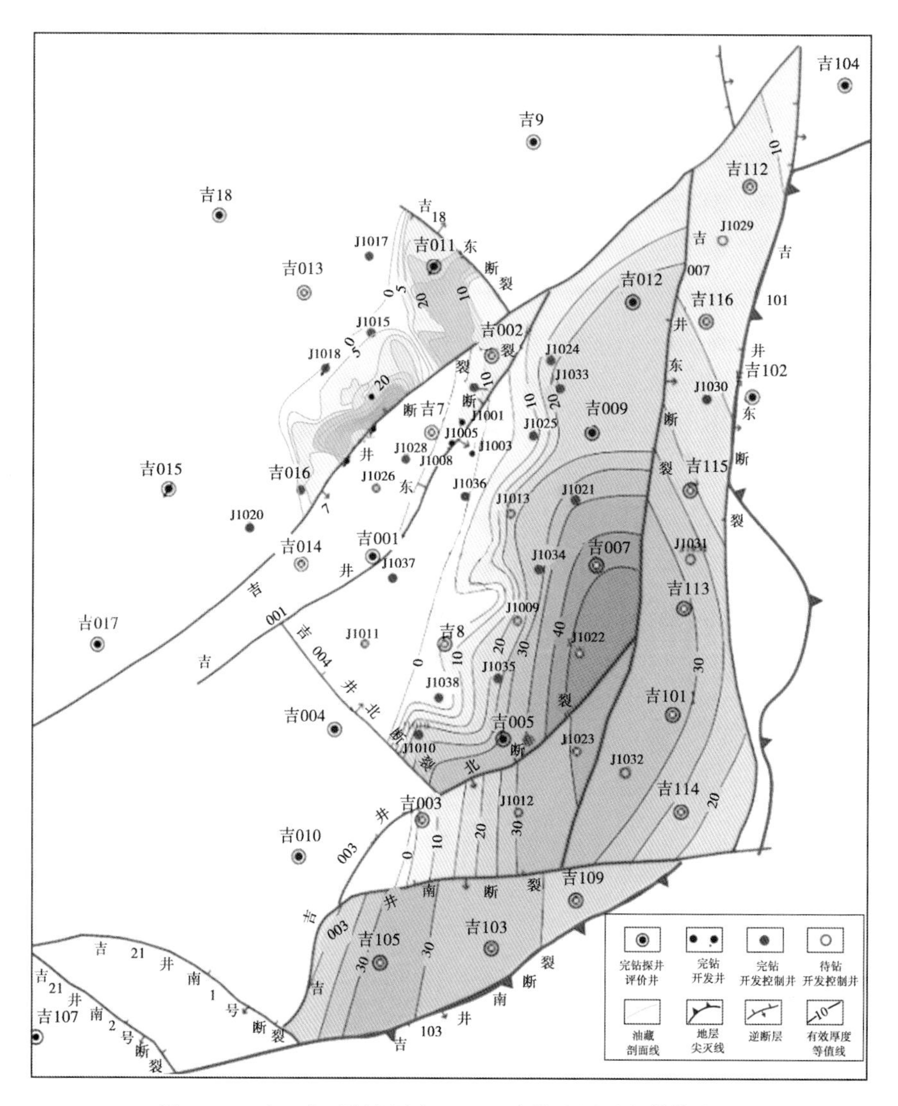

图 2-30　吉 7 井区梧桐沟组 P_3wt_1 油藏油层厚度等值线图

3. 地层压力和温度

1）压力系统

（1）地层压力。

根据吉 7 井区梧桐沟组油藏测压资料，建立了地层压力与海拔关系曲线回归关系式如下：

$$P_3wt_2^2 \text{ 油藏：} P_i = 10.452-0.00878H$$

$$P_3wt_1 \text{ 油藏：} P_i = 10.281-0.00858H$$

式中 P_i——油藏原始地层压力，MPa；

H——海拔，m。

（2）饱和压力。

根据吉7井区梧桐沟组油藏PVT资料，建立了饱和压力与海拔关系曲线，回归关系式如下：

$$P_3wt_2^2 \text{ 油藏：} P_b = 4.143-0.00878H$$

$$P_3wt_1 \text{ 油藏：} P_b = 0.641-0.00858H$$

式中 P_b——油藏饱和压力，MPa；

H——海拔，m。

（3）油层破裂压力。

根据吉7井区梧桐沟组油藏压裂资料，建立了地层破裂压力与海拔关系曲线，回归关系式如下：

$$P_3wt_2^2 \text{ 油藏：} P_f = 12.629-0.0189H$$

$$P_3wt_1 \text{ 油藏：} P_f = 11.757-0.0178H$$

式中 P_f——破裂压力，MPa；

H——海拔深度，m。

2）温度系统

根据8井14井次温度测试资料，建立了地层温度与地层深度关系曲线，回归关系式如下：

$$t = 17.784+0.0224D$$

式中 t——地层温度，℃；

D——油藏深度，m。

根据确定的地层压力、饱和压力、破裂压力和温度梯度关系式，折算到油藏中部海拔或油藏中部深度，算出吉7井区梧桐沟组油藏的油藏参数（表2-10）。

梧桐沟组 $P_3wt_2^2$、P_3wt_1 油藏属正常压力、温度系统的未饱和油藏。

表2-10 吉7井区梧桐沟组油藏性质参数表

断块	层位	中部深度（m）	中部海拔（m）	地层压力（MPa）	压力系数	饱和压力（MPa）	地饱压差（MPa）	含油饱和度（%）	地层温度（℃）
吉006	$P_3wt_2^2$	1735.0	−1070.0	19.39	1.12	13.54	5.85	69.83	56.66
	P_3wt_1	1775.0	−1110.0	18.94	1.07	10.00	8.94	52.80	57.55
吉7	$P_3wt_2^2$	1650.0	−981.0	18.28	1.11	7.02	11.26	38.40	54.75
	P_3wt_1	1660.0	−990.0	18.38	1.11	7.10	11.28	38.64	54.98
吉8	$P_3wt_2^2$	1527.0	−850.0	16.12	1.06	9.87	6.25	61.23	52.00
	P_3wt_1	1517.0	−840.0	16.00	1.05	8.58	7.42	53.63	51.77

续表

断块	层位	中部深度（m）	中部海拔（m）	地层压力（MPa）	压力系数	饱和压力（MPa）	地饱压差（MPa）	含油饱和度（%）	地层温度（℃）
吉 003	$P_3wt_2^2$	1476.0	-787.0	14.57	0.99	5.37	9.20	36.85	50.86
	P_3wt_1	1484.0	-795.0	13.52	0.91	3.66	9.86	27.05	51.04
吉 004	$P_3wt_2^2$	1584.0	-903.0	14.25	0.90	3.77	10.48	26.46	53.28
吉 101	P_3wt_1	1317.0	-640.0	13.51	1.03	3.89	9.62	28.78	47.29
吉 103	P_3wt_1	1366.0	-670.0	12.34	0.90	2.48	9.86	20.09	48.39

二、储层流体特征

1. 地面原油性质

吉 7 井区块梧桐沟组共取得 211 个原油样品，其中梧桐沟组 $P_3wt_2^2$ 有 128 个原油样品，原油密度为 0.908～0.9548g/cm³，平均为 0.936g/cm³；50℃黏度为 131.7～3736mPa·s，平均为 1204.3mPa·s；含蜡量平均为 3.70%。平面上自北部构造低部位向南部构造高部位原油密度、黏度逐渐增高（图 2-31、图 2-32）。

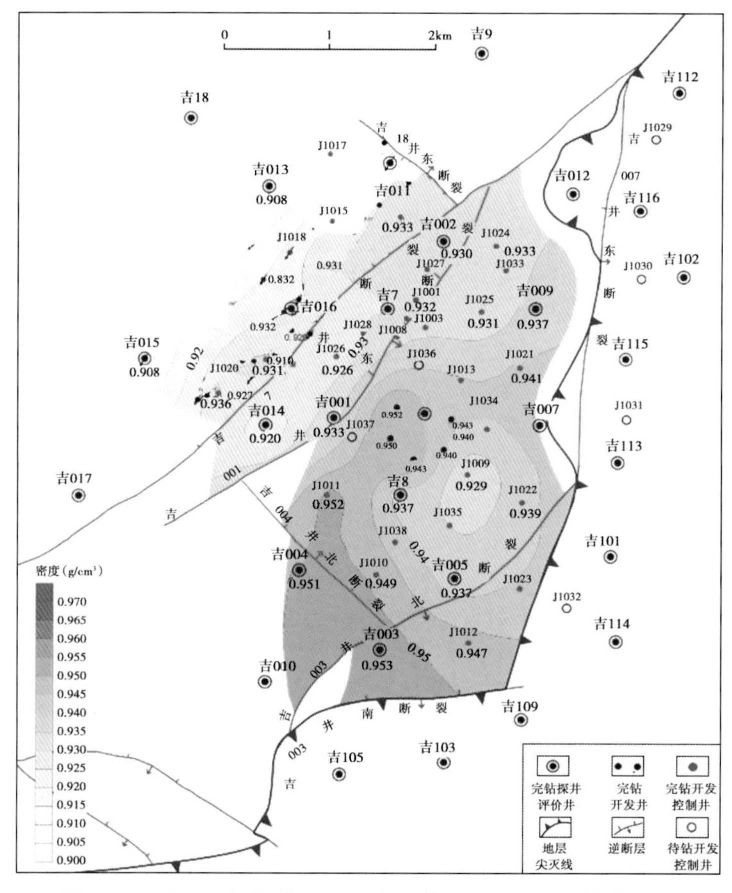

图 2-31　吉 7 区梧桐沟组 $P_3wt_2^2$ 油藏地面原油密度等值线图

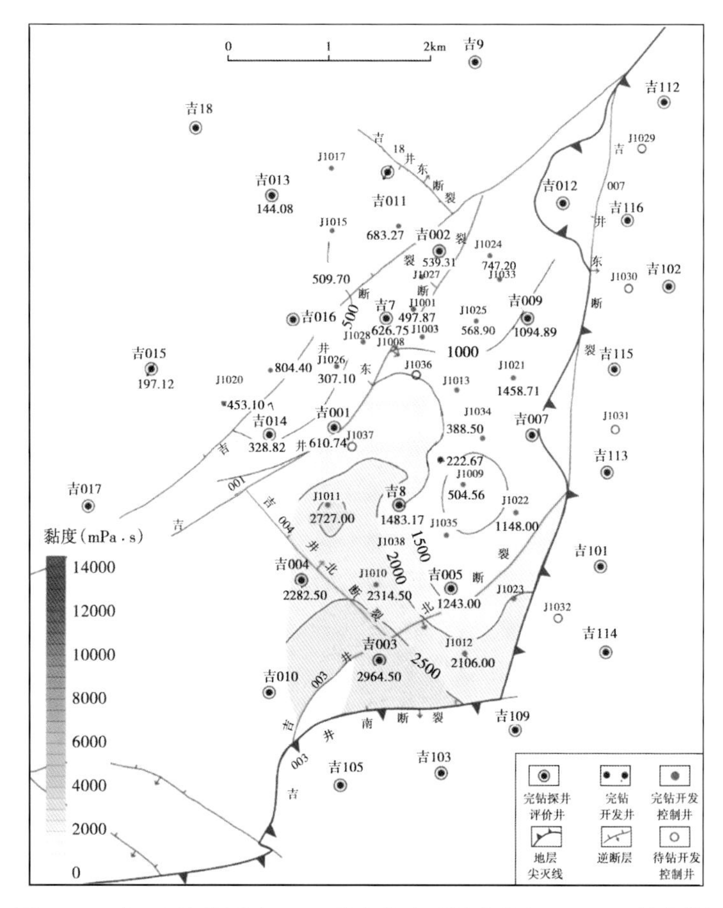

图 2-32 吉 7 区梧桐沟组 $P_3wt_2^2$ 油藏地面原油黏度（50℃）等值线图

梧桐沟组 P_3wt_1 有 83 个原油样品，原油密度为 0.8922~0.9874g/cm³，平均为 0.938g/cm³；50℃黏度为 18.7~9024mPa·s，平均为 1748.9mPa·s；含蜡量平均为 4.42%。平面上自北部构造低部位向南部构造高部位原油密度、黏度逐渐增高（图 2-33、图 2-34）。

各油藏的地面原油性质见下表 2-11，经对比吉 006 井断块原油性质最优。

表 2-11 吉 7 井区各油藏区块地面原油性质表

层位	油藏	原油密度（g/cm³）	50℃黏度（mPa·s）	含蜡量（%）
$P_3wt_2^2$	吉 011 井断块	0.9305	638.2	3.35
	吉 006 井断块	0.9237	393.2	3.96
	吉 7 井断块	0.9278	481.2	3.90
	吉 8 井断块	0.9422	1616.5	2.70
	吉 003 井断块	0.9496	2597.3	2.70
	吉 004 井断块	0.9520	2589.0	3.05

续表

层位	油藏	原油密度（g/cm^3）	50℃黏度（mPa·s）	含蜡量（%）
P_3wt_1	吉011井断块	0.9196	261.9	6.40
	吉006井断块	0.9336	708.5	2.30
	吉7井断块	0.9305	586.3	3.39
	吉8井断块	0.9435	1917.9	3.89
	吉003井断块	0.9500	4036.0	3.55
	吉103井断块	0.9628	8583.9	4.34
	吉101井断块	0.9431	1421.8	2.70

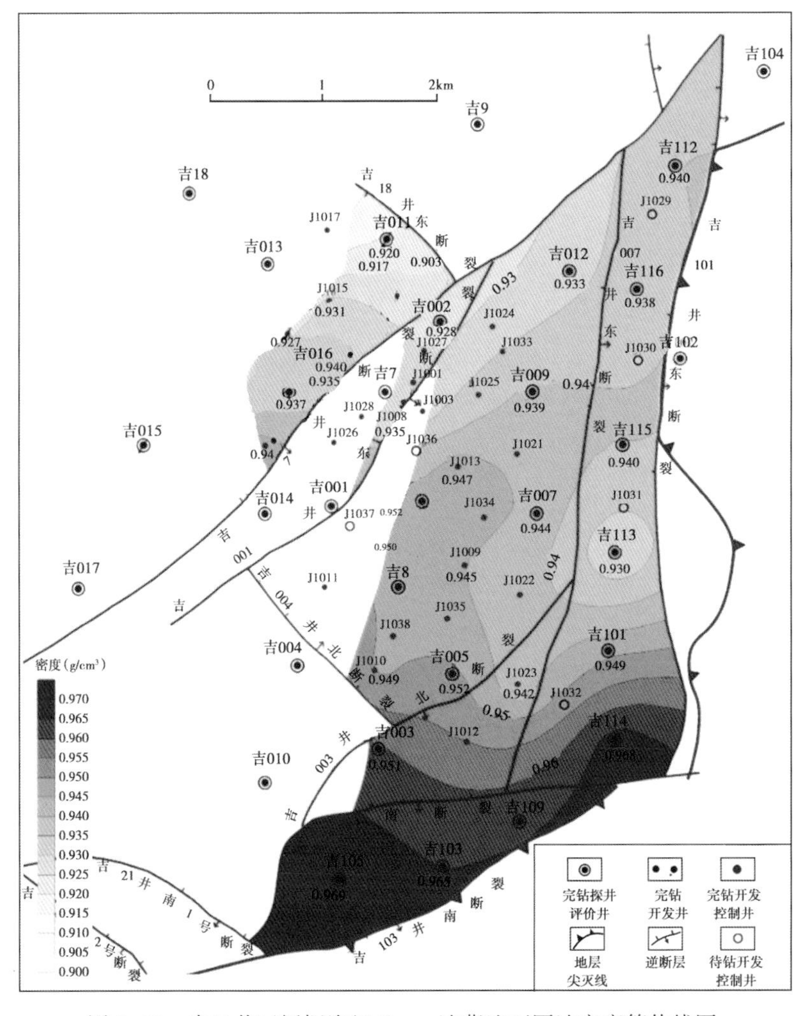

图2-33　吉7井区梧桐沟组 P_3wt_1 油藏地面原油密度等值线图

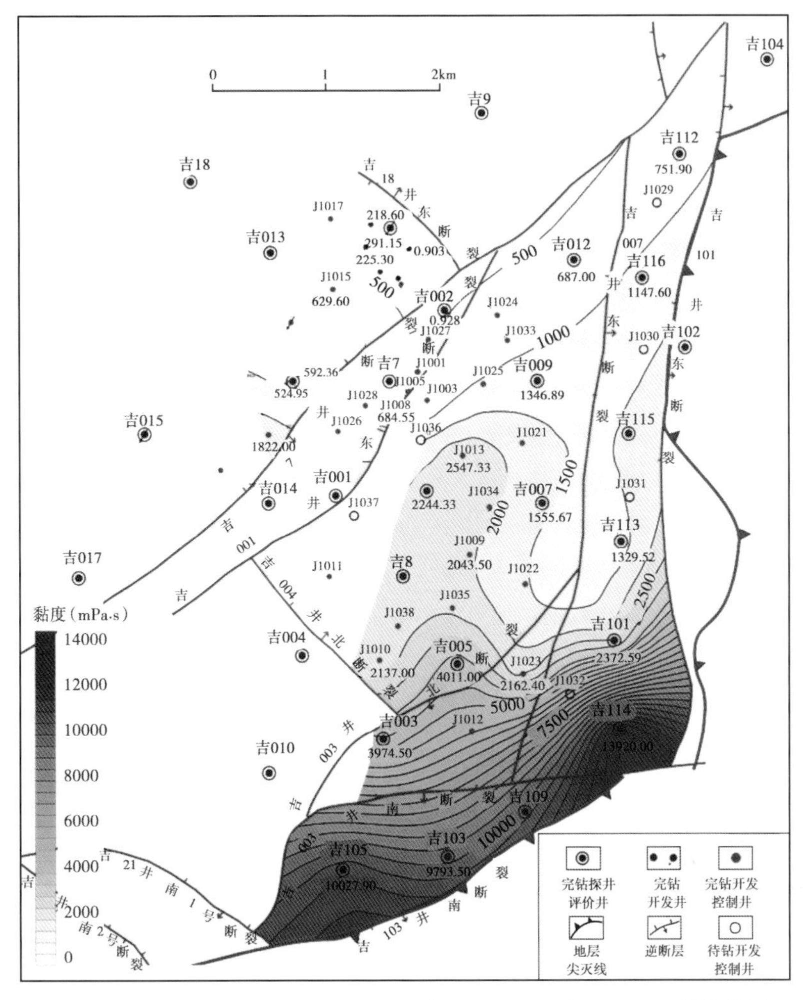

图2-34 吉7井区梧桐沟组 P_3wt_1 油藏地面原油黏度（50℃）等值线图

2. 地层原油性质

依据吉7井区块6个PVT样品分析资料，地层油密度为0.8577~0.9268g/cm^3，平均为0.8943g/cm^3，地层油黏度为40.19~934.46mPa·s，平均为424.87mPa·s，体积系数为1.027~1.098，原始溶解气油比为11~39m^3/t。

3. 天然气性质

天然气相对密度为0.646~0.762，组分中甲烷含量为61.45%~97.22%，乙烷含量为1.04%~36.07%，丙烷含量为0.50%~2.68%，二氧化碳含量为0~1.35%。

4. 地层水性质

吉7井区取得5井6个地层水分析样品，地水层矿化度为8704.24~10595.67mg/L，氯离子含量为3209.64~5283.58mg/L，$NaHCO_3$ 型。梧二段（$P_3wt_2{}^2$）地层水矿化度为9050.35~

10595.67mg/L，氯离子含量为 3209.64～5283.58mg/L，$NaHCO_3$ 型；梧一段（P_3wt_1）地层水矿化度为 8704.24～9083.52mg/L，氯离子含量 4396.88～4795.32mg/L，$NaHCO_3$ 型。

第三节　储 量 评 价

无论是勘探阶段还是开发阶段，油气储量一直是石油工作者追寻的主要目标，是油气田勘探、开发过程中的一项极为重要的工作任务。油气储量是指导油气田勘探、开发，确定投资规模的重要依据。因此，石油、天然气储量计算的准确与否至关重要。

一、地质储量计算方法

根据《石油天然气储量计算规范》（DZ/T0217—2005）要求，采用容积法计算探明石油地质储量。

原油地质储量计算公式为

$$N=100A_o h\Phi S_{oi}/B_{oi} \tag{2-1}$$

若用质量单位表示原油地质储量时，公式为

$$N_z=N\rho_o \tag{2-2}$$

式中符号的意义和单位见表 2-12。

表 2-12　地质储量参数名称、符号、单位及取值位数表

参数		单位		取值位数
名称	符号	名称	符号	
石油地质储量	N、N_z	万方、万吨	10^4m^3、10^4t	小数点后二位
含油面积	A_o	平方千米	km^2	小数点后二位
有效厚度	h	米	m	小数点后一位
有效孔隙度	Φ	小数	f	小数点后三位
原始含油饱和度	S_{oi}	小数	f	小数点后三位
地面脱气原油密度	ρ_o	吨每立方米	t/m^3	小数点后三位
原始原油体积系数	B_{oi}	无因次		小数点后三位

二、储量计算单元

吉 7 井区二叠系梧桐沟组油藏纵向上分为梧二段（$P_3wt_2^2$）、梧一段（P_3wt_1）两套含油砂层组。梧二段（$P_3wt_2^2$）油层纵向上岩性、物性基本一致，跨度在 25～70m，且与下部的梧一段油层之间存在较稳定的隔层；梧一段（P_3wt_1）油层纵向也具有上述特点，跨度在 20～80m；因此纵向上梧桐沟组油藏划分为梧二段（$P_3wt_2^2$）和梧一段（P_3wt_1）两个储量计算单元。

平面上，吉 7 井区二叠系梧桐沟组油藏被断裂分割成多个油藏，其油水界面、压力系统

均不一致，因此，以控藏断块为单位。梧二段平面上被断裂分割为6个油藏（分为6个计算单元）；梧一段平面上被断裂分割为7个油藏（分为7个计算单元），共计13个计算单元（表2-13）。

表2-13 吉7井区梧桐沟组油藏储量计算单元划分表

层位	计算单元	储量类别
$P_3wt_2^2$	吉011井断块	已开发
	吉006井断块	已开发
	吉7井断块	未开发
	吉8井断块	未开发
	吉003井断块	未开发
	吉004井断块	未开发
P_3wt_1	吉011井断块	已开发
	吉006井断块	已开发
	吉7井断块	未开发
	吉8井断块	未开发
	吉003井断块	未开发
	吉103井断块	未开发
	吉101井断块	未开发

三、储量计算及评价

1. 地质储量

根据上述所确定的储量参数，按容积法计算吉7井区二叠系梧桐沟组探明石油地质储量，计算结果见表2-14。由于吉7井区梧桐沟组油藏溶解气含量低，平均原始溶解气油比低于30m³/t，本次未计算溶解气地质储量。

表2-14 吉7井区梧桐沟组油藏储量参数及新增探明储量数据表

层位	计算单元	储量参数						新增探明储量	
		A_o (km²)	h (m)	ϕ (f)	S_{oi} (f)	B_{oi} (f)	ρ_o g/cm³	天然气 (10^4m^3)	石油 (10^4t)
$P_3wt_2^2$	吉011井断块	0.44	17.9	0.199	0.574	1.098	0.931	81.93	76.28
	吉006井断块	3.19	17.2	0.200	0.550	1.098	0.924	549.68	507.90
	吉7井断块	2.07	17.8	0.201	0.530	1.052	0.928	373.12	346.25
	吉8井断块	7.09	17.7	0.201	0.582	1.041	0.942	1410.22	1328.43
	吉003井断块	1.63	16.5	0.214	0.575	1.032	0.950	320.68	304.65
	吉004井断块	0.79	12.4	0.229	0.543	1.027	0.952	118.61	112.91
	小计	15.21						2854.24	2676.42

续表

层位	计算单元	储量参数						新增探明储量	
		A_o (km^2)	h (m)	ϕ (f)	S_{oi} (f)	B_{oi} (f)	ρ_o g/cm3	天然气 (10^4m^3)	石油 (10^4t)
P_3wt_1	吉011井断块	1.08	22.5	0.180	0.540	1.095	0.920	215.70	198.45
	吉006井断块	0.60	15.9	0.193	0.552	1.095	0.934	92.82	86.69
	吉7井断块	0.52	8.2	0.201	0.530	1.052	0.931	43.18	40.20
	吉8井断块	6.77	23.7	0.202	0.565	1.041	0.944	1759.08	1660.57
	吉003井断块	1.57	25.8	0.213	0.563	1.032	0.950	470.68	447.15
	吉103井断块	2.60	27.5	0.197	0.640	1.032	0.963	873.52	841.20
	吉101井断块	5.71	21.3	0.188	0.606	1.041	0.943	1331.05	1255.18
	小计	18.85						4786.03	4529.44
P_3wt	合计	25.36						7640.27	7205.86

梧桐沟组 $P_3wt_2^2$ 油藏含油面积为 15.21km^2，石油地质储量为 2676.42×10^4t（2854.24×10^4m^3）；梧桐沟组 P_3wt_1 油藏含油面积为 18.85km^2，石油地质储量为 4529.44×10^4t（4786.03×10^4m^3）。

吉7井区梧桐沟组油藏叠合含油面积为 25.36km^2，石油地质储量为 7205.86×10^4t（7640.27×10^4m^3）。

2. 储量综合评价

根据石油地质储量综合评价标准，吉7井区梧桐沟组油藏属中深层（1317～1775m）、中丰度（45.19×$10^4m^3/km^2$）、低产（4.3$m^3/km\cdot d^{-1}$）、中型规模（1146.04×10^4m^3）油藏（表2-15）。

表2-15 吉7井区梧桐沟组油藏综合评价表

油藏类型	层位	油层中部埋深 (m)	可采储量规模 (10^4m^3)	可采储量丰度 ($10^4m^3/km^2$)	千米井深产量 ($m^3/km\cdot d^{-1}$)
		中深层	中型	中	低
		500～2000	250～2500	25～80	1～5
构造地层	P_3wt	1317～1775	1146.04	45.19	4.3

第三章　中深层稠油油藏开采机理

稠油常用开采技术有蒸汽吞吐、蒸汽驱、火烧油层和稠油冷采等，本章针对吉7井区块室内不同开发实验结果，分析水驱油、聚合物驱油、泡沫驱油、CO_2驱油及混合驱替的驱替效果，指导中深层稠油的开发。

第一节　单一驱替介质物理模拟实验

针对昌吉油田吉7井区稠油区块储层物性及流体特征，开展温度、驱替介质、转注方式等不同尺度的驱油机理及规律实验研究，以便于认识吉7井区梧桐沟组油藏驱油机理及规律，确定吉7井区适合注水黏度上限，合理转注时机、非均质油藏低渗透储层动用下限，评价不同驱替方式的开发效果，对不同的开发方式进行优化，为吉7井区各断块开发方式最终确定提供依据。

一、水驱油实验

1. 冷水驱油机理及规律研究

1）实验方案

实验条件：

（1）原油：J1009井原油（1972mPa·s）、吉011井原油（271mPa·s）、采用J1009井原油和煤油配置的3种黏度的原油（黏度分别为361mPa·s、800mPa·s、1200mPa·s），具体用油情况见表3-1；

（2）水：模拟地层水，矿化度10000mg/L，$NaHCO_3$型；

（3）岩心：油藏各层位不同尺度的岩心，具体见表3-1；

（4）温度：50℃；

（5）流量：0.05mL/min。

操作步骤：

（1）岩心切割、洗油；

（2）孔渗测试；

（3）岩心抽空饱和模拟地层水；

（4）定流量（直径2.5cm和直径3.8cm岩心，流速0.05mL/min；直径10cm岩心，流速0.1mL/min）油驱水建立束缚水，每次驱替10PV；

（5）定流量（直径2.5cm和直径3.8cm岩心，流速0.05mL/min；直径10cm岩心，流速0.1mL/min）水驱油，含水率达到99.5%时结束，并实时记录出油量、出水量和驱替压力变化。

表 3-1　储层冷水驱岩心及用油参数表

井号	深度（m）	层位	长度（cm）	直径（cm）	孔隙度（%）	渗透率（mD）	50℃地面原油黏度（mPa·s）
吉 101	1364.35	P_3wt_2	6.703	3.780	19.1	56.9	1972
吉 001	1661.12	P_3wt_2	7.550	2.560	16.0	164.5	
吉 008	1599.41	P_3wt_1	5.449	2.520	23.0	313.2	
吉 008	1603.86	P_3wt_1	5.442	2.520	20.2	179.3	
吉 003	1602.55	P_3wt_1	4.920	3.800	22.5	252.8	
吉 002	1640.85	P_3wt_2	4.900	3.814	21.2	281.5	
吉 003	1602.49	P_3wt_1	6.560	3.780	22.5	285.0	
吉 101	1365.75	P_3wt_1	6.655	3.800	21.1	87.3	
J1015	1800.75	P_3wt_2	6.852	3.804	25.2	359.0	
吉 101	1366.02	P_3wt_1	7.010	3.800	19.2	155.0	
吉 008	1601.73	P_3wt_1	11.836	9.993	21.1	275.4	
吉 008	1567.17	P_3wt_2	13.918	9.985	21.7	64.2	
吉 008	1607.41	P_3wt_1	5.195	2.520	21.5	275.7	271
吉 003	1603.66	P_3wt_1	5.830	2.550	22.4	358.1	
吉 101	1365.67	P_3wt_1	6.888	3.800	20.3	103.4	
吉 101	1640.91	P_3wt_1	6.896	3.790	22.5	557.0	
吉 003	1609.81	P_3wt_1	6.200	3.796	21.9	65.0	
吉 003	1602.52	P_3wt_1	5.480	3.800	22.2	186.0	
吉 002	1641.68	P_3wt_1	6.342	3.802	21.2	406.0	
吉 008	1566.62	P_3wt_2	12.519	9.919	20.7	8.02	
吉 008	1569.21	P_3wt_2	12.839	9.941	19.8	45.9	
吉 101	1365.75	P_3wt_1	6.655	3.800	21.1	113.0	361
吉 003	1609.81	P_3wt_1	6.200	3.796	21.9	99.0	800
吉 003	1602.52	P_3wt_1	5.480	3.802	22.2	185.9	1200

2）实验结果分析

选择不同层位、不同渗透率、不同尺度的 24 块岩心进行 5 种黏度冷水（50℃）水驱油实验，结果如下：

（1）吉 7 井区不同尺寸岩心水驱油均表现出见水快（全直径岩心与小直径岩心差别在于无水采油期长短不同，全直径岩心孔隙体积大，流动受外界干扰相对较小，无水采油量大，水驱油过程中存在无水采油期，但无水采收率低；而小直径岩心孔隙体积小，流动受外界干扰大，无水采油量小，水驱油过程无水采油期非常短或不存在无水产油期），中、低含水期（含水率小于60%）采出程度低，采出油主要来自于中高含水期，含水率达到极限含水率98%后继续驱替还能驱出一部分油（图3-1至图3-5），残余油饱和度约30%。

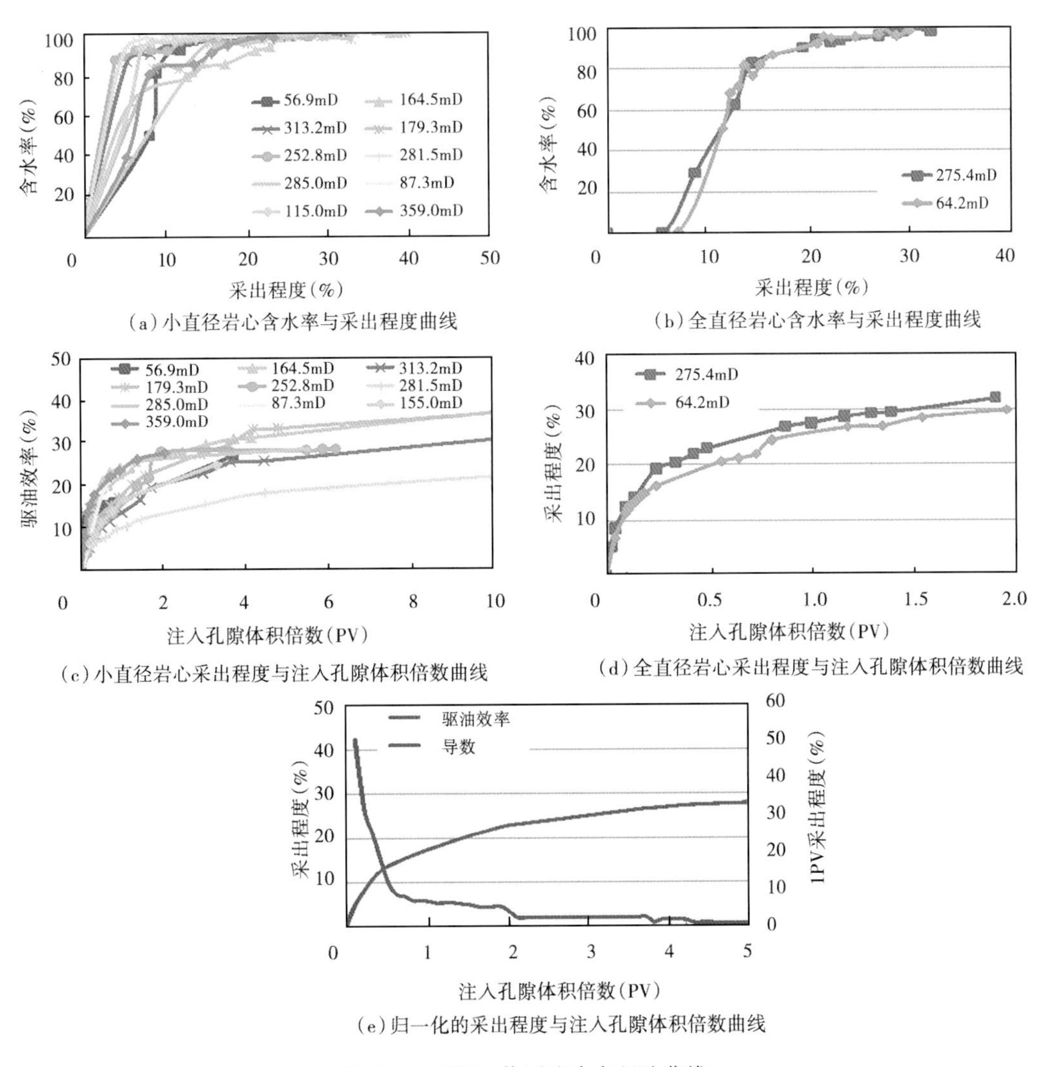

（a）小直径岩心含水率与采出程度曲线

（b）全直径岩心含水率与采出程度曲线

（c）小直径岩心采出程度与注入孔隙体积倍数曲线

（d）全直径岩心采出程度与注入孔隙体积倍数曲线

（e）归一化的采出程度与注入孔隙体积倍数曲线

图3-1 J1009井原油冷水驱油曲线

（2）不同黏度原油水采出程度与注入孔隙体积倍数关系曲线基本一致，水采出程度随注入孔隙体积倍数增加而增加，但单位孔隙体积倍数采出程度越来越低，采出程度随注入孔隙体积倍数变化存在多个拐点（比较明显的有0.5PV、2PV、4PV），理论上吉7井区梧桐沟组油藏合理注入量也就存在多个合理的注入孔隙体积倍数，尤其达到2PV时，继续注水对采出程度影响较小（继续注入1PV水，采收率提高值不到3%），而此时采出程度也达到最终采出程度的80%；另外考虑到吉7储层存在一定的非均质性，注水存在一个纵向波及系数和面积波及系数，综合考虑，吉7井区梧桐沟组油藏合理注水量为0.8PV左右（图3-1

至图 3-5）。

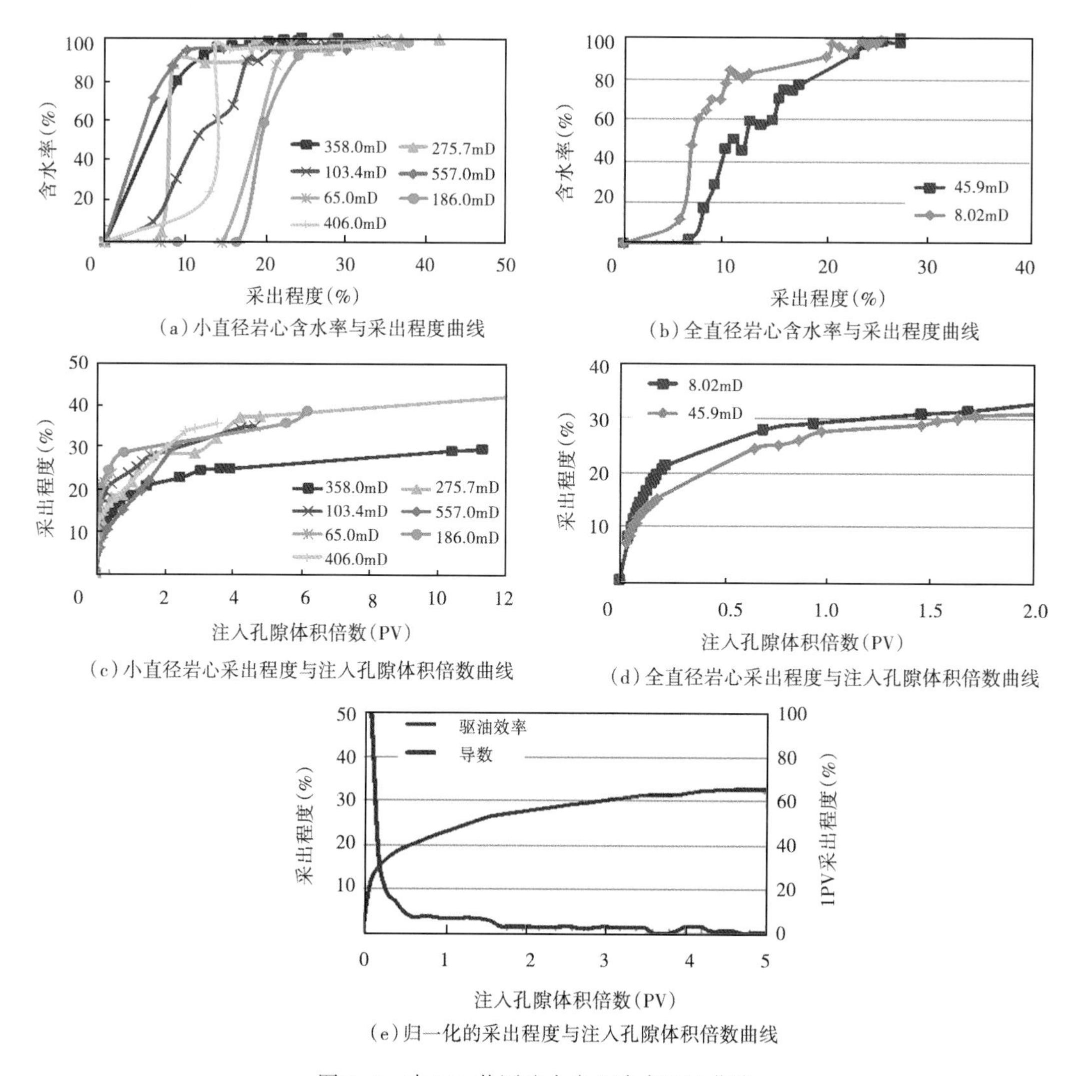

图 3-2　吉 011 井原油小岩心冷水驱油曲线

（3）原油黏度越高，见水越快，中、低含水期（含水率 60% 为界限）采出程度低，地面原油黏度大于 800mPa · s（对应地下黏度 194mPa · s）时中低含水期采出程度小于 10%（图 3-6、图 3-7）；

（4）随着驱替进行，定流量注入时驱替压力越来越小，即驱替阻力越来越小，产液能力越来越强。产生这种现象与实验用的吉 7 井区原油黏度大有关，根据管流理论，在不考虑毛细管压力的两相驱替条件下，则单根毛细管中两相驱替压差公式为

$$\Delta P = \frac{8v[\mu_o L - (\mu_o - \mu_w)x]}{r^2} \tag{3-1}$$

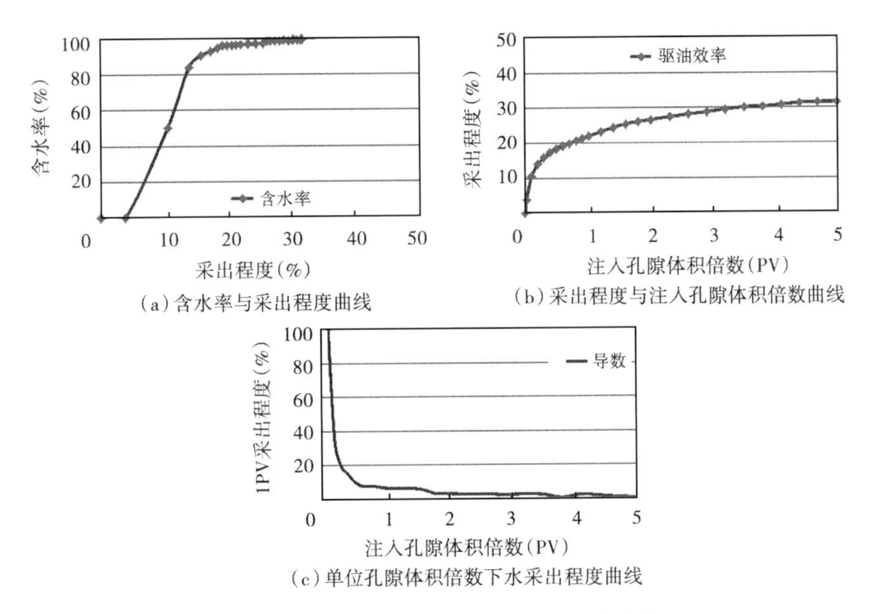

(a)含水率与采出程度曲线

(b)采出程度与注入孔隙体积倍数曲线

(c)单位孔隙体积倍数下水采出程度曲线

图 3-3 黏度 361mPa·s 原油冷水驱油曲线

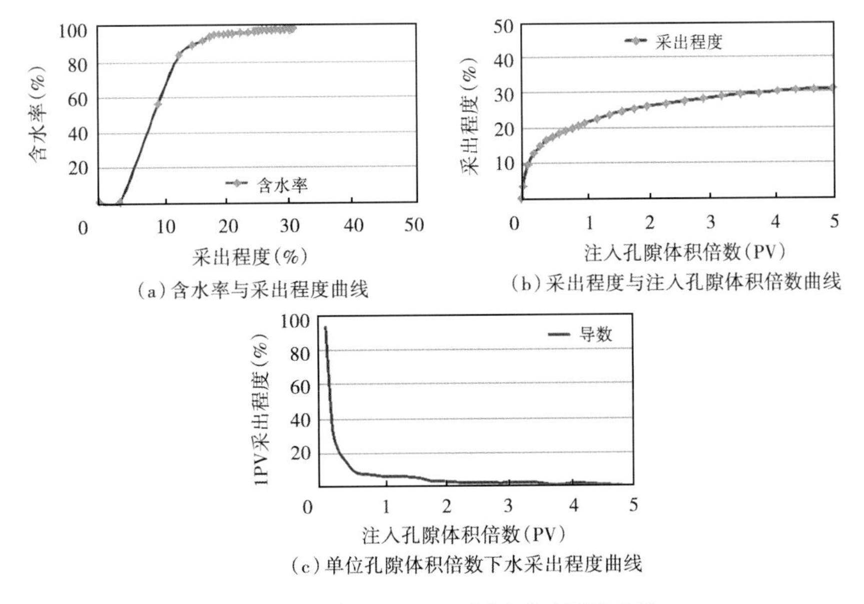

(a)含水率与采出程度曲线

(b)采出程度与注入孔隙体积倍数曲线

(c)单位孔隙体积倍数下水采出程度曲线

图 3-4 黏度 800mPa·s 原油冷水驱油曲线

式中 ΔP——毛细管两端的压差，MPa；

v——油水界面的推进速度，m/s；

L——毛细管长度，m；

μ_w——水相黏度，mPa·s；

μ_o——原油黏度，mPa·s；

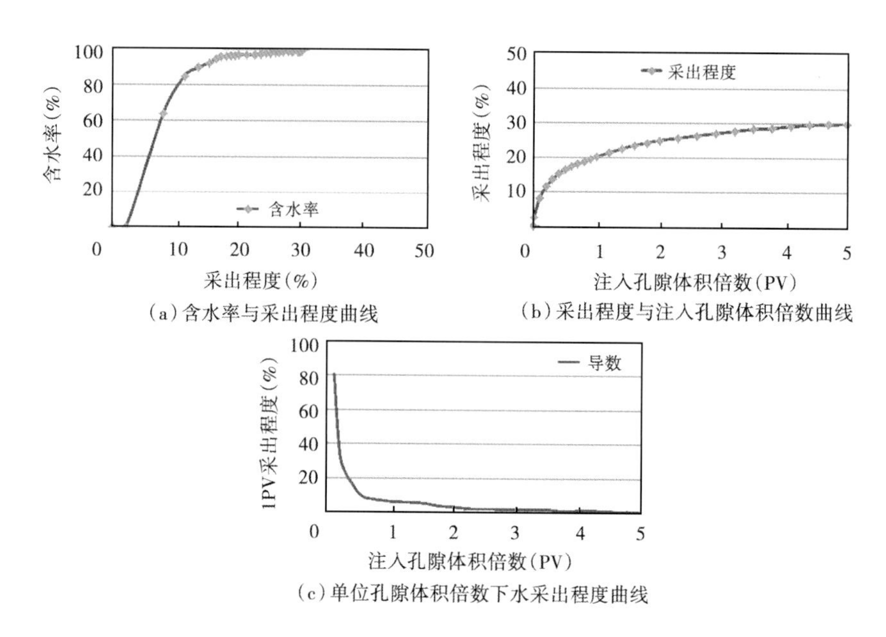

图 3-5　黏度 1200mPa·s 原油冷水驱油曲线

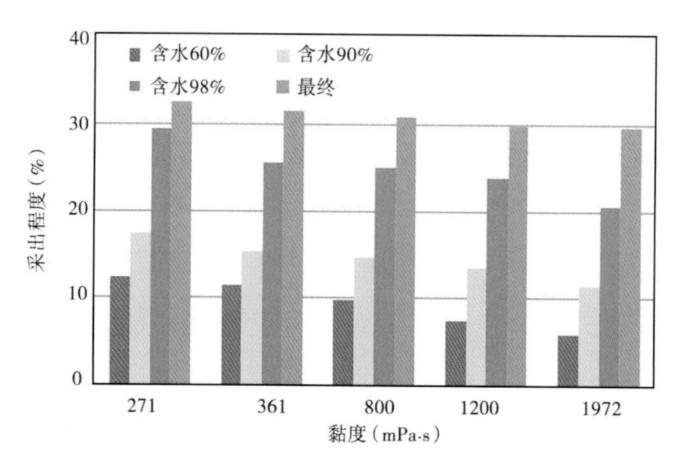

图 3-6　5 种不同黏度原油冷水驱采出程度

r——毛细管半径，mm；

x——油水界面距离入口端的距离，m。

随着驱替进行，油水界面距离入口端的距离 x 越来越大，式中 $(\mu_o-\mu_w)^x$ 越来越大（注50℃时水的黏度 0.56mPa·s），分子越小，驱替压力也就越小。故定流量驱替时（定流速驱替时），随着驱替进行，驱替压力越来越小（图 3-8）。

3）驱替理论

油水两相相对渗透率曲线是油水两相渗流特征的综合反映，也是油水两相在渗流过程中必须遵循的基本规律。不同含水阶段可以根据油水相渗曲线和储层物性资料，计算原理为

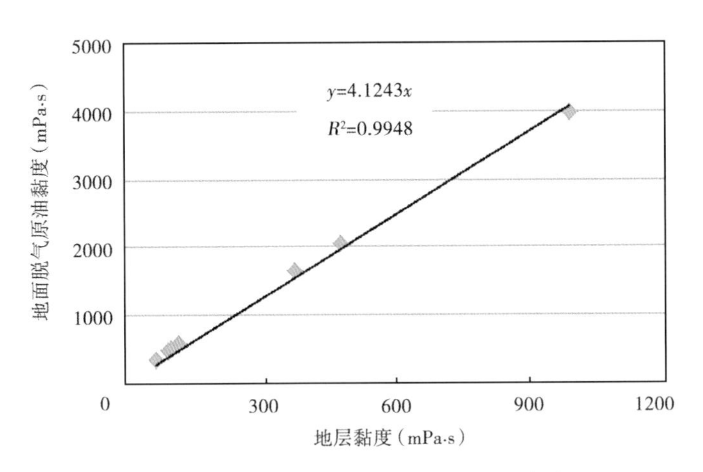

图 3-7 5 种地面脱气原油黏度与地层黏度关系

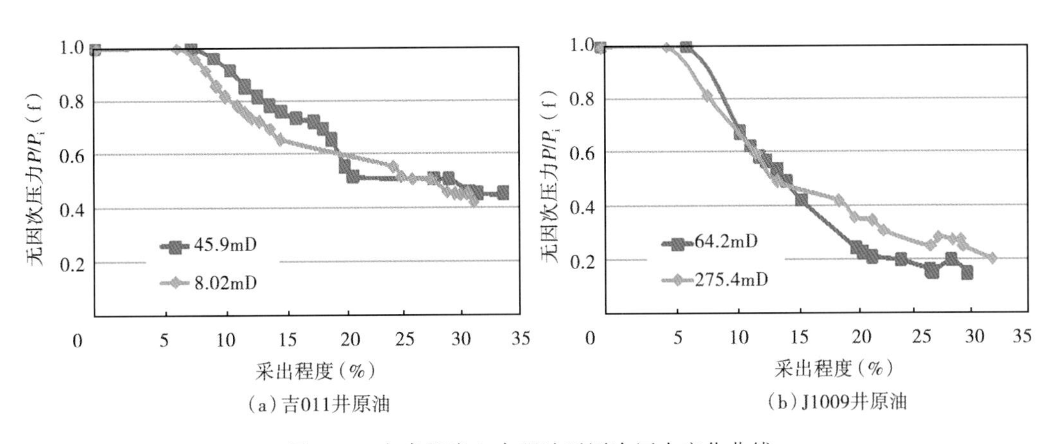

图 3-8 全直径岩心水驱油无因次压力变化曲线

B—L 水驱理论（一维水驱理论）。在驱替过程的理论研究中，通常应用 B—L 方程求解含水饱和度分布及地层驱替情况，B—L 方程给出含水饱和度分布位置、注入量、含水饱和度之间的理论关系，在注入速度恒定情况下，根据理论关系能够求解某一时间、某一位置的饱和度，进而得到含水饱和度分布，并求解水驱前缘位置、两相区压力差、采出端含水饱和度等问题（丁树柏等，2001）。

其中，无水驱采收率为

$$E_{\mathrm{R}}=\frac{\bar{S}_{\mathrm{w}}-S_{\mathrm{wr}}}{1-S_{\mathrm{wr}}} \tag{3-2}$$

此时平均含水饱和度为

$$\bar{S}_{\mathrm{w}}=S_{\mathrm{wr}}+\frac{1}{f'_{\mathrm{wf}}} \tag{3-3}$$

见水后，水驱采收率为

$$E_R = \frac{\overline{S}_w - S_{wr}}{1 - S_{wr}} \tag{3-4}$$

此时平均含水饱和度为

$$\overline{S}_w = S_{wr} + \frac{1 - f_w}{f'_w} \tag{3-5}$$

式（3-2）和式（3-5）中平均含水饱和度根据分流量曲线计算，如图 3-9 所示（最右侧红线）。

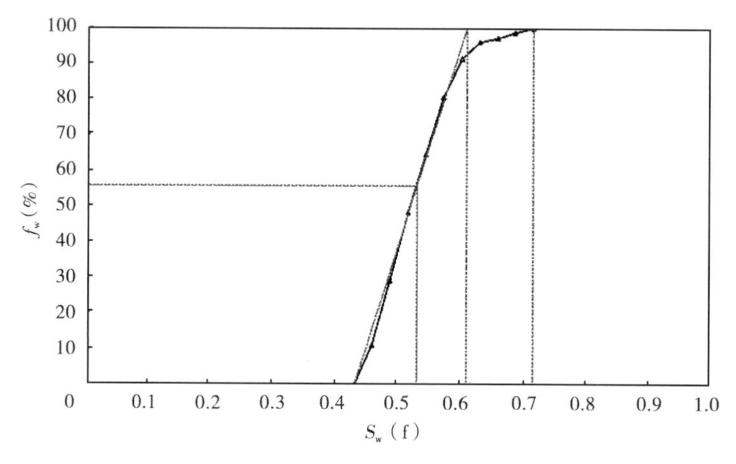

图 3-9　吉 006 断块 P_3wt_2 油藏分流量曲线

考虑到 B—L 理论计算涉及原始含油饱和度，而没有涉及渗透率，计算得到吉 7 井区 P_3wt_2 层（原始含油饱和度取吉 006 断块的 56.8%）和 P_3wt_1 层（原始含油饱和度取吉 006 断块的 53.2%）不同含水阶段水驱采收率（图 3-10、图 3-11）。可见，理论曲线与室内岩

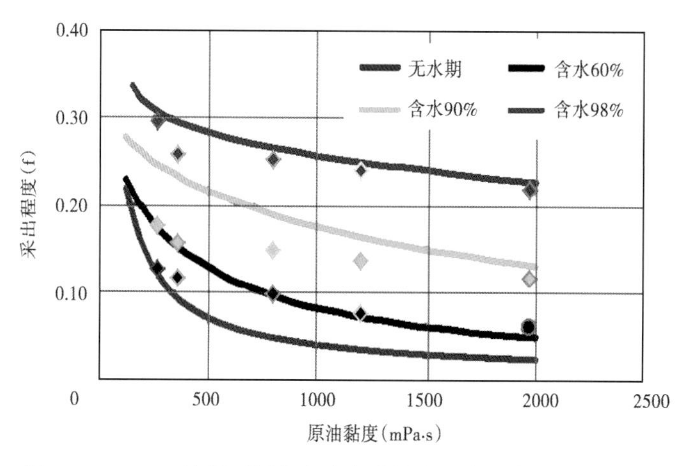

图 3-10　P_3wt_1 油藏不同含水阶段采收率（点：水驱油实测点）

心水驱油实测点基本吻合，理论模型可用于吉 7 井区不同含水期水驱效率预测（杜殿发等，2010）。

从理论图版还可以看出，黏度对中、低含水期水采出程度影响较大，黏度越大，中、低含水期（含水率<60%）水采出程度越低，400mPa・s 是中、低含水期采出程度转折点，原油黏度大于 400mPa・s 时原油水驱油中、低含水期采出程度较低。因此，吉 7 井区普通稠油油藏适合注水地面黏度上限为 400mPa・s（折算地下约为 97mPa・s），与标准推荐适合注水开发地下黏度上限 100mPa・s 基本一致。

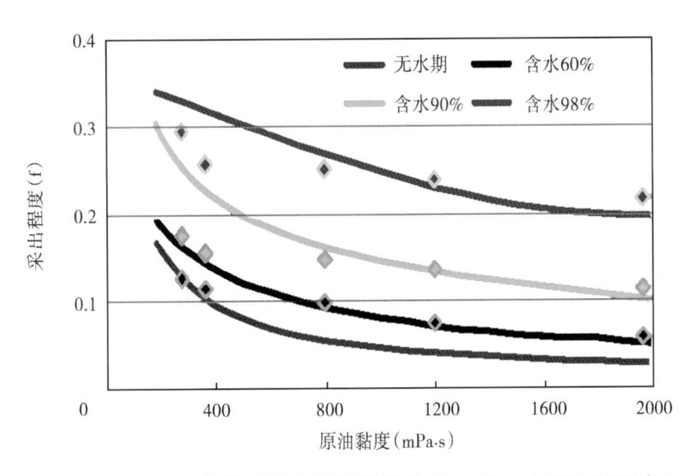

图 3-11 P_3wt_2 油藏不同含水阶段采收率（点：水驱油实测点）

2. 热水驱油机理及规律研究

热采技术是开采稠油油藏的有效技术。稠油热采方法主要有蒸气吞吐、蒸气驱、热水驱和火驱等。热水驱是提高高黏原油采收率的重要方法之一，由于其热能消耗较少在国外得到广泛应用，热水比注常规水提高稠油采收率的主要机理是提高地层温度降低原油黏度。热水驱采油主要机理为：原油受热黏度降低而引起流度比改善；原油及储层岩石受热体积膨胀；降低残余油饱和度、改善相对渗透率；促进岩石水湿以及防止高黏油带形成等（于连东，2001）。

1）实验方案

实验条件：

（1）油：J1009 井原油（1972mPa・s）；

（2）水：模拟地层水，矿化度 10000mg/L，$NaHCO_3$ 型；

（3）岩心：油藏各层位岩心，具体见表 3-2；

（4）温度：80℃；

（5）流量：0.05mL/min。

操作步骤：

（1）岩心切割、洗油；

（2）孔渗测试；

（3）岩心抽空饱和模拟地层水；

（4）定流量（0.05mL/min）油驱水建立束缚水，每次驱替10PV；

（5）定流量（0.05mL/min）水驱油，含水率达到99.5%时结束，并实时记录出油量、出水量和驱替压力变化。

表3-2　吉7井区热水驱岩心物性参数

井号	岩心号	深度（m）	层位	长度（cm）	直径（cm）	孔隙度（%）	渗透率（mD）
吉003	54-1	1606.40	P_3wt_1	5.437	2.585	24.5	156.8
吉002	47-1	1641.26	P_3wt_1	5.941	2.540	21.9	385.7

2）实验结果分析

选择不同层位、不同渗透率两块岩心进行热水（80℃）水驱油实验，实验结果表明，热水驱特征与冷水驱基本特征一致，具体如下：

（1）热水驱油见水快，中、低含水期（含水率<60%）采出程度低（中低含水期采出程度平均为10.8%），采出油主要来自于中高含水期，含水率达到极限含水率98%后继续驱替还能驱出一部分油（图3-12）；

（2）热水采出程度随注入孔隙体积倍数增加而增加，但单位孔隙体积倍数采出程度越来越低，尤其达到2PV时继续注热水，采出程度增加幅度较小（继续注入1PV水，采收率提高值不到3%），热水驱合理注水量为2PV（图3-12）。

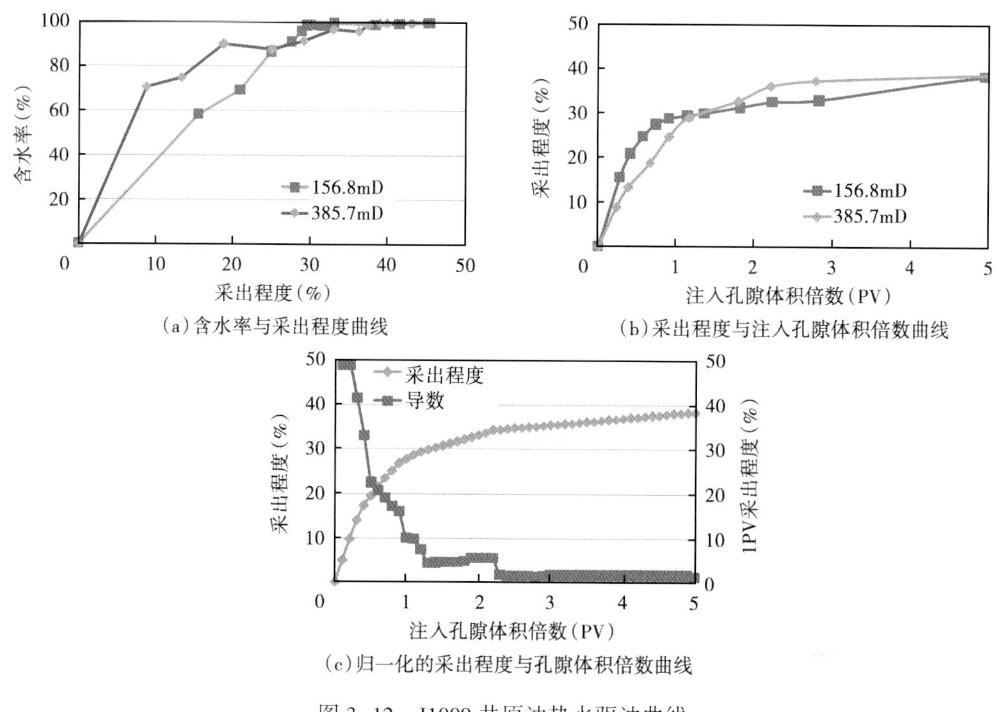

图3-12　J1009井原油热水驱油曲线

(3) 由于注入水温度提高，原油黏度降低（注入水从 50℃到升高到 80℃，J1009 井地面原油黏度从 1972mPa·s 降低到 265mPa·s，水的黏度为 0.56mPa·s），油水黏度比下降，流度比 K_{ro}/μ_o（K_{rw}/μ_w）变小，相对于冷水驱，热水驱能延缓含水率上升速度，可提高中、低含水期的采收率；另外，由于原油黏度降低，油水间界面张力变小，最终采出程度增加，降低残余油饱和度，改善开发效果（图 3-13、图 3-14）。

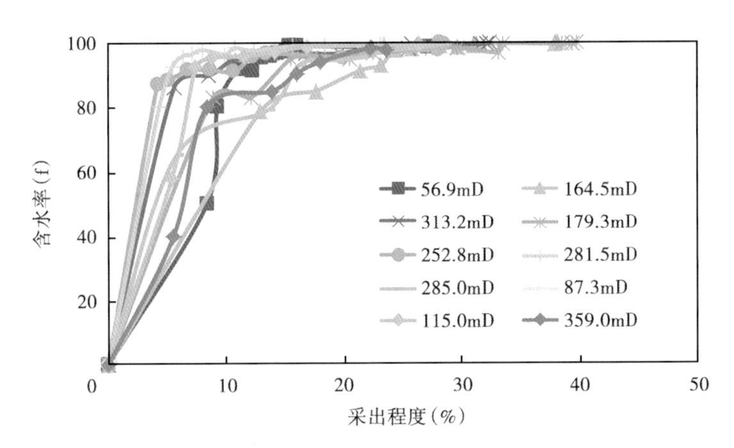

图 3-13 J1009 井原油冷水驱油曲线

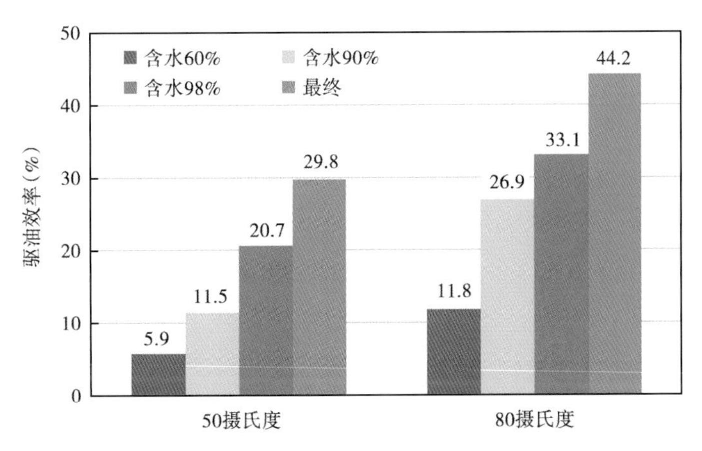

图 3-14 J1009 井原油冷、热水采出程度

3. 含防膨胀剂水驱油机理及规律

本节主要介绍含防膨剂水的物性特征（黏温特性）实验、黏土矿物遇含防膨剂水膨胀特征实验、防膨剂水敏实验研究和防膨剂水驱油实验 4 个方面的研究成果。通过这 4 个方面论证矿场注入含防膨剂水的匹配性和水驱油机理及规律。

1) 防膨剂水的物性特征

室内实验测试了不同温度下含防膨剂水和地层水黏温曲线（图 3-15），从图中可见含防膨剂黏温曲线特征与水的黏温曲线特征基本一致，表现出牛顿流体特征；相同温度下含防膨剂的水黏度大概是地层水黏度的 1.1 倍，防膨剂水的黏度增加，有利于注入驱油（加入防膨剂后水的黏度增加，水的流度降低，水油流度比降低，有利于注水驱油)。

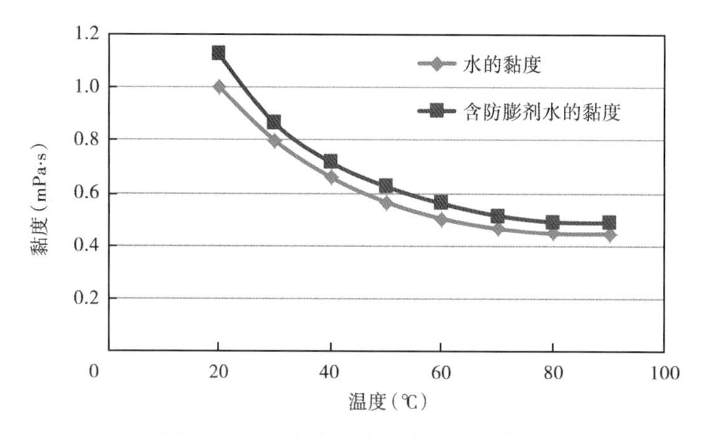

图 3-15　水和含膨胀剂水的黏温曲线

2）黏土膨胀性实验

实验条件：

（1）水：矿化度 2800mg/L 和矿化度 2800mg/L 的水加 0.2%防膨剂；

（2）岩心：油藏各层位岩心，具体见表 3-3；

（3）温度：50℃。

表 3-3　黏土膨胀测试实验岩心基本参数

井号	岩心号	深度（m）	层位	长度（cm）	直径（cm）	孔隙度（%）	气测渗透率（mD）
吉 003	40-1	1603.70	P_3wt_1	5.988	2.540	23.2	294.5
吉 003	41-1	1606.28	P_3wt_1	4.680	2.556	20.4	30.8
吉 008	95	1600.53	P_3wt_1	6.532	2.520	23.0	961.7
吉 008	96	1601.30	P_3wt_1	7.876	2.516	21.1	1478.9

操作步骤：

（1）岩心切割、洗油；

（2）孔渗测试；

（3）岩心捣碎，并用 100 目筛子筛选其中直径小于 100 目的部分；

（4）将筛选好的 4 块岩心小于 100 目的部分，并混合均匀（因为每组实验需要用到 60g 小于 100 目的部分，一块岩心很难满足）；

（5）取出其中 60g 黏土，加入模具中，并压实（4MPa）15min 后测量模具高度，加入流体（含防膨剂水和矿化度 2800mg/L 的水）；

（6）记录黏土膨胀高度随时间变化数据，直至黏土模具膨胀截止或黏土模具高度变小（膨胀过度，垮塌）；

（7）换样品，重新步骤（1）到步骤（6），实验装置如图 3-16 所示。

两组黏土膨胀测试实验表明（图 3-17、图 3-18），吉 7 井区梧桐沟组油藏黏土矿物遇水会发生膨胀，即使加入防膨剂黏土遇到水仍然会发生膨胀，但加入防膨剂后黏土遇水膨胀速率明显小于不加防膨剂时的黏土膨胀速率，最终膨胀速率也只有不加防膨剂黏土膨胀率的1/3，防膨剂能有效抑制黏土膨胀，防膨胀效果好，这将会减小注入水对储层造成的潜在伤害，后面的水敏实验也得到证实。

图3-16 黏土膨胀实验装置图

3）含防膨剂水敏感性

实验条件：

（1）水：模拟的地层水、含防膨剂的水（矿化度2800mg/L加0.2%防膨剂）和蒸馏水；

（2）岩心：油藏各层位岩心，具体见表3-4；

（3）温度：50℃；

（4）流量：0.05mL/min。

操作步骤：

（1）岩心切割、洗油；

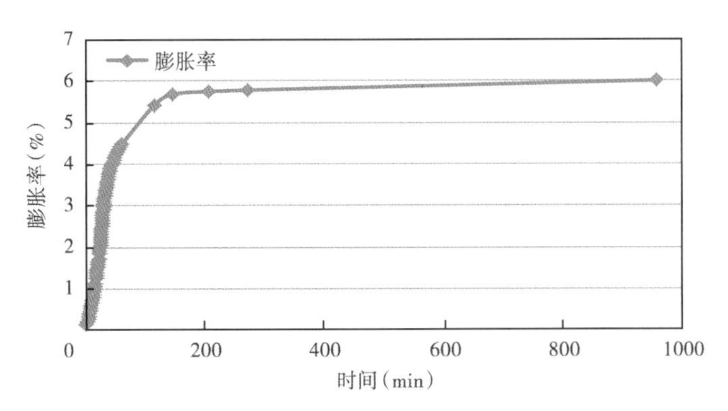

图3-17 黏土膨胀曲线（含防膨剂的水）

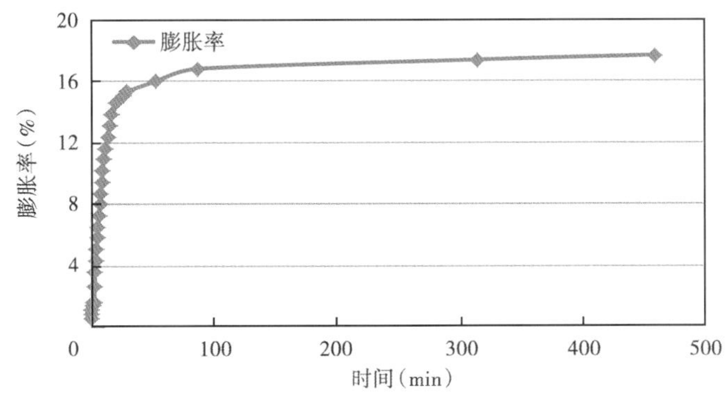

图3-18 黏土膨胀曲线（不含防膨剂的水）

（2）孔渗测试；

（3）岩心抽空饱和模拟地层水；

（4）地层水定流量（0.05mL/min）驱替，待压力稳定测试驱替压力，计算地层水水测渗透率；

（5）含防膨剂水定流量（0.05mL/min）驱替，驱替10PV后，待压力稳定测试驱替压力，计算含防膨剂水水测渗透率；

（6）蒸馏水定流量（0.05mL/min）驱替，驱替10PV后，待压力稳定测试驱替压力，计算蒸馏水水测渗透率。

表3-4　含防膨剂水敏感性实验岩心参数

井号	岩心号	深度（m）	层位	长度（cm）	直径（cm）	孔隙度（%）	气测渗透率（mD）
吉008	115	1567.92	P_3wt_2	6.812	3.697	18.0	33.9
吉008	131	1763.12	P_3wt_2	7.293	3.774	23.1	509.9

两块岩心防膨剂敏感性实验表明：含防膨剂水（矿化度2800mg/L加0.2%防膨剂）会造成储层渗透率损失13.5%~19.4%，平均为16.4%，远小于直接注入矿化度3000mg/L的水（损失幅度14.8%~66.7%，平均为43.0%）和蒸馏水（损失幅度44.4%~89.6%，平均为63.6%），也好于直接注入矿化度5000mg/L的水；加入防膨剂能有效降低水敏对储层的伤害，起到保护储层的作用，这是由于加入防膨剂后，能有效抑制黏土膨胀（图3-19、图3-20），降低注入的低矿化度的水对储层造成的伤害。

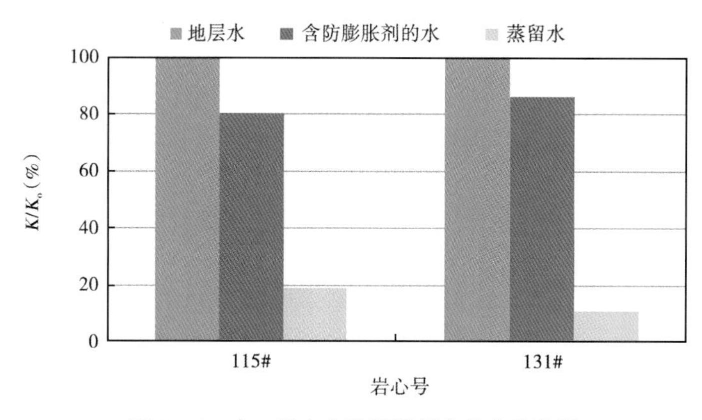

图3-19　吉7岩心含防膨胀剂水敏实验结果

4）含防膨胀剂水驱油规律

实验条件：

（1）油：J1009井原油（1972mPa·s）和吉011井原油；

（2）水：含防膨剂的水，矿化度2800mg/L，$NaHCO_3$型，0.2%的防膨剂；

（3）岩心：油藏各层位岩心，具体见表3-5；

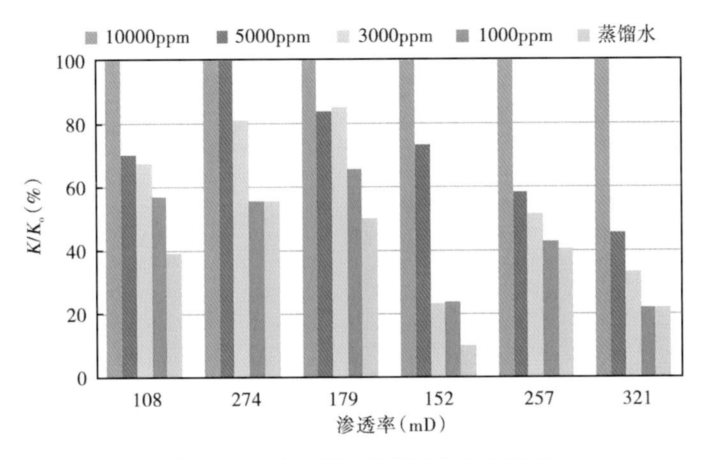

图 3-20 吉 7 岩心常规水敏实验结果

（4）温度：50℃；

（5）流量：0.01mL/min。

操作步骤：

（1）岩心切割、洗油；

（2）孔渗测试；

（3）岩心抽空饱和模拟地层水；

（4）定流量（0.05mL/min）油驱水（地层水）建立束缚水，每次驱替 10PV；

（5）定流量（0.01mL/min）含防膨剂水驱油，含水率达到 99.5%时结束，并实时记录出油量、出水量和驱替压力变化。

注：含防膨剂水驱油速度选择 0.01mL/min，主要是让在水驱油过程中含防膨剂的水充分与储层接触，作用时间更长些，让水敏效应在驱油结束前发生作用，尽量与矿场一致。

表 3-5 含防膨剂水驱油岩心参数表

井号	岩心号	深度（m）	层位	长度（cm）	直径（cm）	孔隙度（%）	渗透率（mD）	原油来源
吉 003	18	1602.52	P_3wt_1	5.480	3.800	22.24	185.92	J1009
吉 003	24	1609.81	P_3wt_1	6.200	3.796	22.8	65.04	
吉 008	113	1567.35	P_3wt_2	7.362	3.695	25.4	151.60	吉 011
吉 008	114	1567.66	P_3wt_2	4.634	3.780	25.3	93.20	

实验结果表明：含防膨剂水驱与冷水驱特征基本一致，见水也快，中、低含水期采出程度低，采出油主要来自于高含水期，各阶段采出程度与注地层水驱油基本一致；注入水达到 2PV 时继续注水采出程度增加幅度较小（图 3-21 至图 3-23）。两者差别主要在驱替压力，地层水定流量驱替时，随着驱替进行，驱替压力越来越小，压力下降幅度大；而含防膨剂水驱，随着驱替进行驱替压力也下降，但由于注入含防膨剂水存在一定水敏现象，压力下降幅度

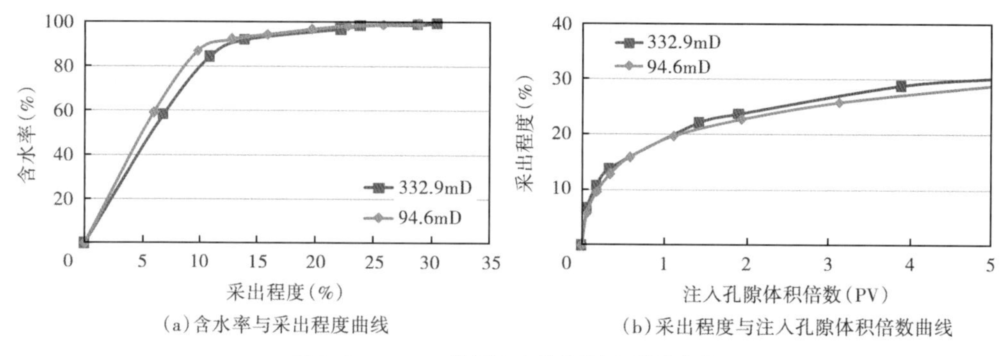

（a）含水率与采出程度曲线　（b）采出程度与注入孔隙体积倍数曲线

图 3-21　J1009 井原油含防膨剂水驱油曲线

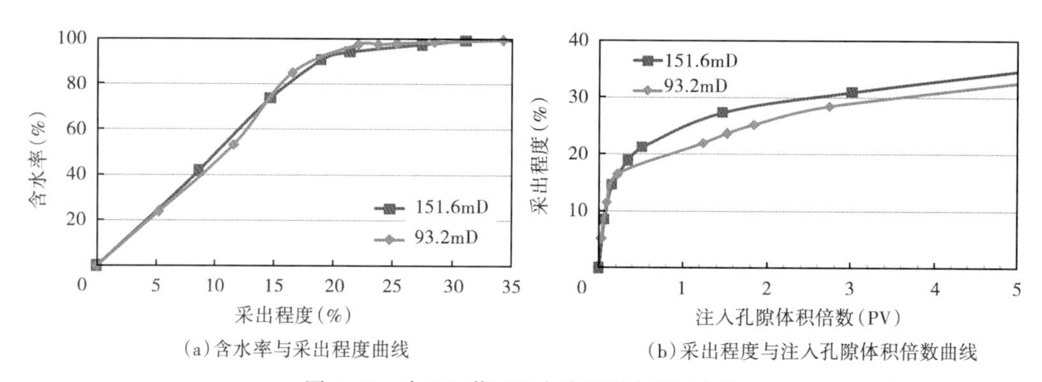

（a）含水率与采出程度曲线　（b）采出程度与注入孔隙体积倍数曲线

图 3-22　吉 011 井原油含防膨剂水驱油曲线

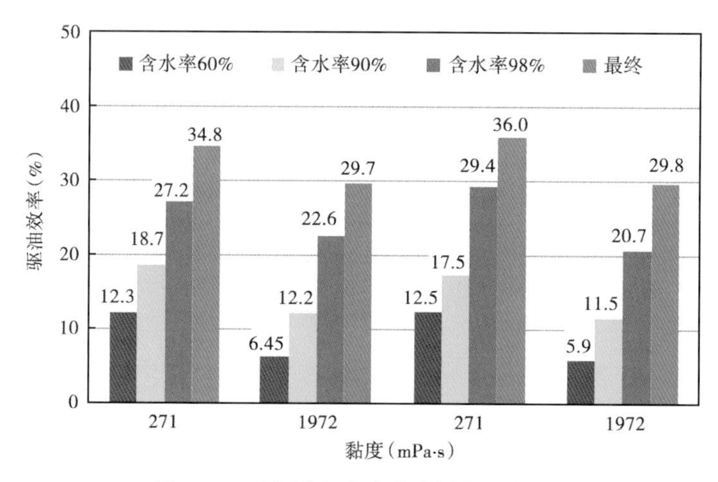

图 3-23　地层水驱和含防膨剂水驱效果图

不及注入地层水压力下降幅度（图 3-24、图 3-25）。也就是说注入含防膨剂的水对主要影响储层流动性而对采出程度影响不大。因此，对于吉 7 井区若采用注水开发或前期注水开发的话，建议采用含防膨剂的低矿化度水（矿化度 3000mg/L），一方面，注含防膨剂的水（矿化度 3000mg/L）与注冷水（矿化度 10000mg/L）的采出程度相当，降低注入水对管壁的腐蚀性和注水成本，另外一方面，虽然注入含防膨剂的水会对储层渗透率造成一定伤害，但由于注入水

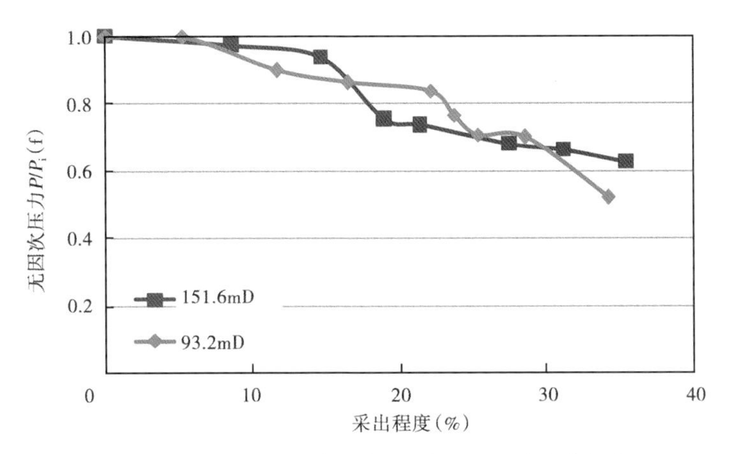

图 3-24 含防膨剂的水驱吉 011 井原油压力变化规律

黏度远小于地层油黏度，随着油水前缘推移，驱替阻力反而越来越小，因此，不会出现由于注入防膨剂引起水敏（水敏类型属于弱水敏）导致注水井后期难以注入的问题。

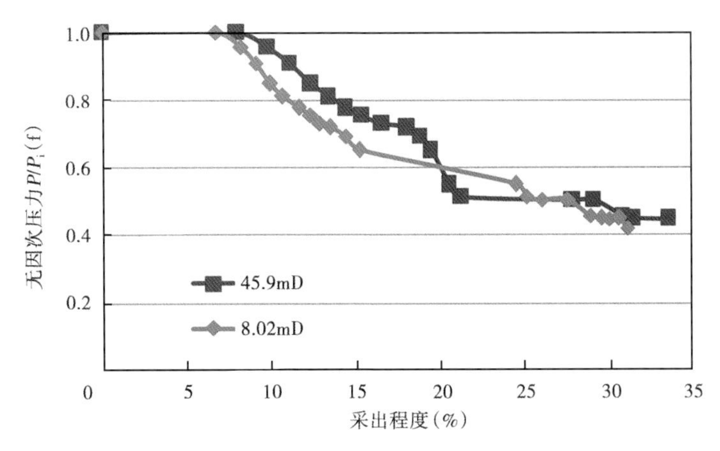

图 3-25 冷水驱吉 011 井原油压力变化规律

4. 水驱油微观机理

注水开发的油田中，由于孔隙结构和润湿性等地层条件的差异，注入水表现出不同的渗流特性。当油田开发结束时，仍有一半以上的原油留在储层孔隙中成为剩余油。搞清水驱油的渗流规律和这些剩余油的形态及其形成机理，能够深入了解油田开发中剩余油的形成规律和分布特征，为油田的开发提供科学依据（李秀娟，2008）。

室内实验共进行了 4 组（2 种黏度、2 种温度）水驱油微观机理研究实验，通过微观驱替图形可以看出：

（1）稠油直接水驱，水很快从大孔道穿过，另一端很快见水，指进现象明显，见水前波及系数较小，与岩心水驱油特征一致（图 3-26、图 3-28、图 3-30、图 3-32）；水的流动表现出不连续流的特征，尤其当水到达吼道处，厚油膜将水流掐断，只有一部分水从油膜中穿插而过（穿过后油膜又恢复原形），并携带一些油，流动不连续（水流也不连续）；见水后继续注水，水的加波及系数明显增加，另外已经波及的驱油带，水经过时还会携带些油出来，提高已波及驱油的采出程度（图 3-27、图 3-29、图 3-31、图 3-33）；

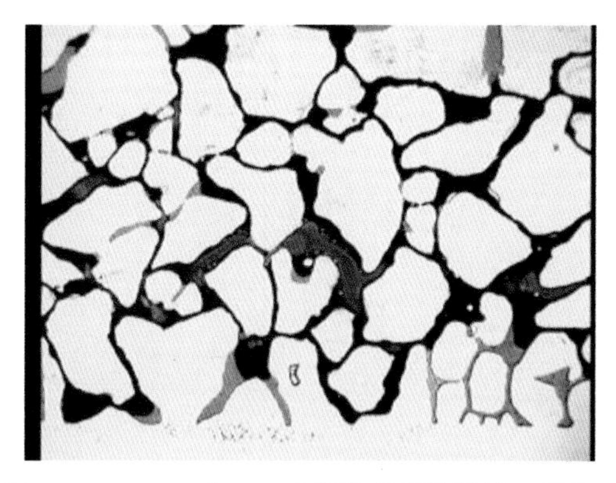
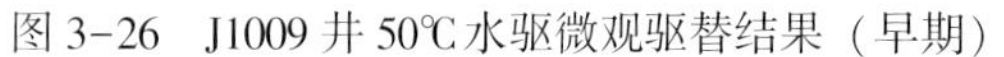

图 3-26　J1009 井 50℃水驱微观驱替结果（早期）

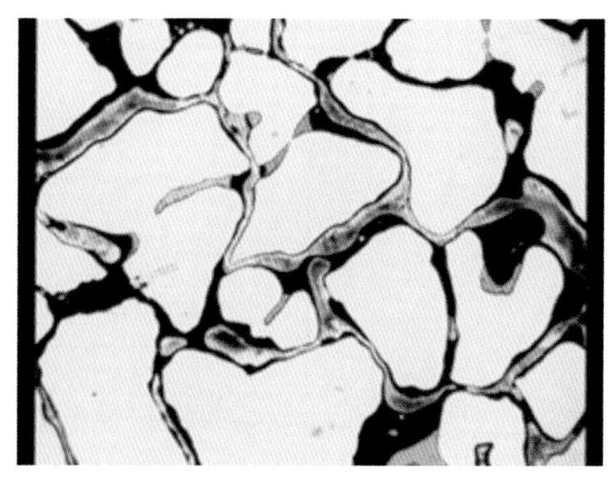

图 3-27　J1009 井 50℃水驱微观驱替结果（结束时）

（2）注水温度越高，早期水推进更加均匀，水驱结束时油膜厚度也越小［作用机理由于温度升高（30℃），原油黏度降低（下降约 8 倍），油膜厚度降低］，最终驱油效果越好，这也是稠油热采的重要微观机理（对比图 3-27 和图 3-29 及图 3-31 和图 3-33）。

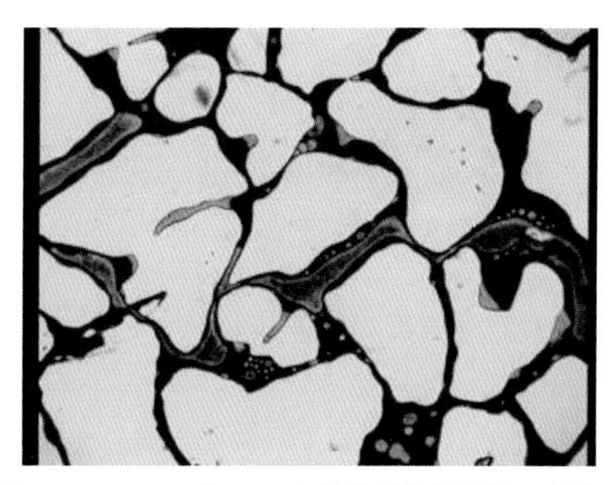

图 3-28　J1009 井 80℃水驱微观驱替结果（早期）

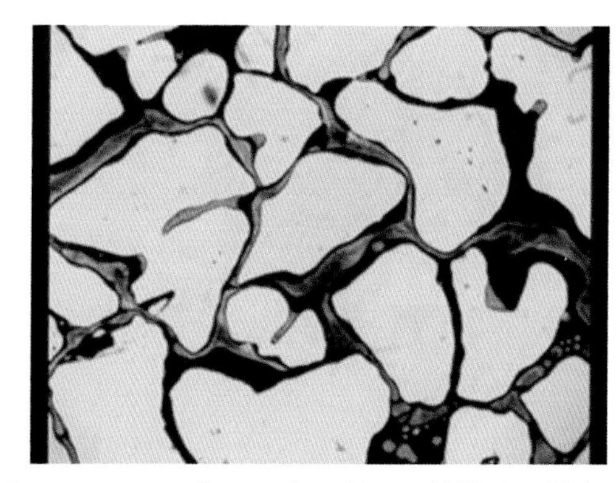

图 3-29　J1009 井 80℃水驱微观驱替结果（结束时）

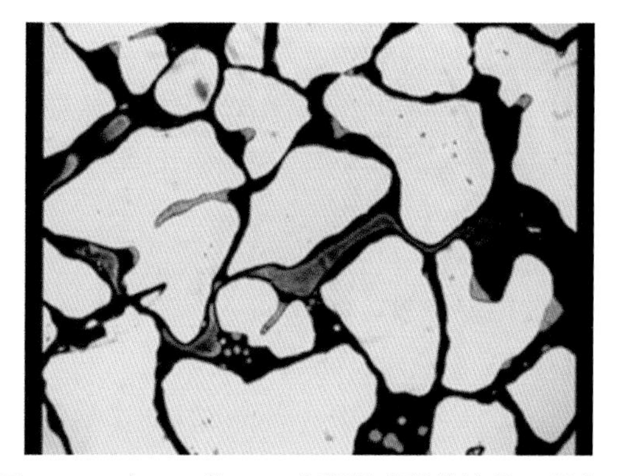

图 3-30　吉 011 井 50℃水驱微观驱替结果（早期）

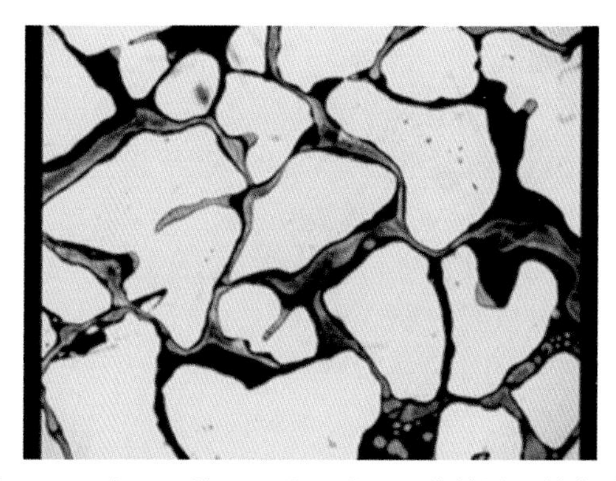

图 3-31　吉 011 井 50℃水驱微观驱替结果（结束时）

（3）从最终微观驱油效果图可以看出，无论是黏度较稠的J1009井原油，还是黏度较稀的吉011井原油，无论是50℃驱，还是80℃驱，水驱后仍然存在大量的残余油，尤其一些被小喉道控制的大孔隙和水驱很难波及的“盲端”还存在大量的剩余油，导致最终采出程度相对较低（图3-27、图3-29、图3-31、图3-33）。

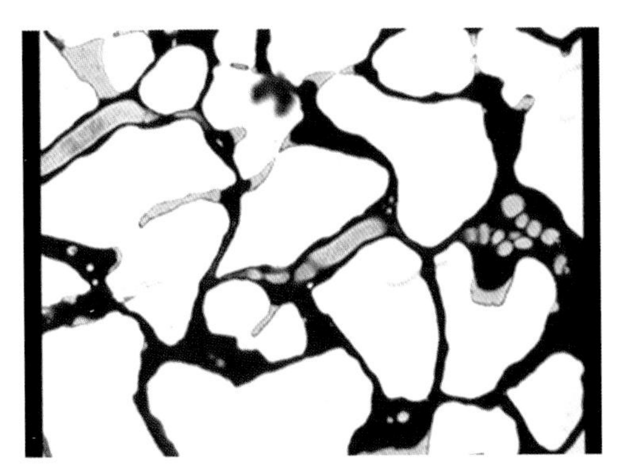

图3-32 吉011井80℃水驱微观驱替结果（早期）

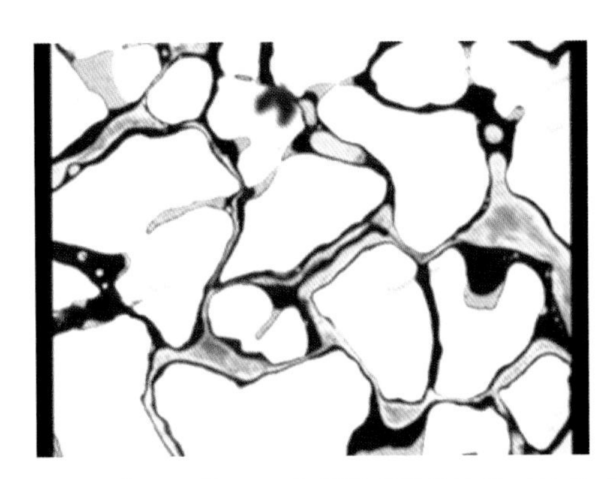

图3-33 吉011井80℃水驱微观驱替结果（结束时）

二、聚合物驱油实验

近年来，国内外在研究聚合物驱油理论与技术方面取得了大量成果。聚合物（主要指部分水解聚丙烯酰胺，HPAM）驱油是一种日趋成熟的提高注水开发油田采收率的有效方法，其在油田开发中的作用越来越受到重视，已实现了工业化应用。一般认为聚合物驱能提高原油采收率，聚合物驱进行得越早越好。聚合物驱油之所以能够大幅度提高注水开发油田原油采收率，一方面是由于聚合物溶液黏度较高，能够有效改善水油流度比，缓解层间矛盾，改善吸液剖面，扩大驱替液体波及体积，从而提高原油采收率；另一方面，利用聚合物溶液的黏弹效应，可以驱替水驱残余油，从而提高原油采收率（邹才能，2011）。

1. 昌吉油田吉7井区原油和筛选的聚合物性能评价

1）昌吉油田吉7井区吉006区块物性参数

昌吉油田吉7井区吉006区块的物性参数见表3-6和表3-7。

表3-6 昌吉油田吉7井区吉006区块物性参数

层位	单元	有效厚度（m）	孔隙度（%）	含油饱和度（%）
$P_3wt_2{}^2$	吉006块	12.1	20.8	56.8
$P_3wt_1{}^1$	吉006块	13.9	19.1	53.2

表3-7 J1015井岩心物性参数

吉006井砾岩岩心编号	长度（cm）	直径（cm）	气测渗透率（mD）	孔隙度（%）
J1015-2	8.24	2.53	209.23	25.20
J1015-6	8.51	2.53	252.62	21.59

续表

吉 006 井砾岩 岩心编号	长度 (cm)	直径 (cm)	气测渗透率 (mD)	孔隙度 (%)
J1015-5	7.77	2.53	110.66	23.60
J1015-1	6.70	2.53	323.00	25.78
J1015-3	7.57	2.52	291.00	25.11

2）昌吉油田吉 7 井区原油性能

分别对昌吉油田吉 7 井区吉 006 区块 J1015 井和吉 008 区块脱气脱水原油黏温曲线进行了测定，如图 3-34 所示，结果表明，J1015 井和吉 008 区块的原油黏度随着温度的增大而逐渐减小，在 55℃时分别为 347.7 mPa·s 和 634.7mPa·s。

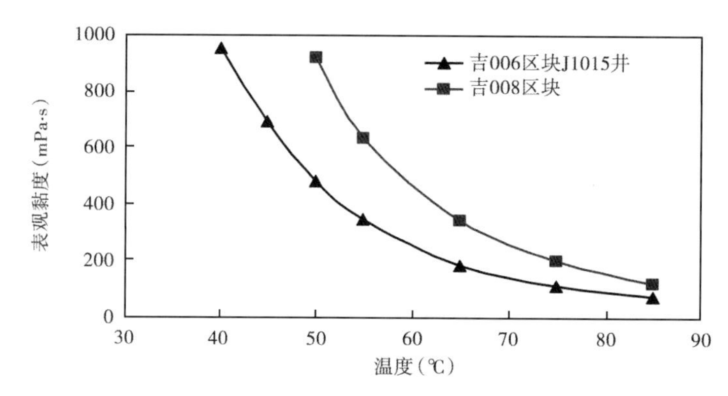

图 3-34　昌吉油田吉 7 井区吉 006 区块和吉 008 区块脱气脱水原油黏温曲线

3）筛选的聚合物性能

昌吉油田吉 006 区块 J1015 井模拟采出水分析结果见表 3-8，矿化度为 9336.1mg/L，水质配制方法表见表 3-9。

表 3-8　昌吉油田吉 7 井区吉 006 区块 J1015 井模拟采出水水质组成

样品	$Na^{+}+K^{+}$	Ca^{2+}	Mg^{2+}	Cl^{-}	SO_4^{2+}	HCO_3^{-}	CO_3^{2-}
J1015 井模拟采出水	3337.36	116.33	54.87	5061.73	19.76	746.05	

表 3-9　昌吉油田吉 7 井区吉 006 区块 J1015 井模拟采出水配制配方

化学剂	配方：1L	配方：5L
$NaHCO_3$	1.027 g	5.135 g
Na_2SO_4	0.029 g	0.145 g
Na_2CO_3	0.000 g	0.000 g
$MgCl_2.6H_2O$	0.459 g	2.295 g
$CaCl_2$	0.322 g	1.610 g
KCl	0g	0g
NaCl	7.745 g	38.725 g

配水加样顺序：NaCl、KCl、$CaCl_2$、$MgCl_2 \cdot 6H_2O$、Na_2SO_4、$NaHCO_3$、Na_2CO_3，配水使用周期为3d，出沉淀后重新配制。

采用昌吉油田吉006区块J1015井模拟采出水配制0.5%CJP2000和WP131母液，按固含量折算配制，总量200g，稀释至总量50g聚合物浓度为500、800、1000、1500、2000和2500 mg/L的溶液，测定聚合物黏浓曲线（图3-35）。随着聚合物浓度增大，聚合物溶液表观黏度逐渐增大；由于昌吉油田吉006区块油藏原油黏度较高，考虑经济成本，聚合物驱实验选取聚合物CPJ2000浓度为2000mg/L，流度比约为1:1。

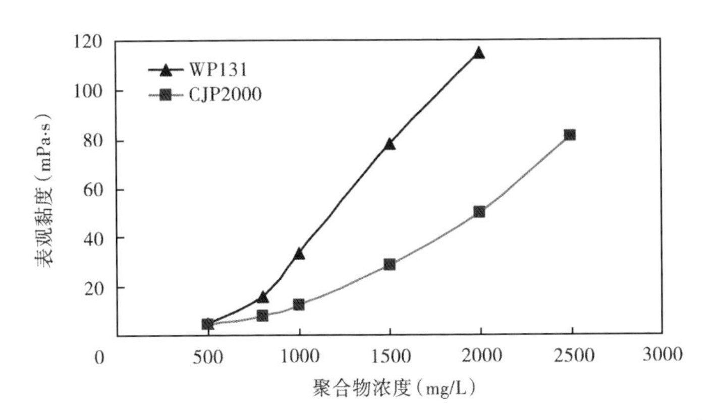

图3-35 昌吉油田吉006区块J1015井模拟采出水配制聚合物的黏浓曲线

2. 昌吉油田吉7井区吉006区块聚合物驱油实验

1）实验目的

考察聚合物的驱油效果。

具体步骤：10/20cm岩心（两根串联）烘干（测孔/渗/长度/直径/重量）—抽空饱和水—测渗透率—饱和油—水驱至含水率达98%—注入0.5PV聚合物溶液—转水驱至含水率达98%，分段计算提高采收率。

2）实验原材料

（1）水样：J1015井模拟采出水（矿化度：9336.1 mg/L，配制方法见表3-9）；

（2）油样：J1015井脱水原油和煤油配制模拟油，黏度49.10 mPa·s（55℃）；

（3）J1015井天然岩心：直径为2.53cm，渗透率为291.17（1015-2）~323.58（1015-6）mD、长16.75（8.24+8.51）cm；渗透率100.66（1015-5）mD，长7.77cm；

（4）聚合物配方：0.2%聚合物CJP2000溶液黏度47.70 mPa·s；

（5）驱替速度：0.25mL/min。

3）实验方法

（1）聚合物驱实验装置。

聚合物驱实验装置如图3-36所示。

（2）聚合物驱实验方法。

①岩心准备。

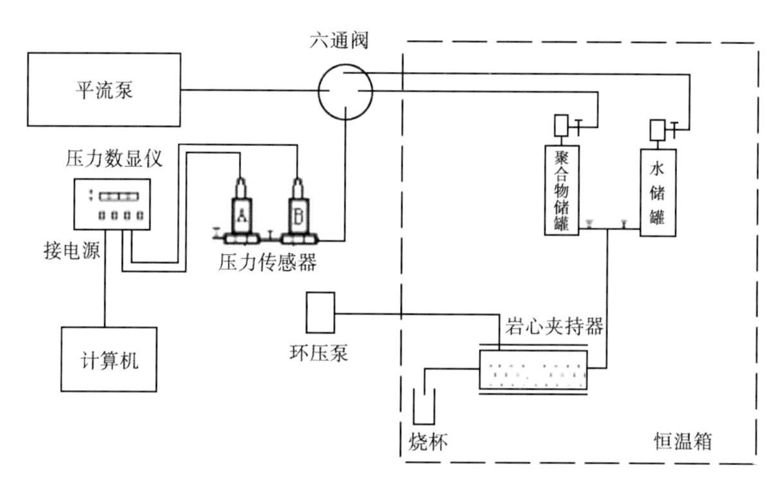

图 3-36　聚合物驱实验装置

（a）测量岩心尺寸，计算岩心体积 V。

对于圆柱状岩心：

$$V=\frac{\pi D^2}{4}L \tag{3-6a}$$

对于长方体岩心：

$$V=B\times H\times L \tag{3-6b}$$

式中　D——直径；

L——长度；

B——宽度；

H——高度。

（b）在 110 ℃下的烘箱中干燥 12 h，烘干其中的水分，恒重后，用天平称其干质量 m_1。

（c）将烘干称质量后的岩心抽真空 4 h，（真空度-100kPa），然后饱和水，称其湿质量 m_2。

（d）岩心湿质量 m_2 减去岩心干质量 m_1 得出饱和水的质量 W，由此计算出岩心的孔隙体积 $V_{\rm P}$，计算孔隙度。

$$V_{\rm p}=\frac{m_2-m_1}{\rho} \tag{3-7}$$

$$\Phi=\frac{V_{\rm p}}{V} \tag{3-8}$$

式中　ρ——水密度，g/cm^3。

②水测渗透率。

将模拟水装入水储罐并连接好管线。将岩心放入岩心夹持器中，调整环压，使环压比注入压力高 2.5～3.0MPa；在泵速 0.25mL/min 条件下注水，直至压力平衡。记录平衡压力 P_0，根据达西定律计算岩心的水测渗透率 K。

$$K = \frac{Q\mu L}{AP_0} \tag{3-9}$$

（3）饱和油。

将油样装进油罐并连接好管线。将岩心放入岩心夹持器中［恒温箱温度55℃（吉006区块地层温度）］，调整环压，使环压比注入压力高2.5~3.0 MPa；在泵速依此增加0.02—0.05—0.10—0.30 mL/min（10/20cm长天然岩心—两根对接）条件下注入油样，记录流出液的质量，计算含油饱和度，直至含油饱和度达到50%以上。

（4）水驱。

夹持器中岩心在55℃（吉006区块地层温度）的恒温箱中恒温6 h（环压要同时调整，维持环压稳定在比注入压力和回压高2 .5~3.0 MPa）。

在泵速0.25mL/min的条件下水驱，直至含水率达98%。记录出油量，计算水驱采收率。

（5）注入聚合物溶液及转注水。

将设定浓度的聚合物溶液装入储罐并连接好管线。

在温度55℃、泵速0.25mL/min的条件下，注入聚合物溶液0.5PV，然后转注水，直至流出液含水率达98%，记录出水量和出油量，计算阶段提高采收率。

4）聚合物驱实验结果

昌吉J006块天然砾岩岩心J1015-2和J1015-6串联聚合物驱实验结果见表3-10和图3-37，在水驱采收率44.44%基础上，聚合物驱提高采收率15.44%，总采收率达到59.88%。不足之处是含油饱和度较低（42.20%），与原始地层含油饱和度53.20%~56.80%有较大差距，原因是砾岩油藏为大小孔喉复合结构，水进入小孔喉后，改变了润湿性，形成束缚水，不易置换。砾岩油藏聚合物驱水驱初期采油速度较快，在高含水阶段能采出较多剩余油，在室内驱油实验中体现明显。

表3-10 昌吉油田吉006块天然砾岩岩心J1015-2和J1015-6串联聚合物驱实验结果

长度（cm）	直径（cm）	渗透率 K_w（mD）	含油饱和度（%）	水驱（%）	聚合物驱（%）	总采收率（%）
16.75	2.53	99.0	42.20	44.44	15.44	59.88

表3-11 昌吉油田吉006块天然砾岩岩心J1015-5聚合物驱实验结果

长度（cm）	直径（cm）	渗透率 K_a（mD）	含油饱和度（%）	水驱（%）	聚合物驱（%）	总采收率（%）
7.77	2.53	100.66	58.14	41.87	13.96	55.83

昌吉油田吉006块砾岩岩心J1015-5聚合物驱实验结果见表3-11和图3-38，在水驱采收率41.87%基础上，聚合物驱提高采收率13.96%，总采收率达到55.83%。含油饱和度达到58.14%，与原始地层含油饱和度53.20%~56.80%一致，主要是改进了饱和油方法，借鉴国外碳酸盐油藏的饱和方法，直接抽真空饱后油，避免了水进入小孔喉后形成束缚水。

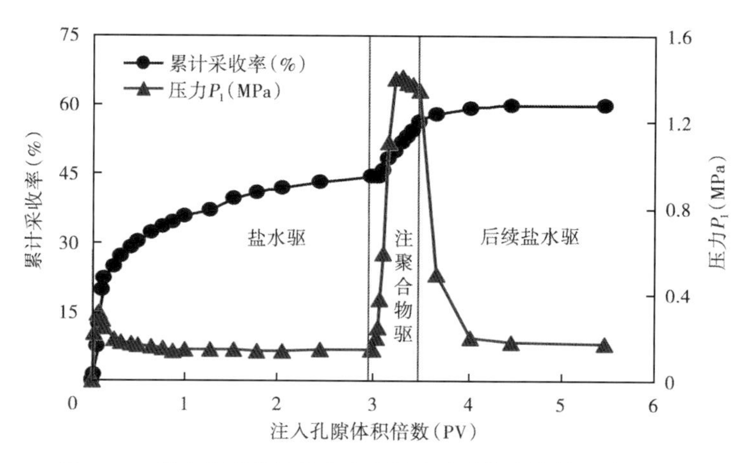

图 3-37　聚合物驱累计采收率和注入孔隙体积倍数的关系曲线

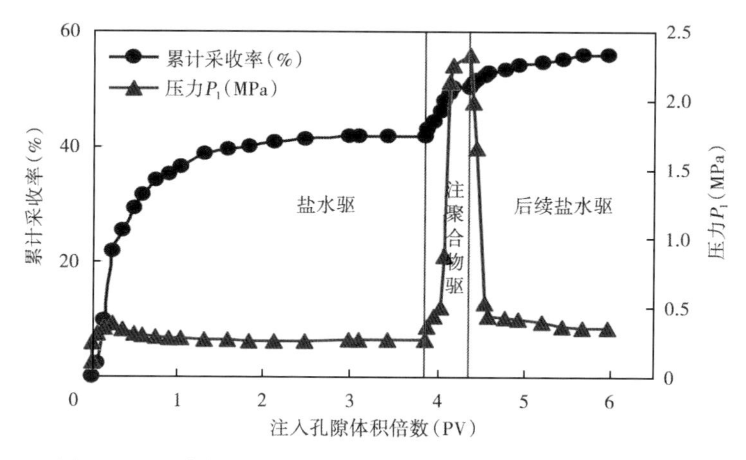

图 3-38　聚合物驱累计采收率和注入孔隙体积倍数的关系曲线

两组砾岩岩心聚合物驱实验结果表明，吉 006 区块水驱后实施聚合物驱提高采收率有较大潜力，是水驱后的主要接替技术之一。

三、泡沫驱油实验

泡沫驱油是一种利用氮气、天然气或其他气体与泡沫剂混合形成泡沫作为驱油介质的驱油方法，泡沫是不溶性或微溶性的气体分散在液体中所形成的热力学不稳定分散体系。被液体薄膜包围气体所形成的单个个体是气泡，大量的气泡聚集在一起就形成泡沫，其中液体是连续相（外相），气体是非连续相（内相）。泡沫和石油、水一样没有固定的形状且具有流动性，是一种受到切力就会连续变形物质，因此也可称作泡沫流体。泡沫通常是由液体、气体和起泡剂组成。泡沫流体在油田应用已有 50 多年历史，面临着优质三采资源匮乏的问题，泡沫驱油由于其良好的封堵性能及对油水的选择性，被认为是一项很有发展前途的三次采油方式（康玉柱等，2014）。

1. 实验目的

考察泡沫体系的驱油效果。

驱油实验步骤：15cm 长岩心—水测渗透率—饱和油—水驱至含水率达 98%—注入 0.5PV 泡沫液体系（气/液=5/1）—转水驱至含水率达 98%，计算提高采收率。

2. 实验原材料

（1）水样：J1015 井模拟采出水（矿化度：9336.1 mg/L）；

（2）油样：J1015 井脱水原油和煤油配制模拟油，黏度 49.10 mPa·s（55℃）；

（3）岩心：渗透率 291.17（1015-3）~323.58（1015-1）mD、长 14.27cm、直径 2.5 cm 的 J1015 井天然岩心；

（4）泡沫配方：0.4%FP288+0.1%WP131，WARRING 搅拌法评价泡沫发泡体积 750 mL，排液半衰期 3807s，综合指数 FCI 为 2855250；

（5）气源：氮气；

（6）驱替速度：0.30 mL/min；

（7）回压：15.20 MPa。

3. 实验方法

1）泡沫驱实验装置

泡沫驱实验装置如图 3-39 所示。

2）岩心实验方法

（1）岩心准备。

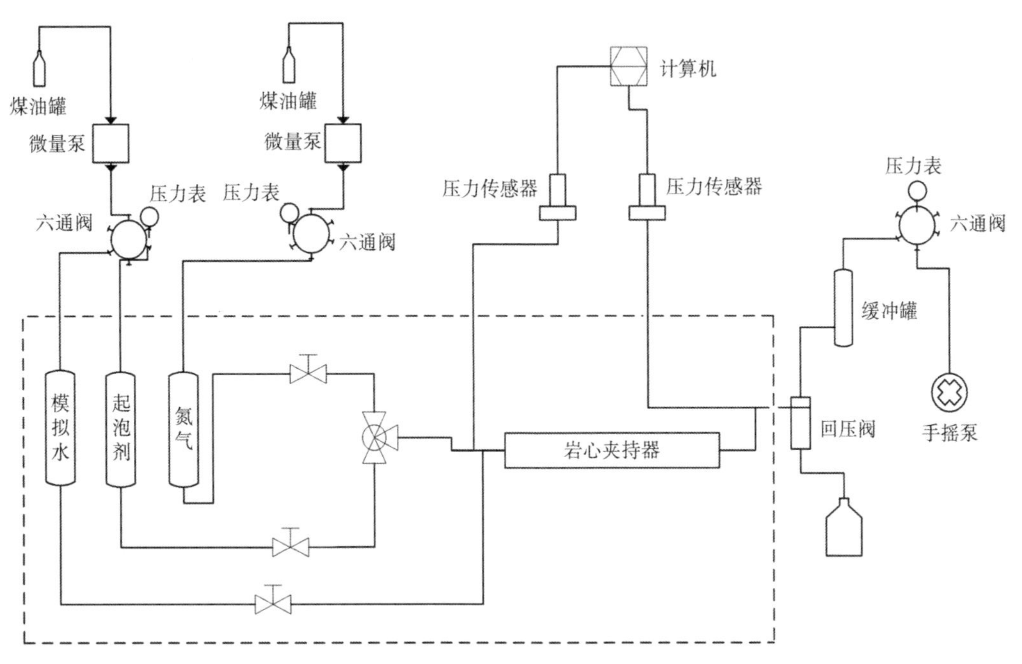

图 3-39 泡沫驱实验装置

①测量岩心尺寸，计算岩心体积 V。

②在 110 ℃下的烘箱中干燥 12 h，烘干其中的水分，恒重后，用天平称其干质量 m_1。

③将烘干称质量后的岩心抽真空 4h，（真空度-100kPa），然后饱和水，称其湿质量 m_2。

④岩心湿质量 m_2 减去岩心干质量 m_1 得出饱和水的质量 W，由此计算出岩心的孔隙体积 V_P，计算孔隙度。

（2）水测渗透率。

将模拟水装入水储罐并连接好管线。将岩心放入岩心夹持器中，调整环压，使环压比注入压力高 2.5~3.0 MPa；在泵速 0.25mL/min 条件下注水，直至压力平衡。记录平衡压力 P_0，根据达西定律计算岩心的水测渗透率 K。

（3）饱和油。

将油样装进油罐并连接好管线。将岩心放入岩心夹持器中，调整环压，使环压比注入压力高 2.5~3.0 MPa；在泵速从 0.10 mL/min 到 0.20 mL/min，再到 0.30 mL/min 的条件下注入油样；反接岩心夹持器中，增加注入压力至 9MPa，缓慢自然降压，反复 6 次，继续饱和；记录流出液的质量，计算含油饱和度，直至含油饱和度达到 50%以上。

（4）水驱。

夹持器中岩心在 55℃（吉 006 区块地层温度）的恒温箱中恒温 6 h（环压要同时调整，维持环压稳定在比注入压力和回压高 2.5~3.0MPa）。

把回压加到 15.20 MPa，在泵速 0.30 mL/min 的条件下水驱，直至含水率达 98%。记录出油量，计算水驱采收率。

（5）注泡沫体系。

将泡沫体系装入储罐并连接好管线。

在回压 15.20 MPa、温度 55℃、泵速 0.30mL/min 的条件下，注 0.5PV 发泡液体系（其中液 0.05 mL/min，气 0.25 mL/min，气液比 5:1）。

（6）转注水。

在回压 15.20 MPa、温度 55℃、泵速 0.30mL/min 的条件下，转注水，直至流出液含水率达 98%，记录出水量和出油量，计算阶段提高采收率。

4. 实验结果

砾岩岩心 J1015-1 和 J1015-3 串联泡沫驱实验结果见表 3-12 和图 3-40，在水驱采收率 40.43%基础上，泡沫驱提高采收率 24.46%，总采收率达到 64.89%。泡沫驱提高采收率的幅度大的原因是泡沫具有提高波及体积和驱油效率的双重作用，由图 3-41 可以看出，采用的泡沫体系使采出的原油乳化，可以更有效地扩大波及体积，并增加了乳化携带作用。水驱后实施泡沫驱提高采收率潜力大，有望成为水驱后的接替主体技术之一。

表 3-12 天然砾岩岩心 J1015-1 和 J1015-3 串联泡沫驱实验结果

长度（cm）	直径（cm）	渗透率 K_w（mD）	饱和油（%）	水驱（%）	泡沫驱（%）	总采收率（%）
14.27	2.53	124.0	53.11	40.43	24.46	64.89

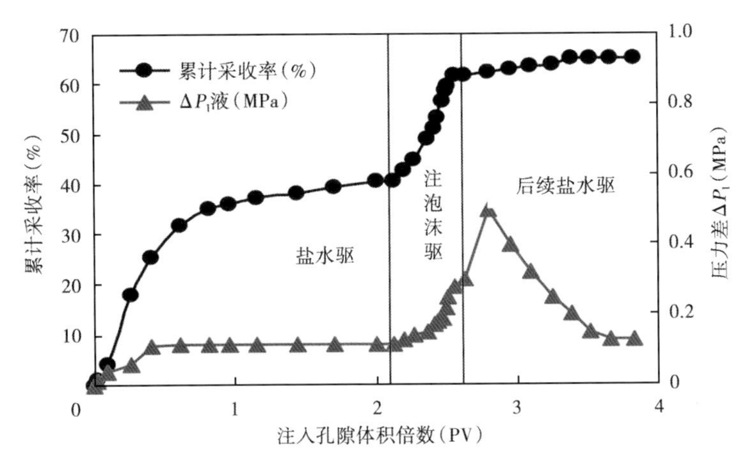

图 3-40 泡沫驱累计采收率和注入孔隙体积倍数的关系曲线

图 3-41 泡沫驱后原油乳化现象（55℃烘箱放置 24h 破乳后）

四、二氧化碳驱油实验

二氧化碳驱油是开采稠油的有效方法之一。二氧化碳驱油技术就是把二氧化碳注入油层中以提高原油采收率。根据注入二氧化碳方式的不同二氧化碳驱油可分为常规二氧化碳驱油和二氧化碳吞吐驱油技术。常规二氧化碳驱油技术是通过注入井注入高压常规二氧化碳驱替地层中原油至采出井。二氧化碳吞吐驱油技术操作过程类似于蒸汽吞吐，即周期注入二氧化碳，经过一段时间焖井后，开井进行生产。二氧化碳吞吐驱油技术只涉及 1 口井，该井既是注入井也是生产井。

由于二氧化碳是一种在油和水中溶解度都很高的气体，当它大量溶解于原油中时，可以使原油体积膨胀，黏度下降，还能够降低油水界面张力，提高油的流度，有利于驱油介质从孔隙介质中将油驱出。原油黏度越大，降黏效果越明显。与其他驱油技术相比，二氧化碳驱油具有适用范围大、驱油成本低、采收率提高显著等优点。二氧化碳驱可以延长水驱近衰竭油藏寿命15~20年，提高采收率7%~25%，是稠油开采最好EOR方法之一。深入认识二氧化碳驱的机理和规律，为制订合理的二氧化碳驱开发方案提供依据（刘文章，1997）。

1. 均质油藏二氧化碳驱油机理

1）二氧化碳驱油机理及规律

当二氧化碳大量溶解于原油中时，可以使原油体积膨胀，黏度下降，还可降低油水间的界面张力；二氧化碳溶于水后形成的碳酸还可以起到酸化作用，它不受井深（50℃、压力20MPa下二氧化碳密度达到800kg/m^3，与水的密度比较接近）、温度、压力、地层水矿化度等条件的影响，由于以上各种作用和广泛使用条件，注二氧化碳提高采收率的应用十分广泛，尤其在稠油油藏开发领域。

考虑到吉7井区稠油室内水驱油含水率上升快，水驱效率低（反应在矿场油井见水快，水驱开发效果不理想），有必要研究吉7井区二氧化碳驱油机理及规律，为矿场开展二氧化碳驱提供依据。

实验条件：

（1）原油：J1009井原油（1972mPa・s）；

（2）用气：高纯度二氧化碳（纯度99.5%）；

（3）岩心：油藏各层位直径3.8cm的岩心，具体见表3-13；

（4）温度：50℃；

（5）流量：0.05mL/min；

（6）压力：17~20MPa（17MPa是出口加的回压，入口压力大于17MPa）。

操作步骤：

（1）岩心切割、洗油；

（2）孔渗测试；

（3）岩心抽空饱和模拟地层水；

（4）按照实验装置示意图连接好实验流程，关闭所有阀门（图3-42）；

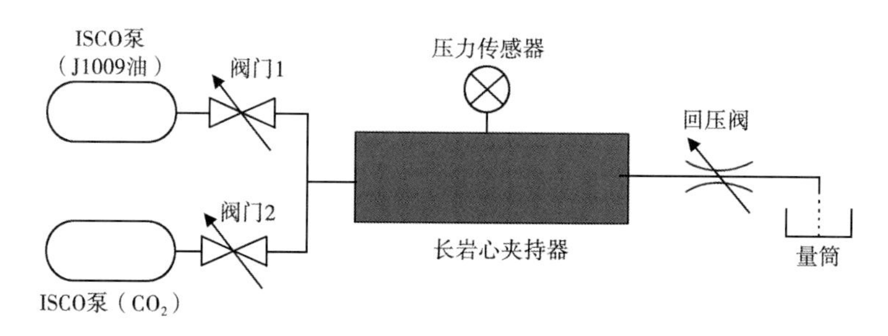

图3-42　长岩心二氧化碳驱流程图

（5）打开阀门1、利用ISCO泵定流量（0.05mL/min）油驱水建立束缚水，驱替10PV后憋压到17MPa后，关闭阀门1，然后将回压加到17MPa；

（6）打开阀门2，利用ISCO泵定流量（0.05mL/min）二氧化碳驱油，每注入0.1PV的二氧化碳读取一次油量，截止到注入 2.5PV 二氧化碳，关闭阀门 2；

（7）焖 30min 后，将回压调到大气压，利用天平记录降压过程中二氧化碳驱油量（类似于矿场二氧化碳驱结束时焖井采油）。

表 3-13 均质油藏二氧化碳驱油实验

序号	井号	岩心号	深度（m）	层位	长度（cm）	孔隙度（%）	渗透率（mD）	孔隙体积（mL）	折算渗透率（mD）
一	吉 101	12	1640.88	P_3wt_1	5.894	19.7	31.50	97.2	43.3
	吉 002	29	1640.88	P_3wt_1	6.230	20.7	694.0		
	吉 002	31	1641.02	P_3wt_1	6.646	22.1	560.0		
	吉 002	32	1641.05	P_3wt_1	6.667	22.1	711.0		
	吉 003	13	1699.75	P_3wt_1	7.137	22.7	860.0		
	吉 003	35	1601.46	P_3wt_1	6.850	22.8	10.0		
二	吉 003	20	1602.59	P_3wt_1	5.260	23.9	244.0	86.4	26.8
	吉 003	22	1602.69	P_3wt_1	7.036	22.3	57.8		
	吉 003	26	1609.90	P_3wt_1	6.268	3.0	502.0		
	吉 003	34	1601.42	P_3wt_1	7.156	23.3	13.3		
	吉 003	36	1601.5	P_3wt_1	7.233	23.3	13.5		
三	J1015	101	1762.76	P_3wt_2	6.658	14.3	4.76	61.8	14.6
	J1015	108	1812.18	P_3wt_2	7.076	17.8	35.7		
	J1015	104	1777.38	P_3wt_2	6.795	16.2	123.0		
	J1015	102	1766.12	P_3wt_2	6.776	16.1	67.5		
	J1015	103	1772.31	P_3wt_2	3.700	9.3	130.5		
	J1015	109	1819.57	P_3wt_2	6.039	11.5	8.03		
四	吉 101	4	1365.47	P_3wt_1	6.832	19.9	85.9	100.3	41.0
	吉 101	12	1366.32	P_3wt_1	5.894	19.7	31.5		
	吉 002	33	1641.68	P_3wt_1	6.340	21.2	406.4		
	吉 003	22	1602.69	P_3wt_1	7.036	22.3	57.8		
	吉 003	36	1601.50	P_3wt_1	7.233	23.3	13.5		
	J1015	107	1800.75	P_3wt_2	5.852	29.5	358.9		

2）实验结果分析

共进行了 4 组不同渗透率长岩心二氧化碳驱油（J1009 井原油）实验，实验结果如下。

（1）吉 7 井区二氧化碳驱为非混相驱，地层压力条件下二氧化碳只能部分溶解于原油，原油与二氧化碳界面很明显（图 3-43）。二氧化碳驱油存在如下 4 种驱油机理。

①使其体积膨胀，形成溶解气驱—二氧化碳注入油藏后，二氧化碳溶解于原油当中（图 3-43a），使原油体积大幅度膨胀，便可以增加地层弹性能量，还有利于膨胀后的剩余油

脱离地层水及岩石表面的束缚，变成可动油，使采出程度升高，提高原油采收率。图 3-44 为原油的膨胀系数与二氧化碳物质的量分数关系。从图 3-44 可以看到，原油中二氧化碳物质的量分数越高，原油的密度越高，相对分子质量越小，原油的膨胀系数越大。

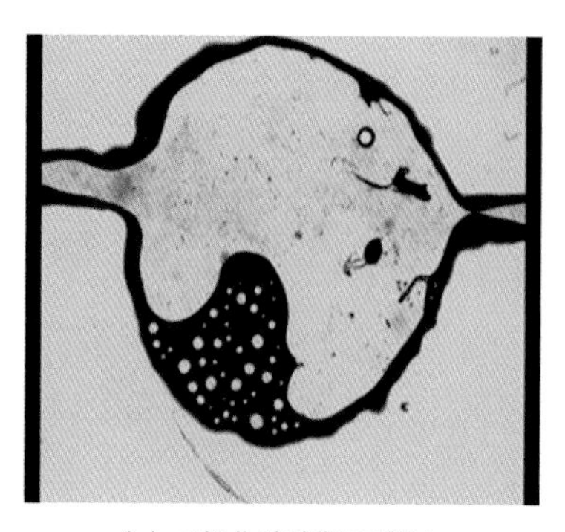
(a) 二氧化碳溶解于原油

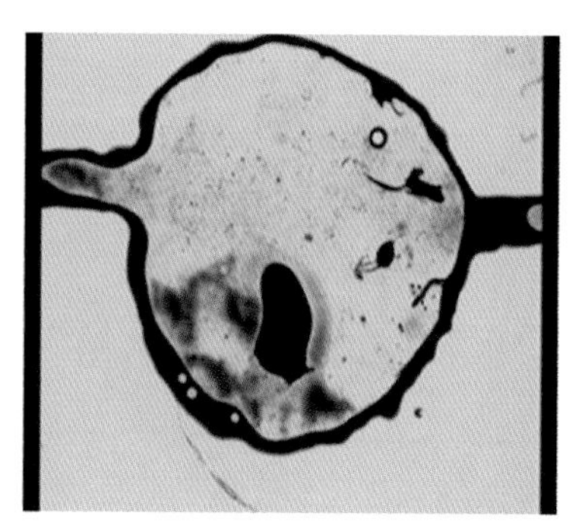
(b) 原油溶解于二氧化碳

图 3-43　地层条件下二氧化碳与原油相互关系

②萃取和汽化原油中的轻烃（图 3-43b），从图中可以看出原油溶解于二氧化碳中，并通过二氧化碳驱替携带出来（实验可通过测定原油流出部分的密度来断定属于萃取出来的是原油中轻烃部分）。

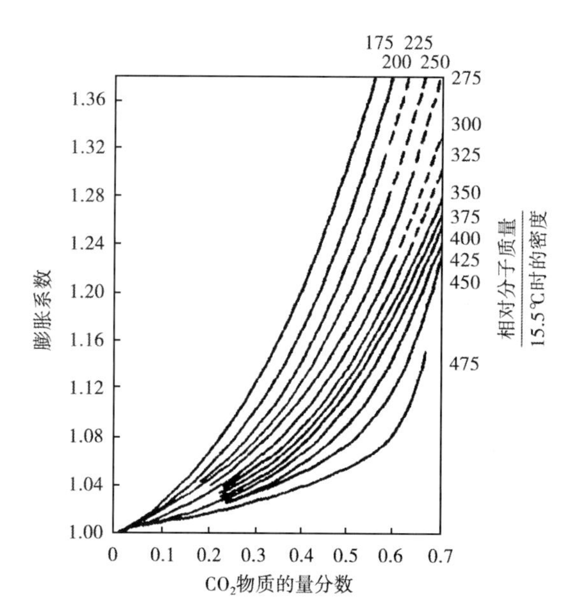

图 3-44　原油的膨胀系数与二氧化碳物质的量分数关系（据任芳祥等，2012）

③降低原油黏度，改善原油流动性和油水流度比（图 3-45 至图 3-47）。吉 7 井区地层条件下二氧化碳黏度 0.063mPa · s，水黏度 0.563mPa · s（压力对水黏度影响小），二氧化碳黏度约为水黏度的 1/9，而地层条件下原油中二氧化碳溶解度 $120m^3/m^3$，溶解二氧化碳后原油黏度下降近 100 倍，二氧化碳驱降黏作用明显（以地面脱气原油 2000mPa · s 为例，溶解二氧化碳后黏度降到 20mPa · s），这样二氧化碳与原油流度比只有水与原油黏度比的 1/10，更有利于驱替，这一点可通过注二氧化碳驱替压力变化反映出来，注二氧化碳不会很快发生气窜，开始注入的时候表现出“活塞”流特征，驱替前缘慢慢向前推移，驱替压力慢慢升上去，表现出液相驱替的特征，而一旦出口见到二氧化碳（驱替前缘到达采油井底），驱替压力很快降下来，表现出气相驱替特征（王旭，2006）。

另外，二氧化碳在吉 7 井区储层条件下（压力 17MPa、温度 50℃）处于超临界状态，更多地表现出液相特征，比重大，17MPa 时，地层条件下二氧化碳密度达到 $740kg/m^3$，油

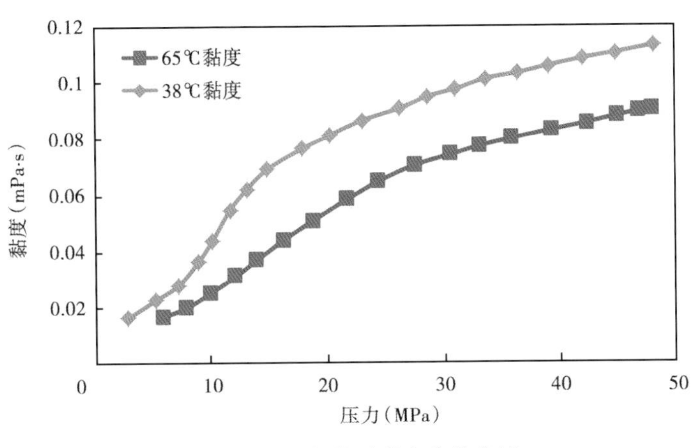

图 3-45 二氧化碳黏度变化曲线

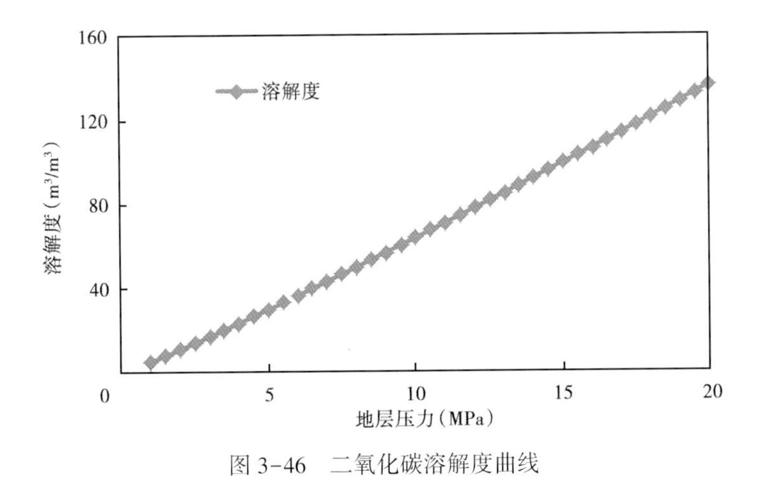

图 3-46 二氧化碳溶解度曲线

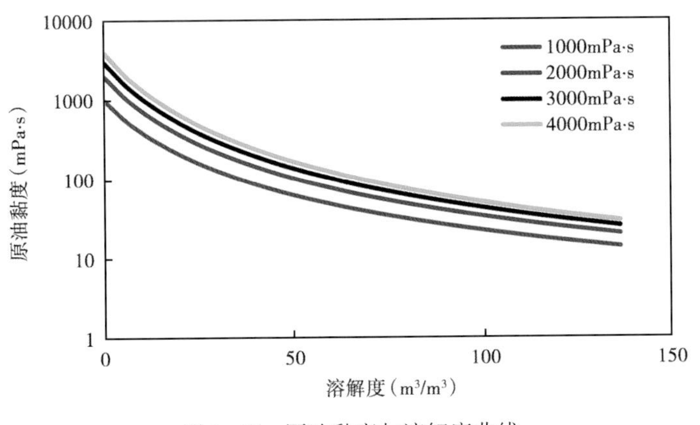

图 3-47 原油黏度与溶解度曲线

气密度接近，重力分异效应不明显（图 3-48 至图 3-52）。同时，二氧化碳溶于水，水碳酸化后，水的黏度也要增加，改善了油与水流度比，也扩大了波及体积，从而改善开发效果。

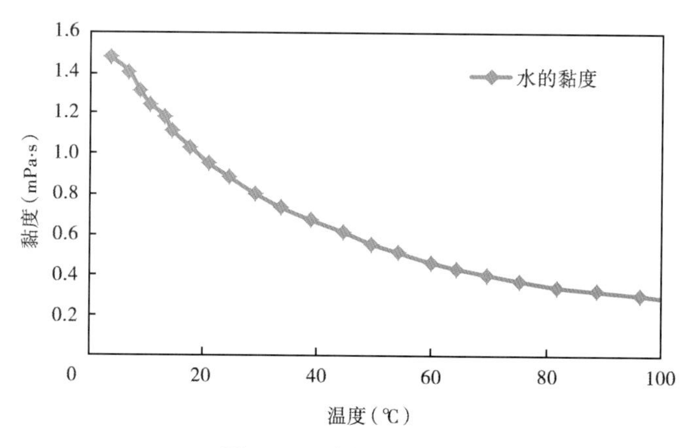

图 3-48　水的黏度曲线

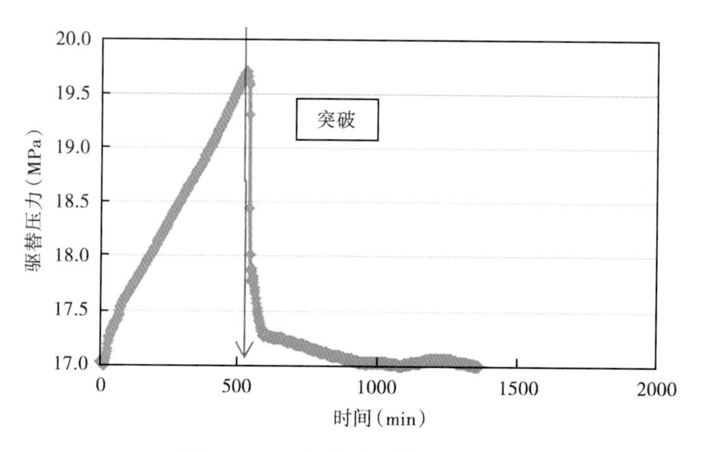

图 3-49　二氧化碳驱替压力曲线

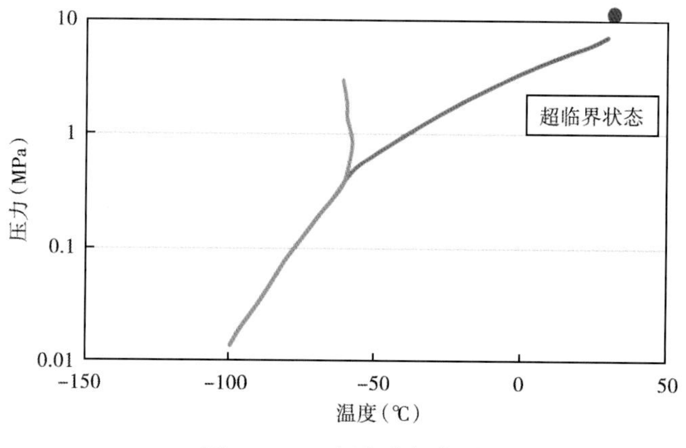

图 3-50　二氧化碳相态图

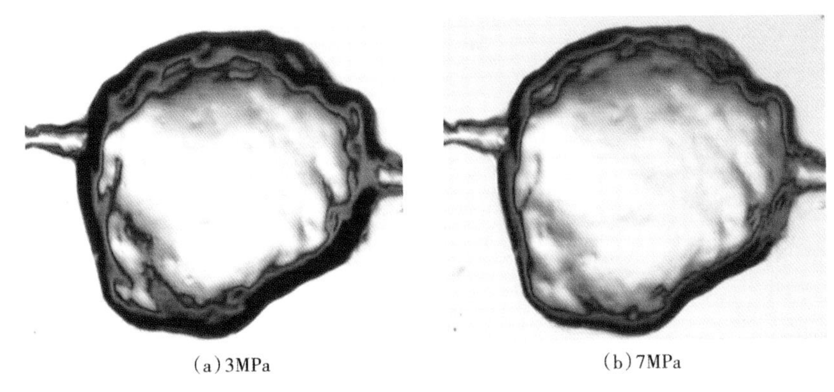

图 3-51　二氧化碳在不同压力下形态

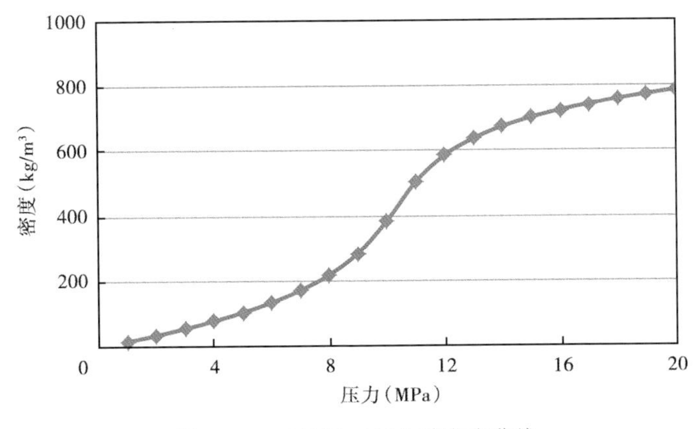

图 3-52　50℃时二氧化碳密度曲线

④降低界面张力，降低残余油饱和度。二氧化碳驱油过程中，二氧化碳抽提原油中的轻质组分或使其汽化（图 3-53）。二氧化碳对原油组分的抽提过程，也是它与原油之间界面张

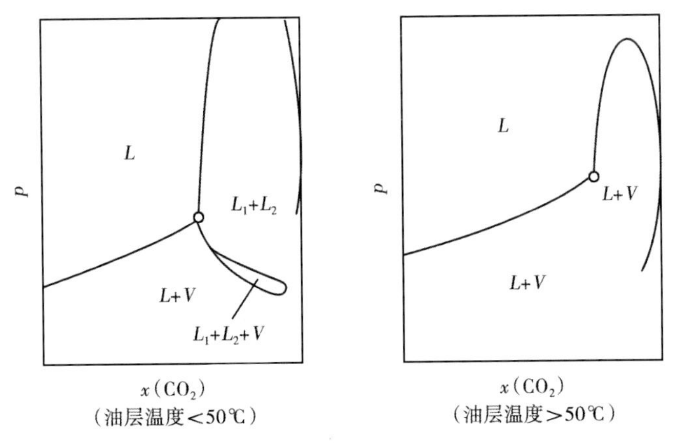

图 3-53　温度对二氧化碳与原油 p—x 相图的影响

注：L—液相；L_1、L_2—第一液相、第二液相；V—蒸气

力不断降低的过程，毛细管数 N_c 增大，残余油饱和度降低。

其中，毛细管数 N_c 定义为

$$N_c=\frac{v\mu}{\sigma}$$

式中 σ——油水界面张力；

μ——驱替相黏度；

v——驱替速度。

毛细管数物理意义为：表征作用于残余油上的驱动力与阻力相对大小，毛细管数越大，残余油上的驱动力相对越大，残余油饱和度越低。

（2）二氧化碳采出程度较高，4 组实验采出程度在 50.7%~55.0%，平均为 53.0%，比 J1009 井冷水驱最终采出程度（29.8%）高出 23.2%（图 3-54）。

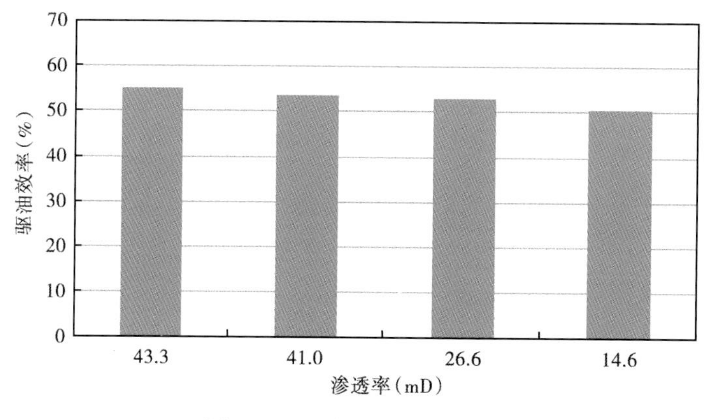

图 3-54　二氧化碳采出程度

（3）二氧化碳采出程度随着二氧化碳注入量的增加而增加，但从二氧化碳注入孔隙体积倍数与采出程度曲线可以看出：注入量到达 1PV 后（此时采出程度为 44.7%~52.8%，平均为 50.0%），采出程度随注入孔隙体积倍数增加变化幅度不大，据此，初步判断吉 7 井区二氧化碳合理注入量为 1PV（图 3-55）。

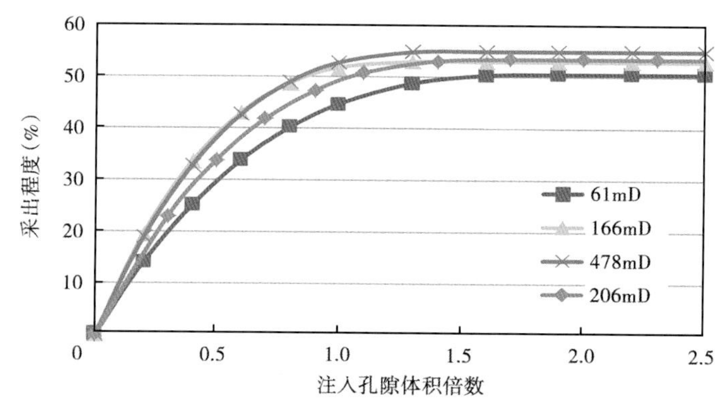

图 3-55　二氧化碳采出程度与注入孔隙体积倍数曲线

（4）二氧化碳驱油结束后，利用压降二氧化碳膨胀还能驱出一部分原油（实验室通过将回压 17MPa 降到大气压实现），可提高采出程度 8%左右，可使得最终二氧化碳采出程度接近 60%，远高于注水开发驱油（图 3-56）。

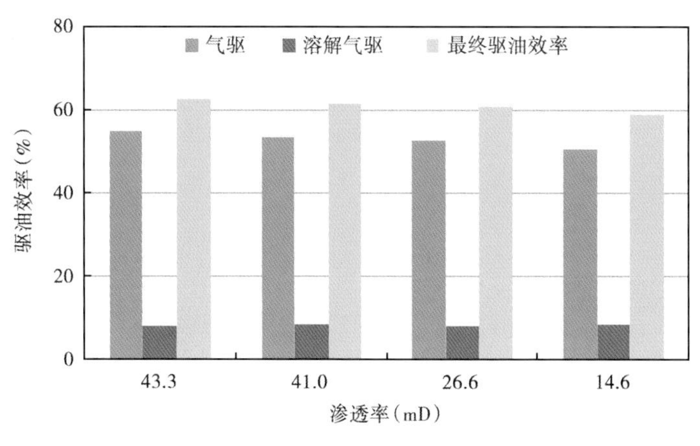

图 3-56　二氧化碳采出程度组成

2. 非均质油藏二氧化碳驱油机理

1）实验方案

实验条件：

（1）原油：J1009 井原油（1972mPa · s）、吉 011 井原油（271mPa · s），具体用油情况见表 3-14；

（2）用水：模拟地层水，矿化度 10000mg/L，$NaHCO_3$ 型；

（3）岩心：油藏各层位直径 3.8cm 的岩心，具体见表 3-14；

（4）温度：50℃；

（5）流量：0.05mL/min。

操作步骤：

（1）岩心切割、洗油；

（2）孔渗测试；

（3）岩心抽空饱和模拟地层水；

（4）按照实验装置示意图连接好实验装置，并关闭所有阀门；

（5）打开阀门 1、阀门 2，定流量（0.05mL/min）油驱水建立束缚水，注入 10PV 截止，关闭阀门 1、阀门 2；

（6）打开阀门 3、阀门 4，定流量（0.05mL/min）油驱水建立束缚水，注入 10PV 截止，关闭阀门 1、阀门 2；

（7）打开阀门 1、阀门 2、阀门 3 和阀门 4，定流量（0.05mL/min）水驱油，截至含水率达到 99.5%时关闭相应的阀门（类似与矿场前期合注后期时封堵高渗透储层，只注低渗透储层，只不过完全封堵），并实时记录出油量、出水量和驱替压力变化。具体实验装置示意图如图 3-57 所示。

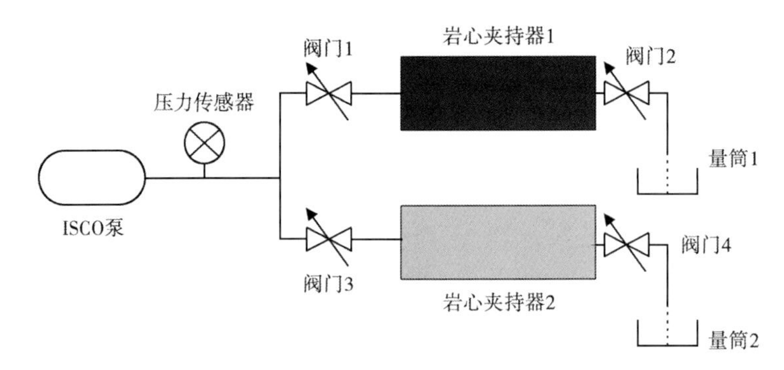

图 3-57　吉 7 井区非均质驱油实验示意图

表 3-14　非均质油藏二氧化碳驱油实验

第一组

岩心序号	岩心长度（cm）	渗透率（mD）	孔隙度（%）	岩心序号	岩心长度（cm）	渗透率（mD）	孔隙度（%）
21	7.469	887.2	25.2	18	7.192	869.8	24.4
19	7.118	450.9	23.8	12	7.202	457.8	24.9
11	7.744	569.4	24.9	15	7.141	438.6	23.3
13	6.386	46.4	18.2	10	6.619	17.1	19.1
总计	28.72				28.15		
折算渗透率（mD）	163.7			65.9			
孔隙体积（mL）	75.55			73.42			
渗透率级差				2.48			

第二组

岩心序号	岩心长度（cm）	渗透率（mD）	孔隙度（%）	岩心序号	岩心长度（cm）	渗透率（mD）	孔隙度（%）
17	7.095	858	25.4	14	6.407	743.3	23.8
22	7.293	509.9	23.1	8	7.783	44.9	21.0
16	7.692	525	24.2	1	7.344	45	23.2
7	7.791	71.2	22.5	6	6.812	33.9	24.6
总计	29.87				28.35		
折算渗透率（mD）	203.7			51.9			
孔隙体积（mL）	80.53			74.08			
渗透率级差				3.92			

2）实验结果分析

吉 7 井区两组不同渗透率级差岩心组合模拟的非均质油藏二氧化碳驱油实验结果如下。

（1）由于原油黏度高（实验J1009井原油黏度1972mPa·s），非均质稠油油藏同注同采存在指进现象，二氧化碳几乎直接沿着高渗透储层流过，低渗透储层难以动用，在储层渗透率级差接近2.48时低渗透储层采出程度只有1.5%，产油主要来自于高渗透储层，最终采出程度低，只有30.5%（事实上，非均质稠油油藏具体采出程度由高渗透和低渗透储层比例决定的，此处最终采出程度是建立在高、低渗透储层孔隙体积相当的基础之上），储层非均质对稠油油藏开发影响较大（图3-58）；而实际油藏具有更强的非均质性，所以在开发的时候应该及时调整产液剖面，人为封堵高渗透通道，把低渗透储层当中的油驱除出来，进行分层开发。

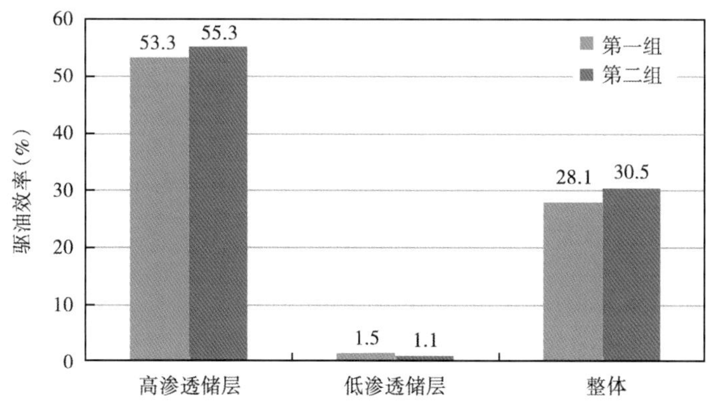

图3-58 非均质油藏二氧化碳驱替效果

（2）非均质稠油油藏二氧化碳驱替曲线与均质稠油油藏驱替曲线形状相近，也存在一合理的注入孔隙体积倍数，只是最终驱替效果不及均质油藏的二氧化碳驱替效果。具体来说非均质稠油油藏注二氧化碳合理注入孔隙体积倍数由高渗透、低渗透储层所占比例决定，当高、低渗透储层孔隙体积相当时，合理注入孔隙体积倍数为0.5PV（具体合理注入量也由非均质储层中高渗透储层孔隙体积所占的比例决定，高渗透储层孔隙体积比例越大，合理注入量越大）（图3-59）。

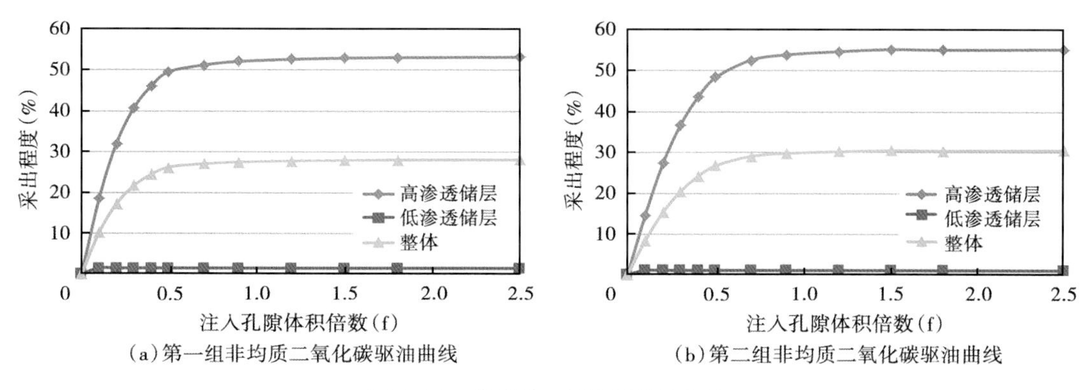

（a）第一组非均质二氧化碳驱油曲线　（b）第二组非均质二氧化碳驱油曲线

图3-59 非均质二氧化碳驱油曲线

（3）通过对非均质油藏高渗透储层实施封堵作业（实验室通过关闭高渗透储层入口阀门，只允许二氧化碳通过低渗透储层），继续注二氧化碳可很好地动用低渗透储层，最终采出程度可达53.2%，与均质油藏二氧化碳驱替效果相当（图3-60）。

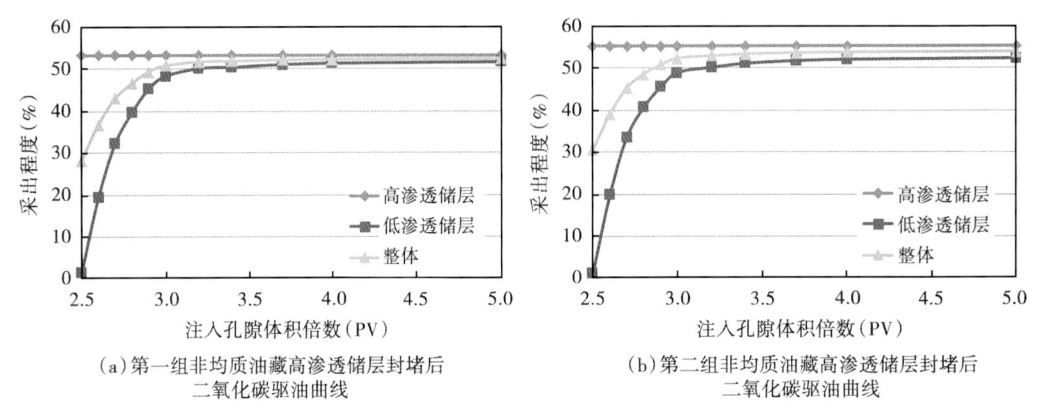

（a）第一组非均质油藏高渗透储层封堵后二氧化碳驱油曲线　（b）第二组非均质油藏高渗透储层封堵后二氧化碳驱油曲线

图3-60　非均质油藏封堵后二氧化碳驱油曲线

（4）对比非均质油藏先合注再选择性注入（单独向低渗透储层注）二氧化碳各层采出程度和直接分注二氧化碳采出程度，可以看出：两种方式下各层采出程度基本一致（图3-61），结合层系划分原则之一：一套层系之间的渗透率级差不宜超过3~4倍，因此若采用注二氧化碳开发，建议吉7井区非均质油藏采用分层注入二氧化碳。

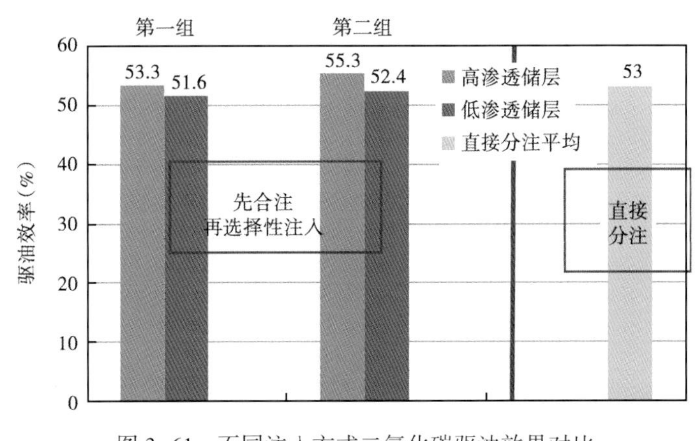

图3-61　不同注入方式二氧化碳驱油效果对比

（5）综上所述：储层非均质性对二氧化碳驱和水驱影响都较大，合注时采出程度都较低；先合注再选择性注入各层采出程度与直接分层注入二氧化碳驱油效果相当；另外，考虑到注入二氧化碳相对较少就能取得很好的驱油效果（1PV采出程度就能达到50%）。因此，建议吉7井区若具备注二氧化碳开发的条件宜采用注二氧化碳开发，并采取分层注入的方式。

3. 二氧化碳微观驱油机理研究

大量的稠油油藏开发实践和室内实验表明，注二氧化碳开发可以取得很好的效果。二氧化碳驱油分为混相驱和非混相驱。本节通过微观驱替实验，研究吉7井区稠油二氧化碳驱替类型（混相还是非混相）和驱油效果。

1）二氧化碳驱替类型

根据吉7井区地层温度和压力，室内采用微观驱替模型，开展了J1009井原油（实验黏度：1972mPa·s）和吉011井原油50℃时不同压力下二氧化碳驱油类型研究，通过改变驱替压力，观察二氧化碳与原油的存在关系，判断吉7井区二氧化碳驱油类型。

两种油二氧化碳微观驱替结果表明：随着注入压力升高，吉7井区原油与二氧化碳混相程度增加，但即使地层压力达到35MPa（此压力已经超过吉7井区梧桐沟组油藏储层破裂压力），吉7井区原油和二氧化碳也是部分互溶，但油气界面明显，因此可以断定吉7井区梧桐沟组油藏原油二氧化碳驱整体表现为非混相驱（图3-62至图3-63）。

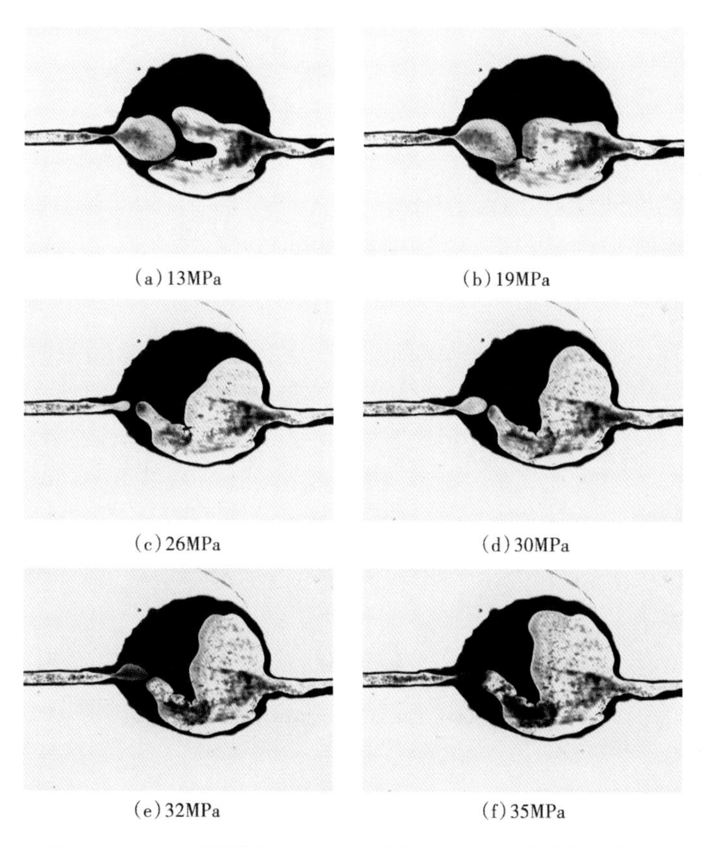

(a) 13MPa　(b) 19MPa

(c) 26MPa　(d) 30MPa

(e) 32MPa　(f) 35MPa

图3-62　50℃不同压力下J1009井原油与二氧化碳存在关系

实际上，理想的混相驱是不存在的，即使采用稀油，观察不同压力下原油与二氧化碳的存在关系，可以看出原油与二氧化碳间存在明显的界面特征，只有部分互溶，整体表现为非混相驱，实际上所谓的混相驱是指动态混相，即驱替过程中局部会出现短暂的混相，而绝大部分过

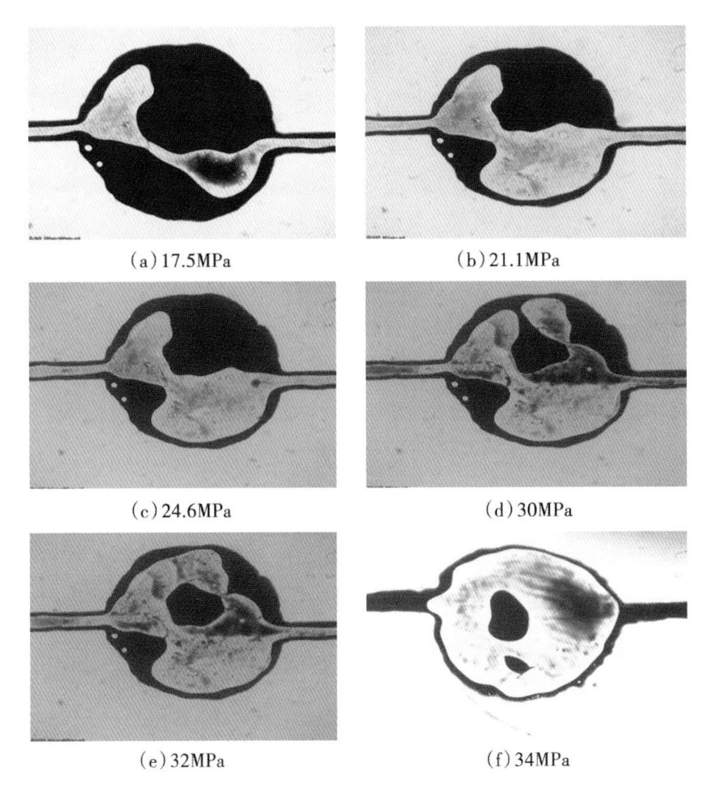

(a) 17.5MPa　(b) 21.1MPa　(c) 24.6MPa　(d) 30MPa　(e) 32MPa　(f) 34MPa

图 3-63　50℃不同压力下吉 011 井原油与二氧化碳存在关系

程都是一种相对的混相，也就是说有大量的原油与二氧化碳互溶而存在的现象，但并不是完全意义上的混相。只不过是压力越高，二者之间的互溶现象就越明显，出现真正混相驱的概率就更大一些，最终的驱油效果就会更好。但这不意味着提高注入压力对注二氧化碳没有影响。微观实验表明，低压时二氧化碳驱气窜严重，高压时气窜弱，表现活塞驱特征，提高注入压力，最终采出程度也会提高，有利于改善二氧化碳驱油效果（图 3-64 至图 3-67）。

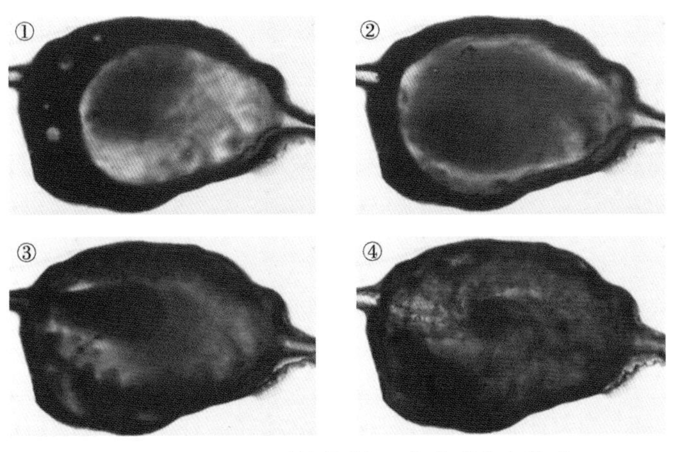

图 3-64　18MPa 时某稀油与二氧化碳存在关系

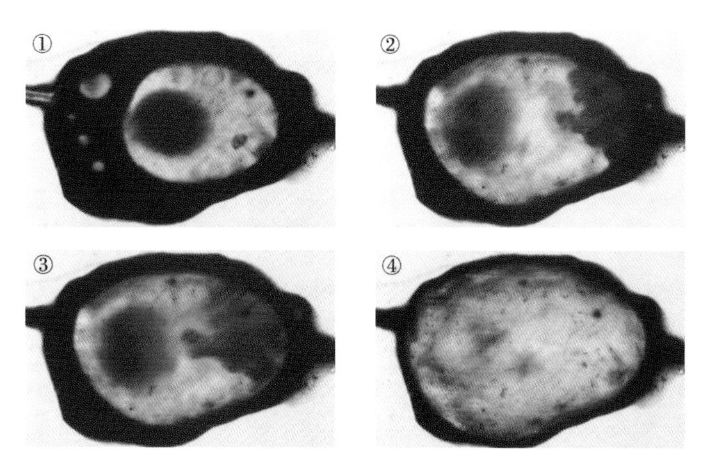

图 3-65 30MPa 时稀油与二氧化碳存在关系

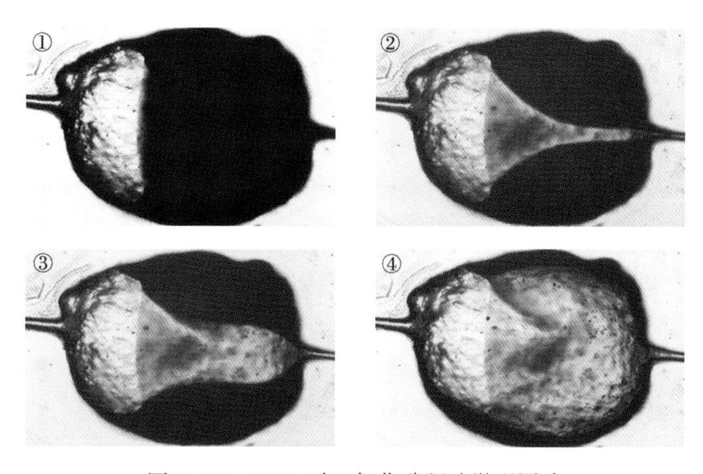

图 3-66 2MPa 时二氧化碳驱油微观图片

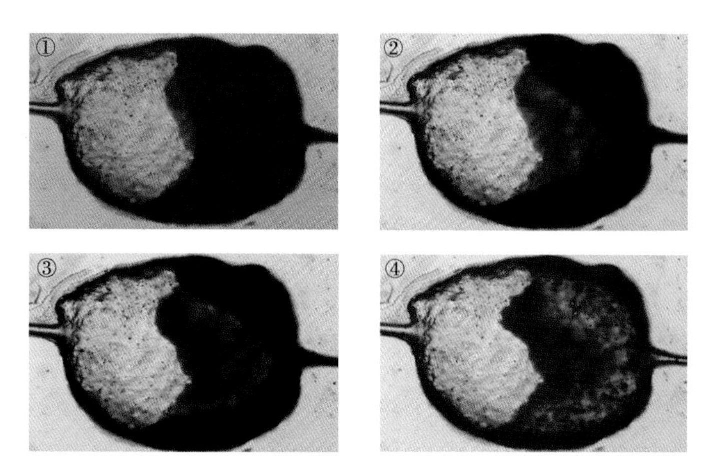

图 3-67 2MPa 时二氧化碳驱油微观图片

2）二氧化碳微观驱替规律

室内共进行J1009井原油和吉011井原油在18MPa、50℃二氧化碳驱油实验和二氧化碳驱结束后焖井降压开采实验（图3-68至图3-70），实验结果表明：

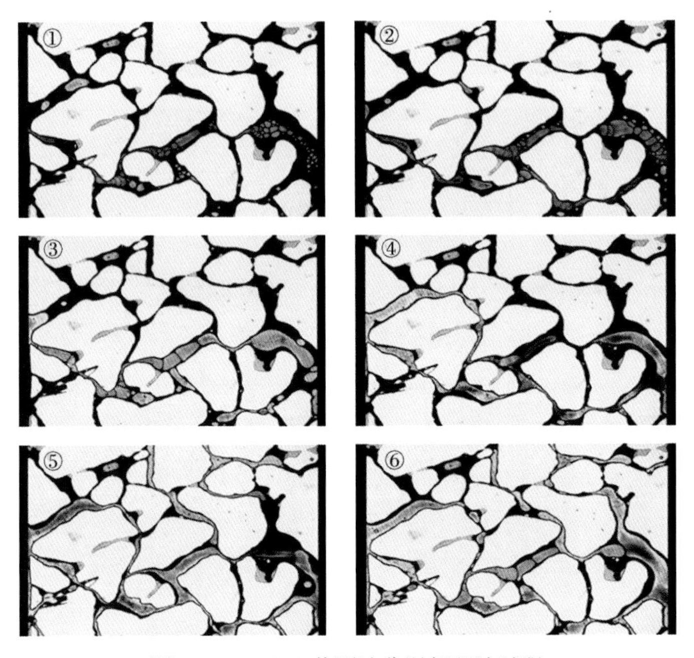

图3-68　J1009井原油非混相驱油过程

图3-69　吉011井原油非混相驱油过程

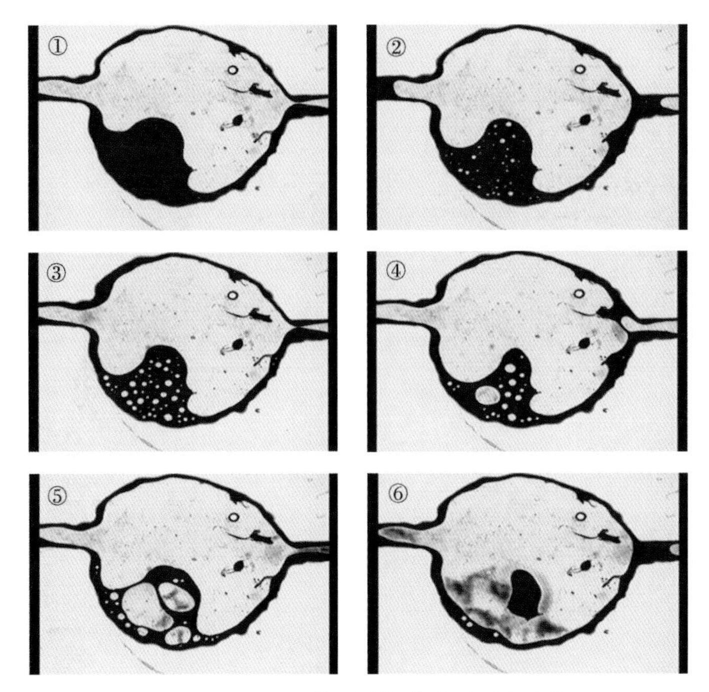

图 3-70 J1009 井原油焖井降压采油过程

(1) 二氧化碳驱油油气界面明显，二氧化碳与油只有部分互溶，表现出非混相驱特征；

(2) 二氧化碳驱油也存在明显的指进现象，二氧化碳先沿着大孔道流到另一端；原油黏度越高这种指进现象越明显；

(3) 二氧化碳驱油过程中流动不连续，当二氧化碳携带油经过细小喉道，油膜被掐断成一段一段的，被波及的油需多次驱替才能驱出来；

(4) 相对于水驱，二氧化碳驱最终油膜厚度明显变薄，还能驱出“盲端”控制的原油，驱油效果明显好于水驱；

(5) 二氧化碳驱油结束通过降压还能驱出一部分油（主要通过二氧化碳萃取携带出部分原油）。

五、火驱油实验

火驱油层技术是一种重要的稠油热采方法。它通过注气井向地层连续注入含氧气气体，使其与油层原油混合并点燃，实现层内燃烧，燃烧反应生产的热能和气体用于加热裂解和驱动稠油，从而将地层原油从注气井推向生产井。火驱技术伴随着复杂的传热、传质过程和物理化学变化，具有蒸汽驱、热水驱、烟道气驱等多种开采机理，是一种具有明显技术优势和潜力的热力采油方法。

影响火驱成功的关键因素是火驱对油藏的适应性。已经证明成功的火驱实例，绝大部分都是在高孔隙度高渗透率储层中获得，储层物性一般都在 500mD 以上，流度大于 0.3（表 3-15）。经过近 70 多年的发展，火驱开发成为逐渐成熟的开发技术。不同的学者和机构，对火驱油藏的筛选标准进行了论述（表 3-16），与国内外火驱筛选条件对比，吉 7 井区梧桐沟组油藏原油黏度条件不满足，储层物性较差。

对于火驱开发方式，本区还有几个方面的不利因素：

（1）油藏的封闭性：油藏顶底为区域广泛分布的不整合面和断层，油藏封闭差；

（2）火驱技术的适应性：①油层物性处于标准下限；②流度系数为0.03~1.17，低于筛选条件；③油藏埋深大（1317.0~1775.0m），已达到常规意义上的特深层稠油油藏，但根据实际地层情况，定义为中深层稠油油藏，地层压力高（12.3~19.4MPa），火驱实施过程中大排量的注空气，对空气压缩机将提出更高要求，提高了注空气成本；④纵向上分布多套油藏不适宜火驱开发。

表3-15　世界主要的成功火驱开发的油藏参数表

油田	深度（m）	厚度（m）	地面原油黏度（mPa·s）	渗透率（mD）	孔隙度（小数）	含油饱和度（小数）	储量系数	流度（mD/mPa·s）
Midway Sunset	731.5	39.3	110	1875	0.36	0.75	0.27	17.0
Suplacu	76	13.7	959.3	2000	0.32	0.78	0.25	2.1
Belleven	122	22.6	500	500	0.38	0.51	0.19	1.0
Miga	1234	6.1	280	5000	0.23	0.78	0.18	17.9
S. Oklahoma	59	5.2	5000	7680	0.27	0.64	0.17	1.5
Pavlova	250	7.0	2000	2000	0.32	0.78	0.25	1.0
East Oil field	1372	5.8	400	3500	0.35	0.94	0.33	8.8
S. Belrige	213	9.1	2700	8000	0.37	0.60	0.22	3.0
Balol	1050	6.5	150	10000	0.28	0.70	0.20	66.7
红浅1井区	550	8.4	800	550	0.27	0.55	0.15	0.7

表3-16　不同学者提出的火驱开发的油藏筛选条件

作者	年份	油层深度（m）	油层厚度（m）	孔隙度（%）	渗透率（mD）	含油饱和度（%）	原油密度（g/cm^3）	地面原油黏度（mPa·s）	流度（mD/mPa·s）	储量系数（$\phi \cdot S_o$）	备注
波特曼	1964			>20	>100					>0.10	深度不限
吉芬	1973	>152	>3				>0.807		>3.05	>0.05	用于湿烧
雷温	1976	>152	>3			>50	0.8~1.0		>6.1	>0.05	
朱杰	1977			>22		>50	>0.91	<1000		>0.13	
	1980			>16	>100	>35	>0.825		>3.0	>0.077	
爱荷	1978	61~372	1.5~15	>20	>300	>50	0.825~1.0	<1000	>6.1	>0.064	井距<420m
	1978		>3	>25		>50	>0.8	<1000		>0.08	湿烧
美国石油委员会	1984	<3505	>6	>20	>35		0.849~1.0	<5000	>1.5	>0.08	现有技术
胜利油田	1995	150~1350	3~30	>16	>100	>35	0.825~1.0	<10000		>0.08	氧化性好
吉7井区		1317~1775	14.3~27.5	18.8~22.9	45.6~106.3	52.3~64.0	0.925~0.965	100.5~13920.0	0.03~1.17	0.11	

为确定本区是否适合进行火驱开发进行了点火特性物理模拟实验研究。

1. 原油的加速量热实验（ARC）

1）实验目的

检验吉 7 井区原油氧化的绝热反应特性，测量了样品在不同温度下的升温速率及反应活化能。

2）实验条件

表 3-17 吉 7 原油样品的加速量热实验的条件

样品	原油/岩心样品量（g/g）	开口/闭口	初始实验压力（MPa）	实验温度（℃）	气体	模式	灵敏度（℃/min）	升温增量（℃）
吉 J7-1	0.992/0	闭口	19	50~550	空气	HWS	0.02	5
吉 J7-2	1.00/0	闭口	10	50~550	空气	HWS	0.02	5

实验设备采用加速量热仪 ARC。仪器检测升温速度的精度可达到 0.005℃/min，仪器可实现安全操作的最大实验压力为 40MPa。实验参数见表 3-17。

3）实验结果

评价了目标区块油样在 5MPa 下氧化的绝热反应特性，测量样品在不同温度下的升温速率及反应活化能。低温氧化阶段的样品反应活化能为 105.2kJ/mol。当反应温度达到 170 ℃时，样品氧化自加热的升温速率达到 0.02 ℃/min（图 3-71）。

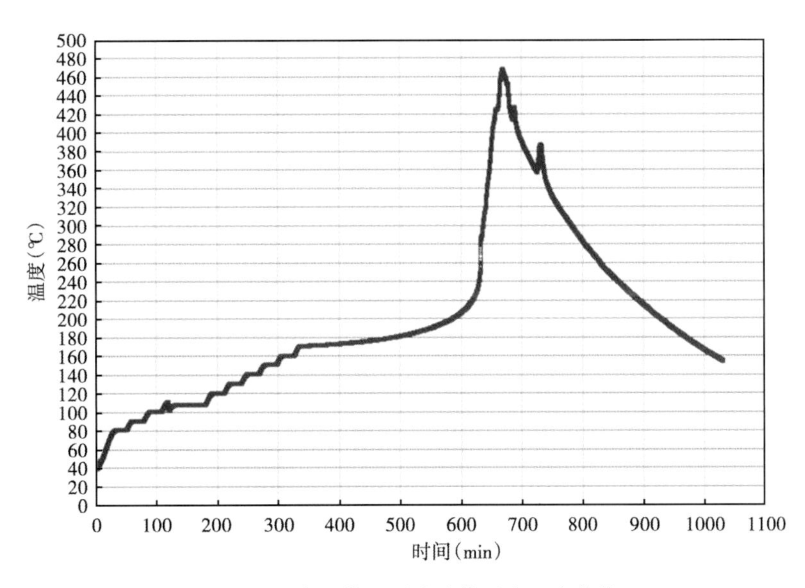

图 3-71 吉 7 井区原油绝热反应温度曲线

从实验样品的活化能及放热曲线的特性分析，吉 7 井区梧桐沟组的原油具有易于点燃的油品特征，且利于持续燃烧，如图 3-72 所示。

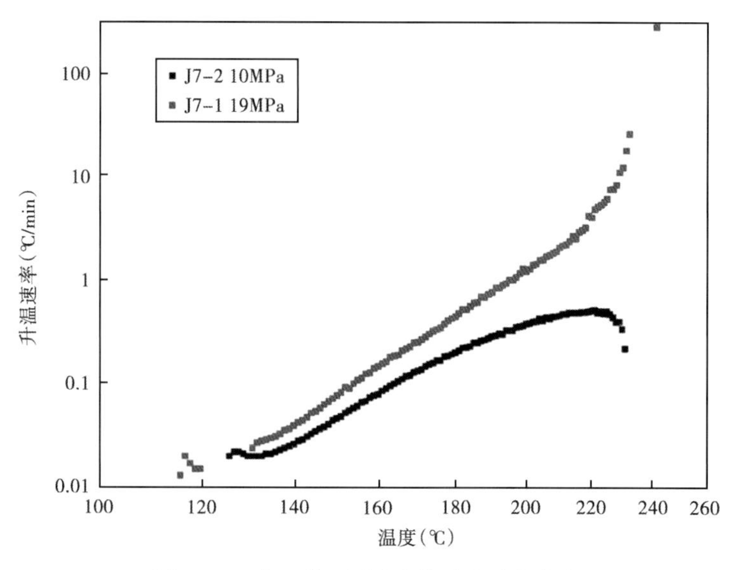

图 3-72　吉 7 井区原油绝热反应放热曲线

2. 原油低温耗氧实验

1）实验目的

测定吉 7 井区原油低温氧化特性，确定注空气泡沫替换氮气泡沫开发的可行性。

2）实验条件

实验设备采用 PVT 测量仪。分别测定了油层压力条件下，考虑 50℃和 100℃不同情况的吉 7 井区梧桐沟组原油的耗氧速率及二氧化碳生成情况。

3）实验结果

（1）原油与氧气发生低温氧化，耗氧速度快，二氧化碳生成量少。

在空气注入过程中，氧气基本消耗完，证明在不同温度下都可发生低温氧化反应，耗氧速率在 50℃、100℃的情况下差别不是很大，分别为 0.77、0.75V/V · d。但反应生成的二氧化碳数量较少，生成速率分别为 0.016、0.028V/V · d。说明原油在低温条件下的氧化反应以加氧反应为主（图 3-73、图 3-74）。

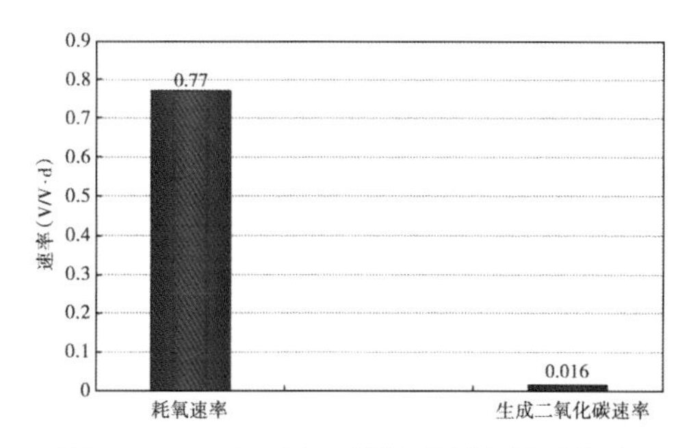

图 3-73　50℃时吉 7 原油的耗氧速率测定

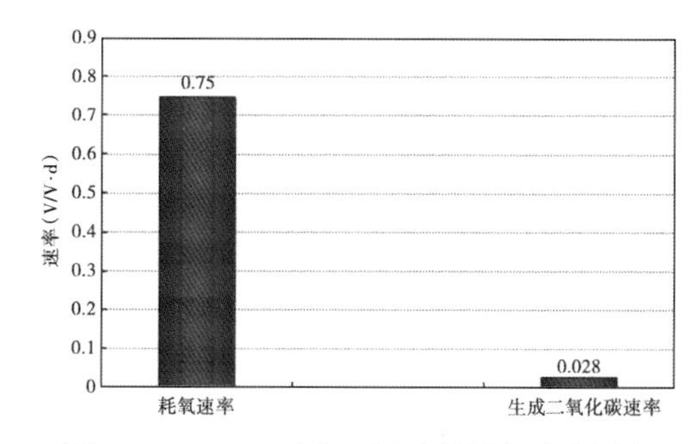

图 3-74　100℃时吉 7 原油的耗氧速率测定

（2）原油黏度发生一定幅度的增稠。

对比低温氧化反应前后的原油黏度，发现原油发生一定程度的增稠现象。测定低温氧化反应后的原油与原始脱气油相比，随着温度越高，黏度增加的比例越大（表3-18）。

表3-18 低温氧化前后原油黏度变化对比表

温度（℃）	剪切（1/s）	原油黏度（mPa·s）	空气氧化前原油黏度（mPa·s）	空气氧化原油黏度（mPa·s）	黏度比（氧化后/氧化前）
50	20	1538.0	1557.0	1802.0	1.16
60	100	729.3	715.2	851.4	1.19
70	200	402.5	379.6	450.2	1.19
80	200	220.1	218.2	231.5	1.06
90	250	139.5	135.4	163.3	1.21
100	250	87.6	86.2	113.2	1.31

第二节 混合驱替机理

一、均质油藏冷水转热水驱油机理

热水驱基本上是一种非混相驱替原油的驱油过程。相对于常规水驱，提高采收率的主要原因是提高地层温度降低原油黏度。

（1）降低黏度和流度比。升高温度一般会降低油水比，对于稠油该比值降低更加明显。贝克莱—列维勒特理论清晰表明，即使在含油饱和度和相对渗透率没有改变的情况下，升高温度也能引起水相前沿推进速度降低，提高水突破时原油采油率。

（2）残余油饱和度的变化及相对渗透率的改变。试验证明，当温度升高时，残余油饱和度明显降低。一般情况下，温度升高会引起相对渗透率向有利的方向改变。

（3）液体和岩石的热膨胀。蒸汽驱油一个突出的技术难题是被蒸汽降黏的原油不断聚集，地层中形成一个特殊的高含油饱和度“油带”。该“油带”向生产井流动过程中逐渐冷却，原油黏度升高，最终形成不流动油带，导致地层正常驱替渗流通道被堵塞，蒸汽驱方案以失败告终。热水驱对底层加热比较缓慢，热流通道不形成高含油饱和度油带，不会堵塞地层。近年来国内外利用热水驱在油层中建立正常的驱替油流和热流通道，然后逐步提高注入温度，由热水驱平稳过渡到蒸汽驱。因此，对于采出程度较低的稠油油藏，采油热水驱作为油藏热力驱的起点是稳妥的油田开发策略。

热水驱会使原油增产效果明显。乌津油田是苏联最大的油田之一，该油田油层多，储量性质变化大，非均质性十分严重，原油含蜡、胶质沥青质高，油层温度64℃，含油层位在1200~1800m，由于开始注冷水，使生产井的温度下降5~20℃，注冷水也造成了油井油层更快地水淹，降低了油田采收率。1970年开始向油田大规模注热水，1978年注热水量占累计注水量的14%，1979年注热水比例增加到31%，增产原油113.48×10^4t，热水驱油的工业性试验进入全油田实施热水驱的应用阶段，1982年全部开始注热水。

1. 实验方案

实验条件：

（1）原油：J1009 井原油（1972mPa·s）、吉 011 井原油（271mPa·s），具体用油见表 3-19；

（2）水：模拟地层水，矿化度 10000mg/L，$NaHCO_3$ 型；

（3）岩心：油藏各层位岩心，具体见表 3-19；

（4）温度：先 50℃驱替、一定阶段后再 80℃驱替；

（5）流量：0.05mL/min。

操作步骤：

（1）岩心切割、洗油；

（2）孔渗测试；

（3）岩心抽空饱和模拟地层水；

（4）50℃条件下定流量（0.05mL/min）油驱水建立束缚水，每次驱替 10PV 以上；

（5）50℃条件下定流量（0.05mL/min）水驱油，截止含水率达 90%以上转 80℃热水驱，截止含水率达 99.5%时停止实验，实验过程中记录不同时刻驱替压力、出水量、出油量。

表 3-19　冷水转热水驱油岩心及用油参数表

井号	岩心号	深度（m）	层位	长度（cm）	直径（cm）	孔隙度（%）	渗透率（mD）	原油
吉 003	19	1602.55	P_3wt_1	4.920	3.800	22.5	252.8	J1009 油
吉 002	28	1640.85	P_3wt_2	4.900	3.814	21.2	281.5	
吉 008	99-1	1607.41	P_3wt_1	5.195	2.520	21.5	275.7	吉 011 油
吉 003	39-1	1603.66	P_3wt_1	5.830	2.550	22.4	358.1	
吉 101	6	1365.67	P_3wt_2	6.888	3.800	20.3	103.4	

2. 实验结果分析

5 块岩心、2 种油样冷水转热水驱油实验结果如下。

（1）吉 7 井区冷水转热水驱后可有效降低含水率，原油黏度越高，转热水驱含水率下降越明显（转热水驱后 J1009 井原油含水率下降 16.5%，吉 011 井原油含水率下降 3.8%）（图 3-75）、改善驱油效果、提高最终采出程度 10.9%~18.8%，平均为 14.5%，转注效果好，

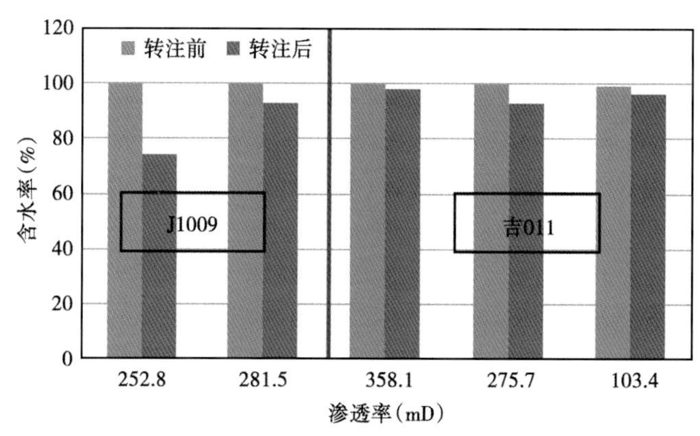

图 3-75　吉 7 井区原油转注前后含水率对比

适合转注（图 3-76），这可能由于转注热水后，原油黏度降低（原油黏度从 1972mPa·s 降到 265mPa·s），吸附在岩石孔壁上的油膜厚度降低，降低残余油饱和度，改善了开发效果。

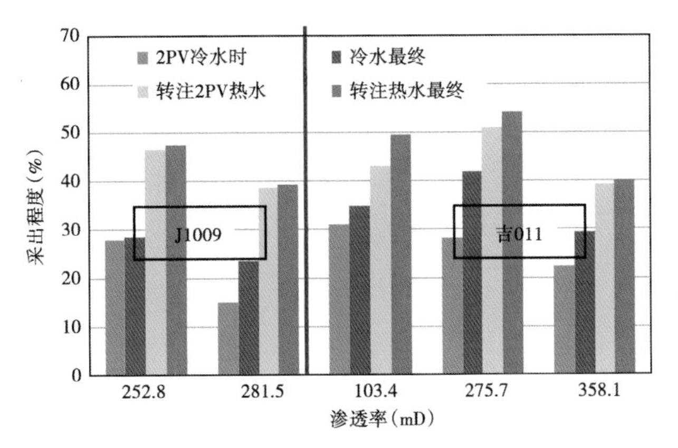

图 3-76 吉 7 井区原油转注前后驱油效果

（2）早期注入冷水 2PV 后继续注冷水采出程度变化不大（图 3-77），此时转注，平均可提高最终采出程度 18.7%（图 3-76），转注效果更好。

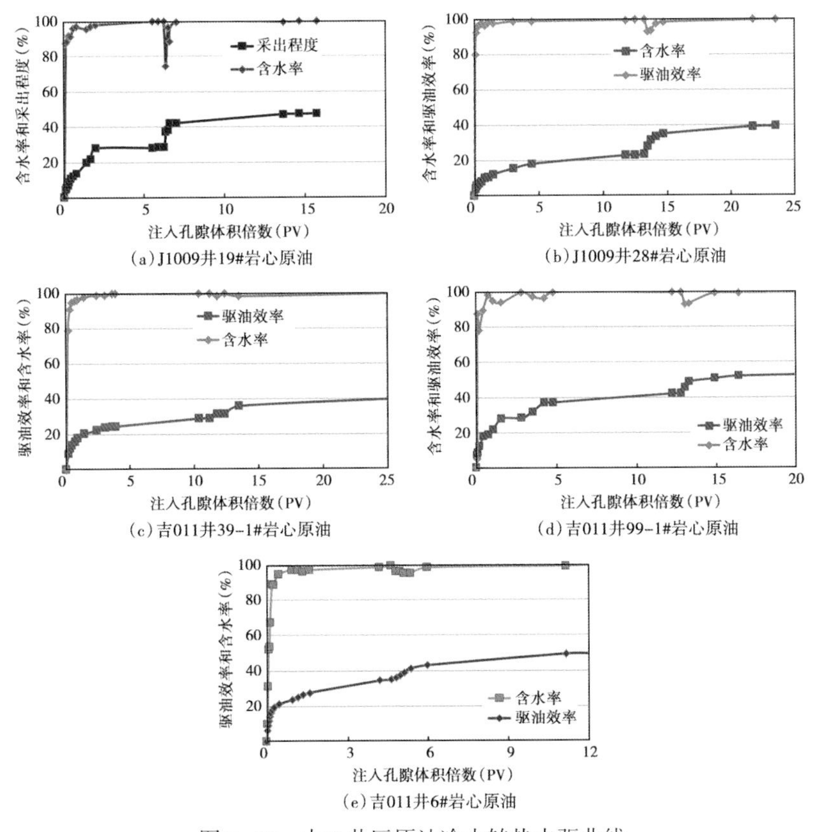

图 3-77 吉 7 井区原油冷水转热水驱曲线

（3）通过 J1009 井原油（50℃、1972mPa·s）冷水转热水驱和热水驱对比（图 3-78）可以看出，两种方式最终驱油效果相差不大（热水驱略好），因此，对于吉 7 井区黏度较高的原油，在目前不具备直接注热水条件下（此处的注热水指水注到储层时仍然为热水），可以考虑先常规注水开发，待时机成熟再转注热水驱，合理转注时机为注入冷水 0.8PV 时。

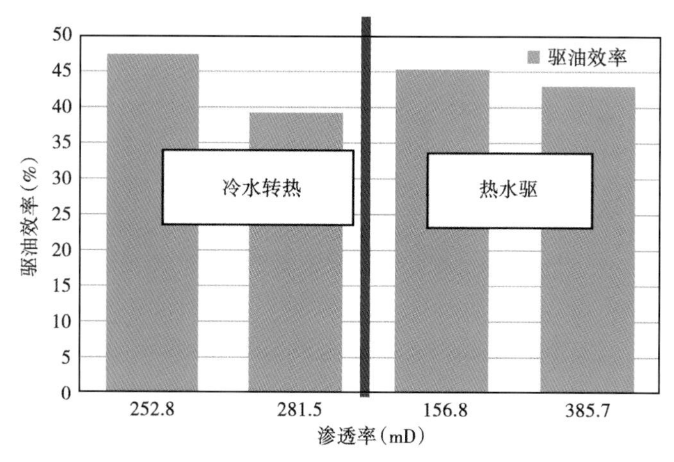

图 3-78　不同方式最终采出程度对比

二、水驱转二氧化碳驱油机理

中国陆上油田水驱采收率约为 33.6%，水驱过后仍有大量剩余油滞留在储层中。二氧化碳驱油能够大幅度提高原油采收率，并且能够有效实现二氧化碳地质埋存。因此，该技术逐渐受到油藏工作者的认可，但目前关于水驱油藏转注二氧化碳驱油技术的研究较少。

1. 均质油藏冷水转二氧化碳驱油机理

1）实验方案

实验条件：

（1）原油：J1009 井原油（1972mPa·s）和吉 011 井原油（271mPa·s）；

（2）水：模拟地层水，矿化度 10000mg/L，$NaHCO_3$ 型；

（3）岩心：油藏各层位岩心，具体见表 3-20；

（4）温度：50℃；

（5）流量：0.05mL/min。

操作步骤：

（1）岩心切割、洗油；

（2）孔渗测试；

（3）岩心抽空饱和模拟地层水；

（4）50℃条件下定流量（0.05mL/min）油驱水建立束缚水，每次驱替 10PV 以上；

（5）50℃条件下定流量（0.05mL/min）水驱油，截至含水率达 90%时以上转二氧化碳驱（出口加 17MPa 回压），注入 2PV 二氧化碳后停止实验，实验过程中记录不同时刻驱替压力、出水量、出油量。

表 3-20 冷水转热水驱岩心用油参数表

井号	岩心号	深度(m)	层位	长度(cm)	直径(cm)	孔隙度(%)	渗透率(mD)	原油
吉 003	17	1602.49	P_3wt_1	6.560	3.780	22.5	285	J1009 井原油
吉 101	7	1365.75	P_3wt_1	6.655	3.800	21.1	87.3	
J1015	107	1800.75	P_3wt_2	6.852	3.804	25.2	359	
吉 101	10	1366.02	P_3wt_1	7.010	3.800	19.2	155	
吉 002	30	1640.91	P_3wt_1	6.896	3.790	22.5	557	吉 011 井油
吉 003	24	1609.81	P_3wt_1	6.200	3.796	21.9	65	
吉 003	18	1602.52	P_3wt_1	5.480	3.800	22.2	186	
吉 002	33	1641.68	P_3wt_1	6.342	3.802	21.2	406	

2）实验结果分析

8 块岩心、2 种油样冷水转二氧化碳驱油实验结果如下。

（1）吉 7 井区冷水转二氧化碳驱后还可驱出一部分原油，采出程度由转注前的 26.1%~38.2%，提高到 34.1%~70.5%，采出程度提高了 8.0%~32.3%，平均提高 17.3%，转注效果较好（图 3-79），这可能与转注二氧化碳后，一方面通过溶解（使原油膨胀）和萃取作用驱替出一部分原油，另一方面，二氧化碳溶于原油中，降低原油黏度（理论计算，黏度可降低近 100 倍），油膜厚度变小，使得原来吸附在孔壁上的原油也被驱出来。

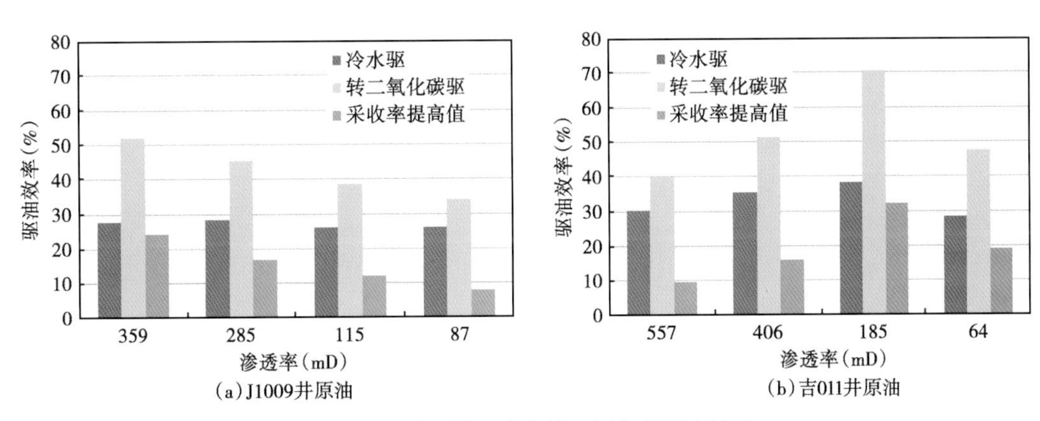

图 3-79 吉 7 井区冷水转二氧化碳驱油效果

（2）对比二氧化碳驱与冷水转二氧化碳驱可以看出，两者最终驱油效果相当，都在 50%左右，直接用二氧化碳驱油效果略好（图 3-80）。因此，对于吉 7 井区黏度较高的原油，在目前不具备直接注二氧化碳条件下（此处的注热水指水注到储层时仍然为热水），可以考虑先常规注水开发，待时机成熟再转注二氧化碳驱替。

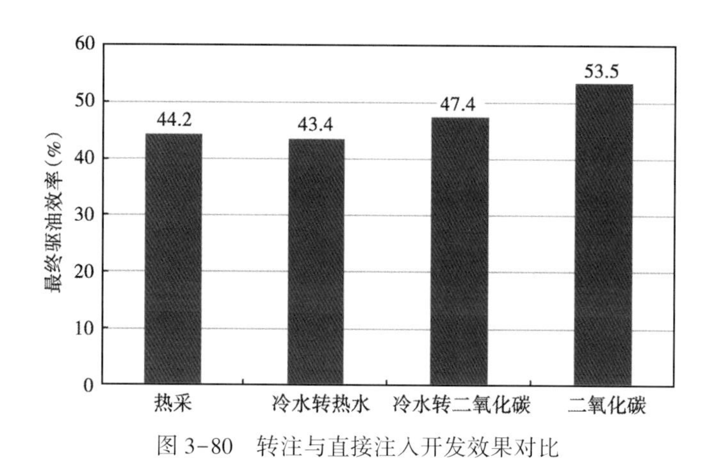

图 3-80　转注与直接注入开发效果对比

2. 均质油藏含防膨剂水转二氧化碳驱油机理

1）实验方案

实验条件：

（1）原油：J1009 井原油（1972mPa·s）和吉 011 井原油（271mPa·s）；

（2）水：含防膨剂的水，矿化度 2800mg/L，NaCl 型，0.2%的防膨剂量；

（3）岩心：油藏各层位岩心，具体见表 3-21；

（4）温度：50℃；

（5）流量：0.05mL/min。

操作步骤：

（1）岩心切割、洗油；

（2）孔渗测试；

（3）岩心抽空饱和模拟地层水；

（4）50℃条件下定流量（0.05mL/min）油驱水建立束缚水，每次驱替 10PV 以上；

（5）50℃条件下定流量（0.01mL/min）水驱油，截至含水率达 90%时以上转二氧化碳驱（入口加 17MPa 回压），注入 2PV 二氧化碳后停止实验，实验过程中记录不同时刻驱替压力、出水量、出油量。

表 3-21　含防膨剂水驱转二氧化碳驱岩心参数表

井号	岩心号	深度（m）	层位	长度（cm）	直径（cm）	孔隙度（%）	渗透率（mD）
吉 003	18	1602.52	P_3wt_1	5.48	3.800	22.24	185.92
吉 003	24	1609.81	P_3wt_1	6.200	3.796	22.8	65.04
吉 008	113	1567.35	P_3wt_2	7.362	3.695	25.4	151.60
吉 008	114	1567.66	P_3wt_2	4.634	3.78	25.3	93.20

2）实验结果分析

4块岩心、2种油样含防膨剂转二氧化碳驱油实验结果表明：

（1）吉7井区含防膨剂水转二氧化碳驱采出程度由转注前的28.9%～35.4%，提高到44.3%～48.6%，采出程度提高了12.2%～16.7%，平均提高14.7%，即使先期采用低矿化度的含防膨剂水驱，后期转二氧化碳驱仍能取得较好的驱油效果（图3-81）。

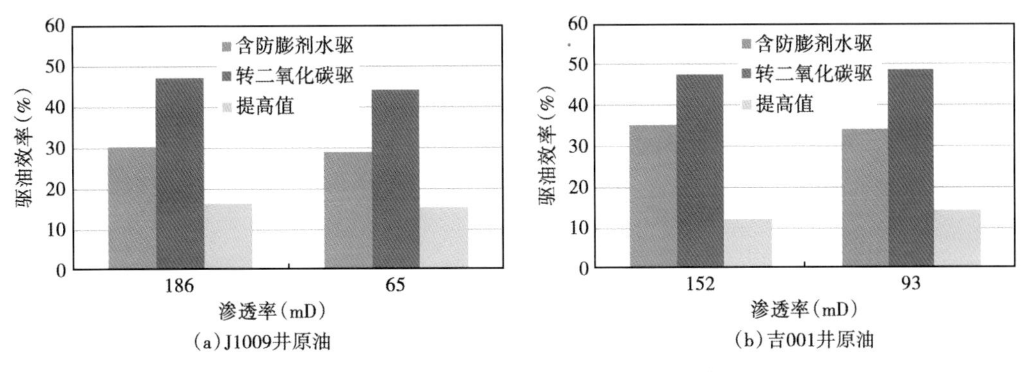

图3-81 吉7井区冷水转二氧化碳驱油效果

（2）对比二氧化碳驱替、冷水转二氧化碳驱替与含防膨胀剂水转二氧化碳驱替可以看出，三者最终采出程度都在50%左右，直接二氧化碳驱油效果略好（图3-82），冷水（按地层水的矿化度10000mg/L配置）转二氧化碳驱和含防膨胀剂水（矿化度3000mg/L）与转二氧化碳驱效果相当。近年来，国内外专家提出的适合稀油油藏二氧化碳混相驱的油藏筛选标准，尽管油藏参数取值范围不尽相同，但相对取值趋势相同，且存在有一定的取值界限见表3-22。准噶尔盆地前期所应用的二氧化碳驱油藏筛选方法和标准，与近年来国内外二氧化碳驱油与埋存的油藏筛选标准统一起来建立稠油油藏二氧化碳驱筛选标准见表3-22、表3-23。

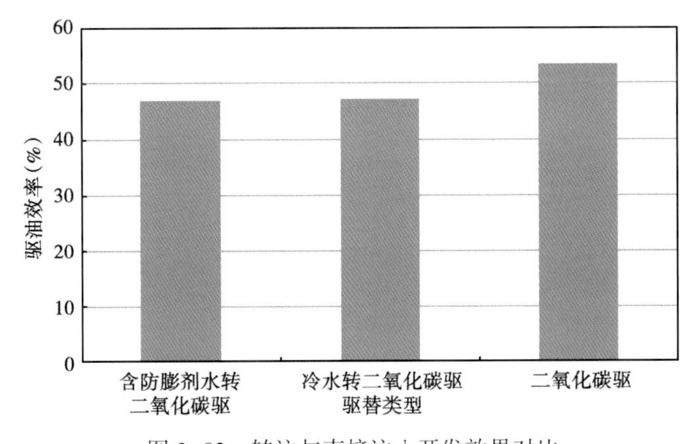

图3-82 转注与直接注入开发效果对比

表 3-22　世界通用适合二氧化碳开发油藏筛选标准

<table>
<tr><th>油藏参数</th><th>Carcoana
1982</th><th>Taber
1983</th><th>Klins
1984</th><th>任韶然
2008</th><th>赵福麟
2001</th><th>S. Bach
2004</th><th>“九五”
1991</th><th>李世伦
1997</th><th>新疆油田
2010</th></tr>
<tr><td rowspan="4">地面原油密度（g/cm^3）</td><td rowspan="4"><0. 8227</td><td rowspan="4"><0. 8948</td><td rowspan="4"><0. 8762</td><td rowspan="4">0. 9218~0. 7587</td><td rowspan="4">0. 9218</td><td rowspan="4">0. 8924~0. 7883</td><td rowspan="4"><0. 9042</td><td>0. 9218~0. 8871</td><td><0. 9218</td></tr>
<tr><td>0. 8871~0. 8654</td><td></td></tr>
<tr><td>0. 8654~0. 8227</td><td></td></tr>
<tr><td><0. 8227</td><td></td></tr>
<tr><td rowspan="4">原油重度（°API）</td><td rowspan="4">>40</td><td rowspan="4">>26</td><td rowspan="4">>30</td><td rowspan="4">22~55</td><td rowspan="4">>22</td><td rowspan="4">27~48</td><td rowspan="4">>25</td><td>22~27. 9</td><td rowspan="4">>22</td></tr>
<tr><td>28~31. 9</td></tr>
<tr><td>32~39. 9</td></tr>
<tr><td>>40</td></tr>
<tr><td rowspan="4">深度（m）</td><td rowspan="4"><3000</td><td rowspan="4">>700</td><td rowspan="4">>914</td><td rowspan="4">600~3500</td><td rowspan="4">>762</td><td rowspan="4"></td><td rowspan="4"></td><td>>1219</td><td rowspan="4">>600</td></tr>
<tr><td>>1006</td></tr>
<tr><td>>853</td></tr>
<tr><td>>762</td></tr>
<tr><td>压力（MPa）</td><td>>8. 3</td><td></td><td>>10. 3</td><td></td><td></td><td>>7. 5</td><td>>MMP</td><td></td><td>>7. 5</td></tr>
<tr><td>温度（℃）</td><td><90</td><td></td><td></td><td><120</td><td></td><td>32~120</td><td></td><td></td><td>32~120</td></tr>
<tr><td>黏度（mPa·s）</td><td><2</td><td><15</td><td><12</td><td><188</td><td><10</td><td></td><td></td><td><10</td><td><188</td></tr>
<tr><td>渗透率（mD）</td><td>>1</td><td></td><td></td><td>>5</td><td></td><td></td><td></td><td></td><td>>1</td></tr>
<tr><td>原油饱和度</td><td>>0. 30</td><td>>0. 30</td><td>>0. 25</td><td>0. 28~0. 64</td><td>>0. 20</td><td>>0. 25</td><td></td><td>>0. 20</td><td>>0. 20</td></tr>
</table>

表 3-23　准噶尔盆地稠油油藏二氧化碳驱筛选标准

油藏参数	准噶尔盆地采用
油藏压力（MPa）	>7. 5
油藏埋深（m）	686~1037
油藏温度（℃）	48~60
原油黏度（mPa·s）	<592
密度（g/cm^3）	0. 92~0. 97
孔隙度（%）	14~33

三、水驱转氮气泡沫驱油机理

氮气泡沫驱是油田开发后期提高采收率的一项有效方法，是非均质油藏开发中后期提高采收率的有效途径，泡沫驱提高采收率机理有以下几点：

（1）发泡剂本身是一种活性很强的阴离子型表面活性剂，能较大幅度降低油水界面张力，改善岩石表面润湿性，使原来呈束缚状的油通过油水乳化、液膜置换等方式成为可流动的油；

（2）通过贾敏效应的叠加，泡沫流动需要较高的压力梯度，从而能克服岩石孔隙的毛细管作用力，把小孔隙中的油驱出；

（3）当泡沫干度在一定范围内时（54%~74%）其黏度大大高于基液的黏度，改善了驱替液与油的流度比，提高波及系数；

（4）泡沫具有“遇油消泡、遇水稳定”的性能，消泡后其黏度降低，不消泡时其黏度不降，从而起到堵水不堵油的作用，提高了驱油效率；

（5）泡沫的黏度随剪切速率的增大而减小，它在高渗透层（即大孔道）中的黏度大，在低渗透层（小孔道）中的黏度小，从而具有“堵大不堵小”的功能，提高采收率。

在以上各个因素综合作用下，导致泡沫在高、低渗透率油层内均匀推进，并由于乳化和降低界面张力的作用使泡沫驱油能大幅度提高采收率。

1. 实验目的

本实验的目的是利用长岩心双管模型装置，采用真实油层岩心及原油，分别在55℃和150℃下，进行水驱转氮气泡沫驱实验，考察在这两个温度下，利用所选择的泡沫剂能否使注入介质发生有效转向，从而达到提高波及体积和最终采收率，评价吉008块开展热水（蒸汽）+氮气泡沫驱的可行性。

2. 实验装置

实验装置为高温高压长岩心双管模型驱替装置，岩心夹持器为三维轴向加压模型，其流程如图3-83所示，全部实验都是在恒温条件下，用恒速驱替法进行，压力由压力调节器保持一定。整个驱替系统主要包括5个部分组成：（1）双管物理模型；（2）蒸汽发生器；（3）温度和压力控制系统；（4）生产控制和样品采集系统；（5）数据控制与采集系统。

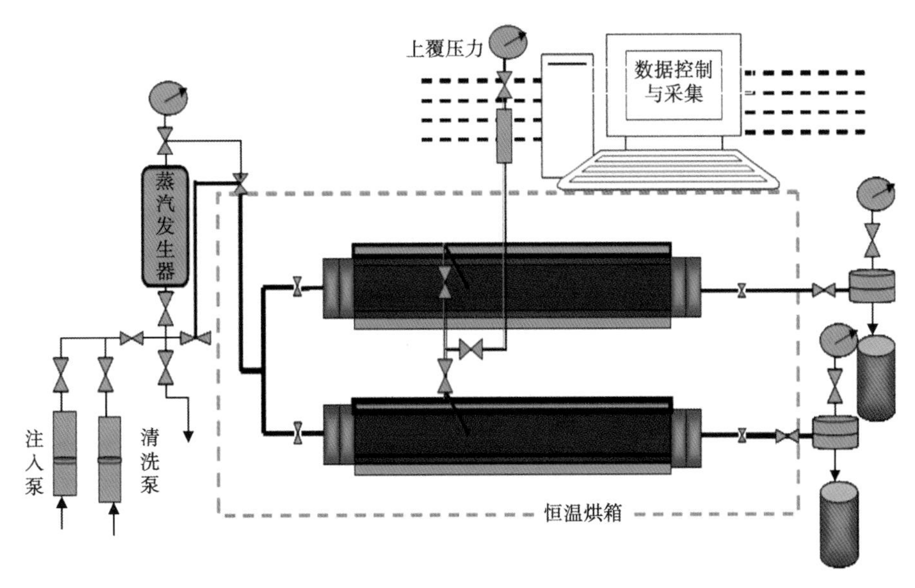

图3-83 氮气泡沫驱双管实验装置流程示意图

为了能够模拟油层的非均质性，实验采用实际岩心，选择两种级别，渗透率级控制在10左右，两个岩心平行放置。实验用岩心分别取自J1025井岩心和吉008井两口井，短块岩心，双管模型岩心参数见表3-24。

实验用原油为昌吉油田吉8井原油，实验用水为根据根据油藏实际地层水资料配制的模拟地层水，水型为$NaHCO_3$型，总矿化度为：8816.14mg/L。实验用泡沫剂为中国石油勘探开发研究院油田化学所提供的高温泡沫剂，型号为：GFPJ-10。

表3-24 双管模型参数

岩心号	样品号	长度（cm）	直径（cm）	孔隙度（%）	气测渗透率（mD）
低渗透层 吉008井	008-3	8.33	2.51	24.95	67.15
	008-10	8.13	2.51	23.90	44.46
	008-11	7.13	2.51	23.84	20.65
	008	6.86	2.50		27.38
高渗透层 J1025井	027	7.02	2.51		198.22
	028	8.58	2.50		171.76
	031	7.91	2.51	23.56	210.51
	033	7.52	2.52		207.48

3. 热采开发基础实验

1）*岩石热物性参数测定*

在编制热采开发方案、预测热采开发动态、计算热采采收率及选定井筒隔热方案等实际工作问题时，需要解决井筒及油层传热的有关问题，必须要知道油藏地层岩石及流体系统的热特性。如计算井筒热损失、井底干度及套管温度、井筒周围沿深度变化的地层导热率、计算油层热损失、温度场分布、加热带的扩展及加热效率、油层中岩石及顶底层的导热率、热容量、热扩散系数、比热等热参数。

针对昌吉油田吉7井区梧桐沟组油藏两块岩心进行热参数测试，结果见表3-25。

表3-25 昌吉油田吉7井区热物性参数测定结果

油样编号	热参数值				
	导热系数（W/m·K）	比热（J/g·K）	密度（kg/m^3）	热扩散系数（m^2/s）	热容量（$J/m^3·K$）
3-6/36	1.29	0.846	2234.49	0.708×10^{-6}	1.82×10^{6}
4-27/30	1.17	0.841	2299.52	0.628×10^{-6}	1.86×10^{6}

2）*油层条件下改善原油流动能力的实验*

如何有效改善吉7井区梧桐沟组油藏油层条件下的原油流动问题？如何针对不同地质和流体条件，优选相适应的、经济有效的开发方式？成为本区实现规模开发的当务之急。

评价稠油黏度在某一温度区内其黏度和温度关系，是稠油重要的热物理特性，也是热力采油的基本依据。本次基础热采实验针对吉 7 井区原油，测定其黏度随温度的变化关系，指导该区合理开发方式及热采适宜温度的选取，测定结果见表 3-26、图 3-84。

昌吉油田吉 7 井区普通稠油，其地面脱气原油黏度对温度比较敏感，温度升高，原油黏度大幅度降低，地下流动能力得到极大改善。

表 3-26 原油热力降黏能力评价——黏温关系测定结果

温度（℃）	吉 008 井		吉 006 井	
	黏度（mPa·s）	油水黏度比	黏度（mPa·s）	油水黏度比
50	1538	2799	491.8	895
55	1072	2142	355.6	710
60	729	1551	265.6	565
70	402.1	990	166.1	409
80	240.0	676	105.2	296
90	148.7	472	72.4	230
100	102.3	362	49.4	175
120	48.2	203	26.1	110
150	21.3	114	12.7	68
200	8.2	60	5.23	38
250	4.15	39	2.76	26
300	2.60	28.5	1.87	20.5

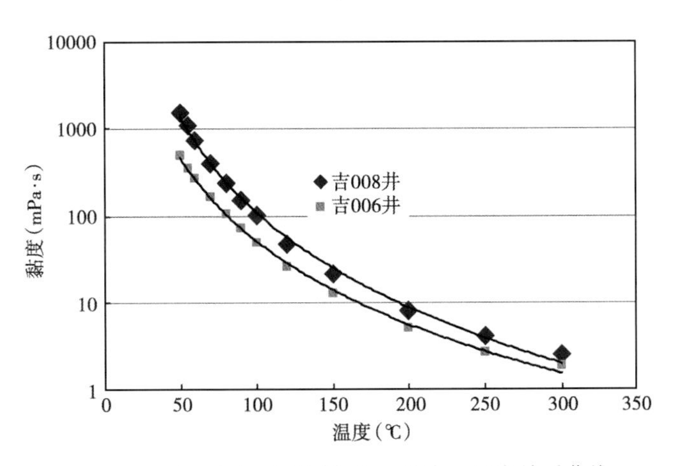

图 3-84 吉 7 井区地面脱气原油黏度—温度关系曲线

3）高温相对渗透率测试

在热水驱提高采收率中，除了原油黏度下降及热膨胀作用外，还存在由于提高油层温度对油、水相对渗透率及残余油饱和度和束缚水饱和度所引起的变化。相对渗透率可以提供油藏中各相渗流特征的基本描述，渗流特征对采油速度和开采期限将产生很大影响。

针对3种渗透率（50mD、100mD、200mD）的岩心，分别开展50℃、100℃、150℃、200℃条件下的油—水相对渗透率测定和200℃蒸汽条件下油—汽相对渗透率测定，共完成15组实验，其测定结果见表3-27至表3-29和图3-85至图3-88。

表3-27 吉7井区高温油—水、油—汽相对渗透率测试结果（岩心 K_a=56.38mD）

驱替方式	饱和度（%）			
	S_{wi}	S_{oi}	S_{or}	S_g
50℃水驱	0.364	0.636	0.313	
100℃水驱	0.397	0.603	0.270	
150℃水驱	0.420	0.580	0.247	
200℃水驱	0.463	0.537	0.204	
200℃蒸汽驱	0.466	0.534	0.157	0.377

表3-28 吉7井区高温油—水、油—汽相对渗透率测试结果（岩心 K_a=126.54mD）

驱替方式	饱和度（%）			
	S_{wi}	S_{oi}	S_{or}	S_g
50℃水驱	0.367	0.633	0.311	
100℃水驱	0.401	0.599	0.271	
150℃水驱	0.428	0.572	0.243	
200℃水驱	0.473	0.527	0.207	
200℃蒸汽驱	0.476	0.524	0.156	0.368

表3-29 吉7井区高温油—水、油—汽相对渗透率测试结果（岩心 K_a=224.98mD）

驱替方式	饱和度（%）			
	S_{wi}	S_{oi}	S_{or}	S_g
50℃水驱	0.369	0.631	0.318	
100℃水驱	0.408	0.592	0.271	
150℃水驱	0.440	0.560	0.241	
200℃水驱	0.454	0.546	0.208	
200℃蒸汽驱	0.462	0.538	0.152	0.386

根据实验结果得到以下认识：

（1）温度升高，岩心的束缚水饱和度增大，岩心润湿性发生改变，逐渐向水湿方向转变，水驱岩心的残余油饱和度降低，在同一含水饱和度下，油相渗透率明显增大，而水相渗透率变化不明显；

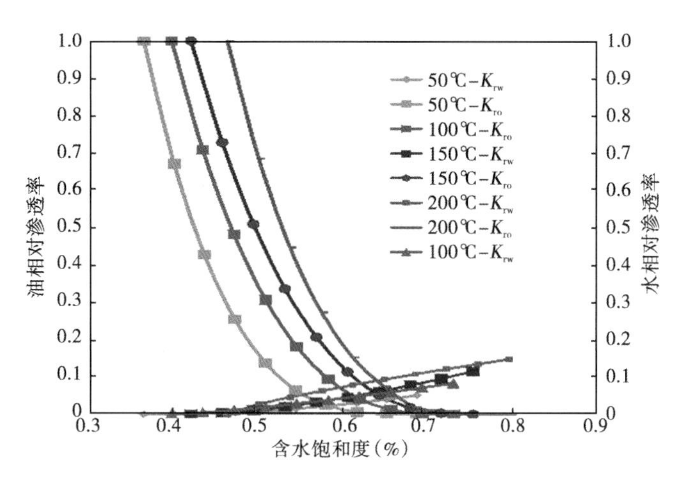

图 3-85 不同温度油—水相对渗透率曲线（K_a=56.38mD）

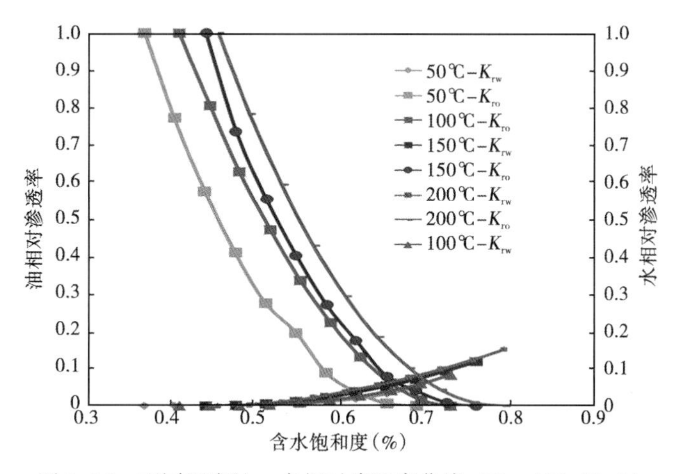

图 3-86 不同温度油—水相对渗透率曲线（K_a=126.54mD）

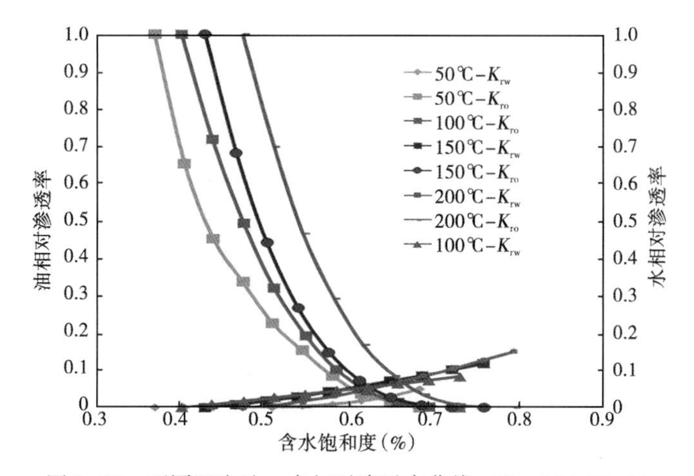

图 3-87 不同温度油—水相对渗透率曲线（K_a=224.98mD）

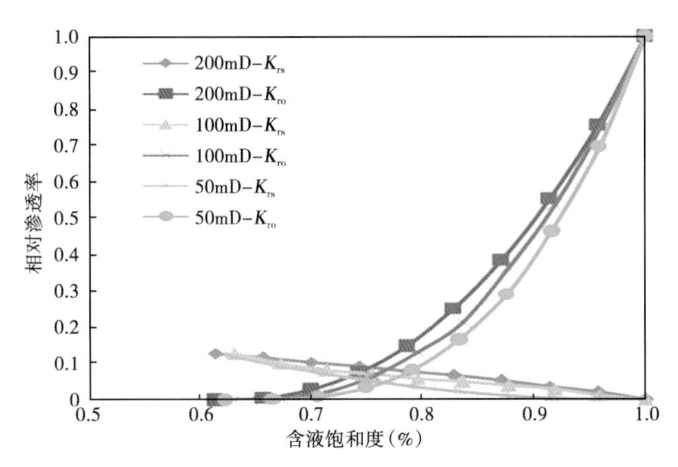

图 3-88　不同渗透率岩心 200℃蒸汽下油汽相对渗透率曲线

(2) 对于 50mD、100mD 和 200mD 这 3 种岩心渗透率，水驱油相对渗透率的端点值及形状差异不大；

(3) 在相同温度下，蒸汽驱的残余油饱和度比热水驱的残余油饱和度低约 5%。这主要是蒸汽蒸馏的作用，蒸汽的蒸馏作用引起油被剥蚀，使油从死孔隙向连通孔隙转移，增加了驱油的效率；

(4) 对于油—汽系统，渗透率增加，油相相对渗透率和汽相相对渗透率都稍有增加，表明渗透率增加，油和蒸汽的流动能力同时得到改善，表明蒸汽改善驱油的能力要好于同温度热水。

4) 不同驱替介质的驱油效率

对热采开发的油藏，由于注入的热量，引起原油及岩石等物性发生变化，测定不同驱替条件下的驱油效率显得尤为重要，准确测定高温水驱油及蒸汽驱油的驱油效率，对正确描述油藏开发动态至关重要。

本实验采用一维模型、吉 7 井区的真实油藏岩心及原油，开展了 50℃、100℃、150℃、200℃条件下的水驱油效率和 200℃条件下蒸汽驱油效率的测定，实验用注入水按照实际地层水资料进行配制，共完成 15 组实验，其结果见表 3-30 至表 3-32，图 3-89 至图 3-94。

表 3-30　不同温度下水驱、蒸汽驱驱油效率实验结果（K_a=56.38mD）

序号	驱替方式	原始含油饱和度(%)	残余油饱和度(%)	驱油效率(%)	最终驱替注入孔隙体积倍数
1	50℃水驱	63.56	31.27	50.81	27.77
2	100℃水驱	60.59	27.00	52.23	17.32
3	150℃水驱	57.51	24.68	57.08	14.97
4	200℃水驱	53.69	20.36	62.07	14.39
5	200℃蒸汽驱	53.16	15.75	70.37	10.67

表 3-31 不同温度下水驱、蒸汽驱驱油效率实验结果（K_a=126.54mD）

序号	驱替方式	原始含油饱和度（%）	残余油饱和度（%）	驱油效率（%）	最终驱替注入孔隙体积倍数
1	50℃水驱	63.41	31.78	49.9	17.87
2	100℃水驱	58.86	27.29	54.72	15.32
3	150℃水驱	55.69	24.30	56.37	13.80
4	200℃水驱	54.66	20.71	62.10	13.61
5	200℃蒸汽驱	53.75	15.64	70.90	8.95

表 3-32 不同温度下水驱、蒸汽驱驱油效率实验结果（K_a=224.98mD）

序号	驱替方式	原始含油饱和度（%）	残余油饱和度（%）	驱油效率（%）	最终驱替注入孔隙体积倍数
1	50℃水驱	63.12	31.13	50.67	16.59
2	100℃水驱	59.54	27.08	54.52	15.65
3	150℃水驱	56.60	24.07	57.48	13.72
4	200℃水驱	54.66	20.75	62.03	13.19
5	200℃蒸汽驱	53.87	15.20	71.79	9.72

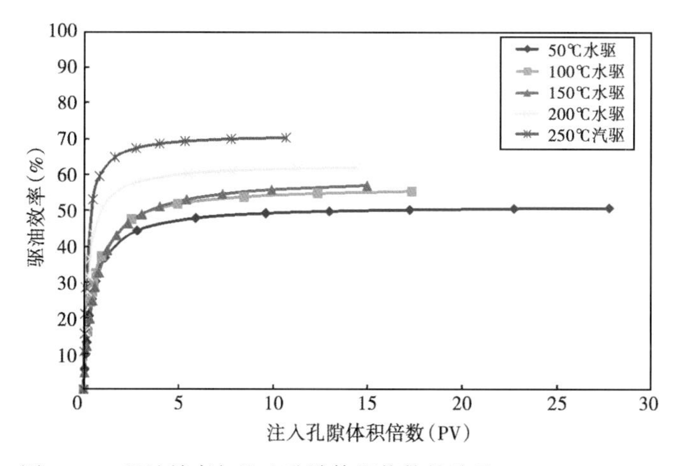

图 3-89 驱油效率与注入孔隙体积倍数的关系（K_a=56.38mD）

从驱油效率测定结果可以看出：

（1）水驱从 50℃升至 200℃，温度提高 150℃，驱油效率提高 11.26%～12.20%，残余油饱和度降低了 10.38%～11.07%。200℃蒸汽驱的驱油效率比 200℃热水驱提高 8.8%～9.76%；

（2）从实验使用的岩心渗透率（50mD、100mD 和 200mD）来看，渗透率变化对驱油效率影响不大。

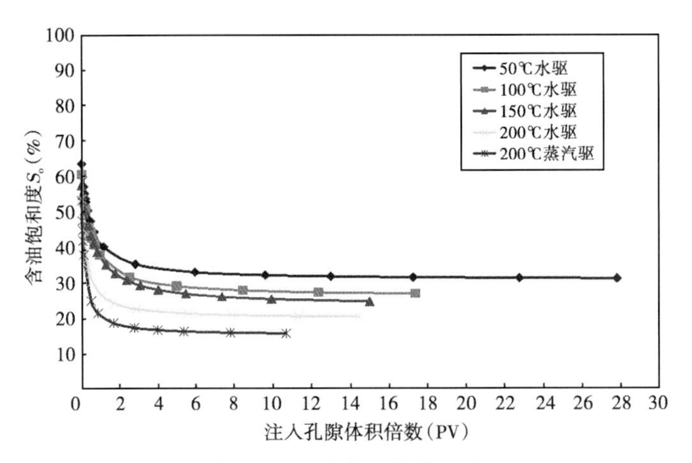

图 3-90 含油饱和度与注入孔隙体积倍数的关系（K_a=56. 38mD）

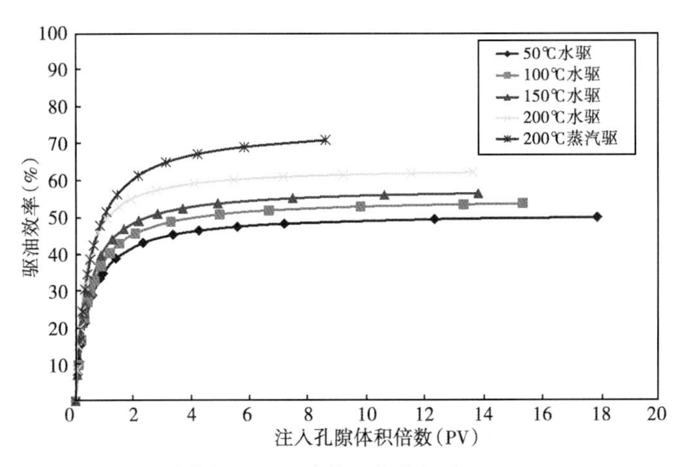

图 3-91 驱油效率与注入孔隙体积倍数的关系（K_a=126. 54mD）

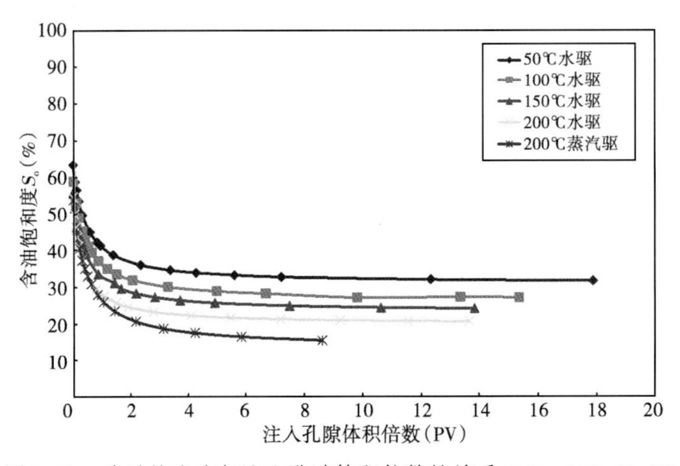

图 3-92 含油饱和度与注入孔隙体积倍数的关系（K_a=126. 54mD）

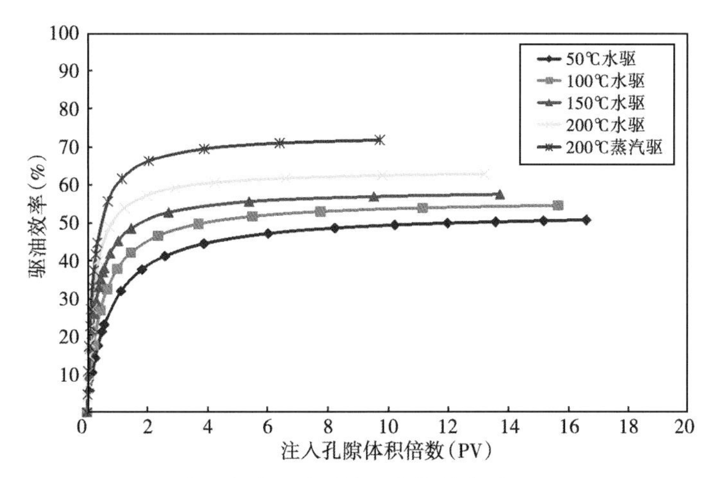

图 3-93 驱油效率与注入孔隙体积倍数的关系（K_a=224.98mD）

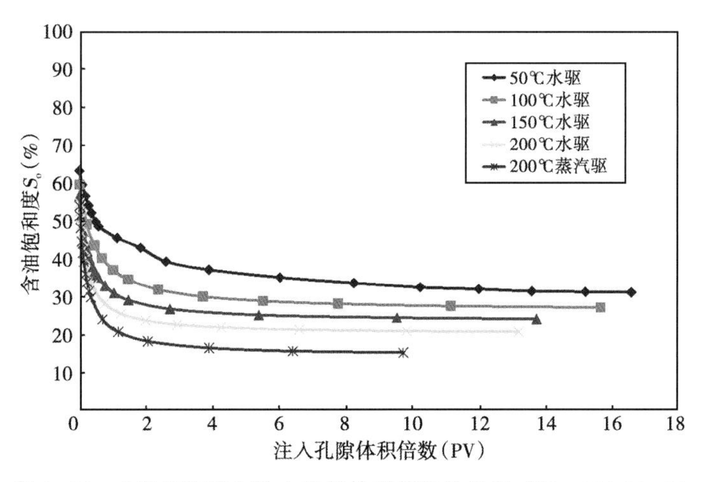

图 3-94 含油饱和度与注入孔隙体积倍数的关系（K_a=224.98mD）

5）氮气泡沫段塞驱提高驱油效率实验

为了寻找适宜的开发方式，并为数值模拟研究提供参数，开展了不同温度水驱转氮气泡沫驱实验，研究不同温度水驱转氮气泡沫驱提高驱油效率情况及所选择的泡沫剂能否使注入介质有效发生转向，从而达到提高波及体积和最终采收率，评价吉 8 井断块开展热水驱+氮气泡沫驱的可行性。

（1）泡沫的筛选评价研究。

①高温泡沫剂静态性能评价。

发泡性和泡沫稳定性。选择 6 种泡沫剂，分别对它们的发泡体积及泡沫半衰期进行了测定，见表 3-33，根据泡沫的发泡性和稳定性可以初步看出：INTEL-2、NVF 和 GFPJ-10 具有较好的发泡性和稳定性。

表 3-33　泡沫剂的发泡能力及稳定性（蒸馏水、常温常压、浓度 0.5%）

泡沫剂	发泡体积（mL）	半衰期（min）
INTEL-2	550	78
HR9803	450	30
BPH-3	270	50
DS1015	320	39
NFV	530	150
GFPJ-10	720	400

泡沫剂与地层水的配伍性（耐盐性）。从不同泡沫剂与地层水配伍性的实验结果可以看出（表 3-34）：ⓐ地层水对 INTEL-2 的发泡性和泡沫的稳定性是有利的；ⓑ地层水对 HR9803 的发泡性是有利的，而对泡沫的稳定性是不利的；ⓒ地层水对 BPH-3 性能影响不大；ⓓ地层水对 NVF 和 GFPJ-10 的性能有一定不利影响，但都不是十分剧烈。

表 3-34　泡沫剂与地层水的配伍性实验结果（常温常压、浓度 0.5%）

条件项目 / 泡沫剂	蒸馏水		地层水	
	发泡体积（mL）	半衰期（min）	发泡体积（mL）	半衰期（min）
INTEL-2	550	78	575	80
HR9803	450	30	550	25
BPH-3	270	50	625	40
DS1015	320	39	280	35
NFV	530	150	480	135
GFPJ-10	720	400	700	380

热稳定性。在 200℃、300℃条件下热老化 72 小时后，泡沫剂的发泡体积都有不同程度的减小，但对其产生的泡沫的稳定性没有明显影响（表 3-35）。

表 3-35　泡沫剂热稳定性评价结果（泡沫剂用地层水配制，浓度 0.5%，72h）

泡沫剂	温度（℃）	发泡体积（mL）	半衰期（min）
NFV	200	440	130
	300	390	125
INTEL-2	200	550	75
	300	535	72
GFPJ-10	200	685	400
	300	700	380

综合静态评价结果认为：NVF 和 GFPJ-10 两种泡沫剂具有较好的发泡性、稳定性、热稳定性及与地层水的配伍性。然后，利用岩心驱替装置对这两种泡沫剂进行动态性能评价（阻力因子测定）。

（2）泡沫剂的动态性能评价（阻力因子测定）。

动态评价采用的实验装置为一维单管模型。实验岩心长 30.0cm，直径为 3.0cm，孔隙度为 27.6%，水相渗透率为 593.6mD。评价参数主要是泡沫的阻力因子，阻力因子太小，泡沫起不到扩大波及体积、调剖的作用；阻力因子太大，泡沫剂黏度过高，难以注入。

气液比对泡沫阻力因子的影响：评价温度 150℃ 和 200℃，系统压力 3.0MPa，泡沫剂（GFPJ-10）浓度 0.5%，气液比分别选择了 1:3、1:2、1:1 和 2:1，实验结果如图 3-95 所示。可以看出：在对比研究的气液比范围内，阻力因子随气液比的增大而增大，当气液比大于 1:1以后，再增加注气量，150℃ 和 200℃ 这两种条件下的泡沫阻力因子增加幅度都很小；从不同温度的阻力因子来看，200℃ 条件下泡沫的阻力因子是 150℃ 条件下的 1/2~1/4，因此过高的温度只能降低泡沫的性能。建议使用泡沫的气液比介于 1:1~2:1 之间，同时成泡的温度也不宜过高。

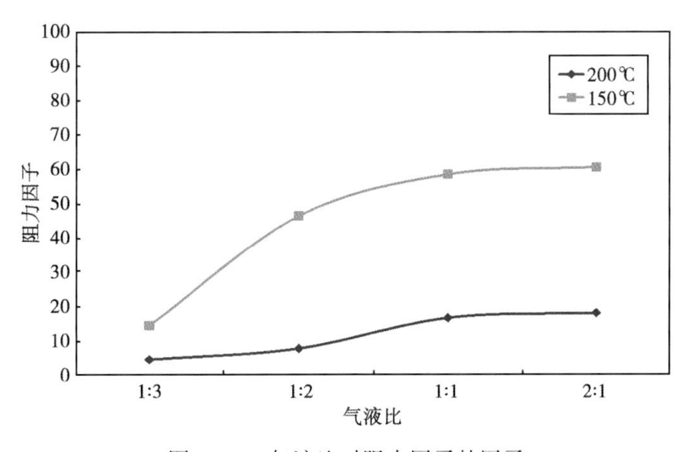

图 3-95 气液比对阻力因子的因子

泡沫剂浓度对阻力因子的影响：泡沫剂浓度优选实验考虑了 150℃ 和 200℃ 条件，系统压力 3.0MPa，气液比为 1:1。泡沫剂浓度分别为 0.1%、0.2%、0.3%、0.4%、0.5%、1.0%，GFPJ-10 泡沫剂动态评价实验结果如图 3-96 所示。可以看出：

（a）在 150℃ 下，当泡沫剂浓度大于 0.2%时，阻力因子大于 4；随着浓度的逐渐增大，产生泡沫的阻力因子迅速升高；而当浓度达到 0.5%后，阻力因子为 44.5，继续增加浓度，泡沫的阻力因子升高的幅度又逐渐减小；

温度升至 200℃ 时，当泡沫剂浓度大于 0.3%时，阻力因子大于 4；而当浓度达到 0.5%后，阻力因子为 16.7，随着浓度的继续增大，泡沫的阻力因子变化幅度减小。

综合以上研究成果，建议：

（a）现场应用时泡沫剂的浓度应选择 0.3%~0.5%；

（b）建议采用套管环空注入氮气，油管注泡沫液，在井底油层中发泡。

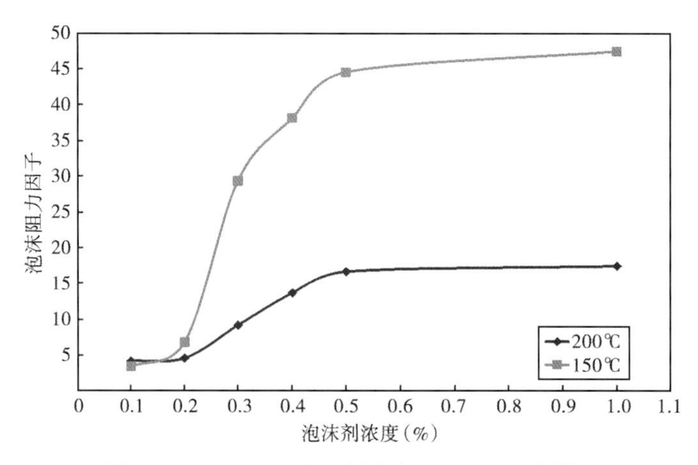

图 3-96　GFPJ-10 泡沫剂浓度对阻力因子的影响

GFPJ-10 型泡沫剂简介：GFPJ-10 高温泡沫剂是中国石油勘探院在公司科研攻关课题“稠油开采高温防窜化学剂的研究”（2005—2008）及“稠油蒸汽驱调剖调驱技术研究与应用”（2009—2012）两个项目的资助下研制完成的。该高温泡沫剂是一种由多种表面活性剂组成的化学产品，该产品的主要成分是长链烷基苯磺酸盐和非离子—阴离子磺酸盐类及耐高温稳定剂。现场应用结果表明，该产品不会给油井以及油田环境带来污染。

（2）一维长岩心驱油效率实验

本实验利用一维长岩心驱替模型，采用吉 8 井断块 J1025 井岩心，用 4 块渗透率相近的短岩心相接，长度 30.8cm，K_a = 110mD，原油为油藏实际原油，实验用注入水为根据油藏实际地层水资料配制的盐水，总矿化度 8816.14mg/L，水型为 $NaHCO_3$ 型。实验用泡沫剂为中国石油勘探开发研究院油田化学所提供的高温泡沫剂，型号 GFPJ-10。

实验分别测定了 55℃、150℃条件下水驱转氮气泡沫驱的驱油效率，其结果见表 3-36，图 3-97 至图 3-100。

表 3-36　氮气泡沫提高驱油效率实验结果（气液比 1:2，泡沫剂浓度 0.5%）

温度（℃）	驱替方式	S_{oi}（%）	S_{or}（%）	E_D（%）	ΔE_D（%）	驱替 PV 数
55	水驱	57.37	27.79	51.56		7.432
	转氮气泡沫驱		12.37	78.44	26.88	13.307
150	水驱	55.18	23.23	57.91		10.834
	转氮气泡沫驱		11.89	78.46	20.55	5.927

实验表明：

①55℃水驱转氮气泡沫驱，能大幅提高驱油效率和降低残余油饱和度，驱油效率比 55℃水驱提高了 26.88%，残余油饱和度降低了 14.42%。

②150℃水驱转氮气泡沫驱，能较大幅度提高驱油效率和降低残余油饱和度，驱油效率比 150℃热水驱提高了 20.55%，残余油饱和度降低了 10.83%。

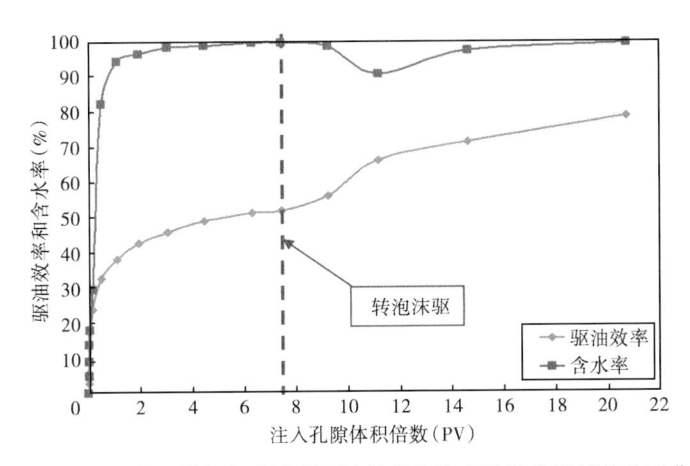

图 3-97　55℃水驱转氮气泡沫驱驱油效率与注入孔隙体积倍数关系曲线

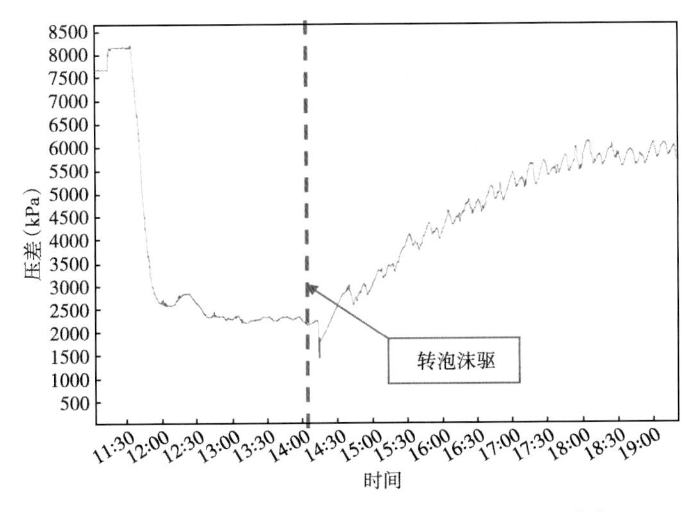

图 3-98　55℃水驱转氮气泡沫驱岩心两端压差曲线

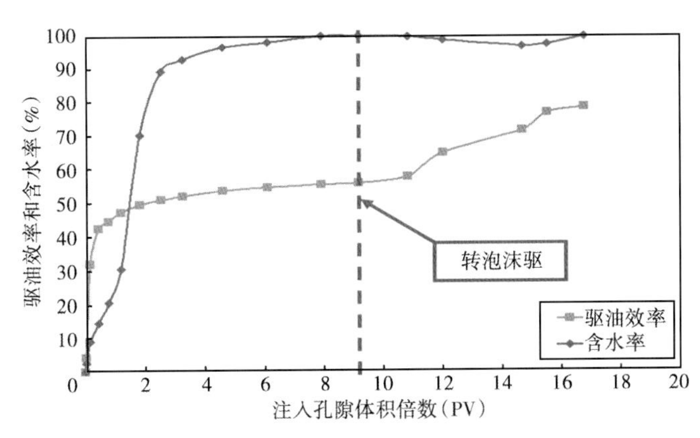

图 3-99　150℃水驱转氮气泡沫驱驱油效率与注入孔隙体积倍数关系曲线

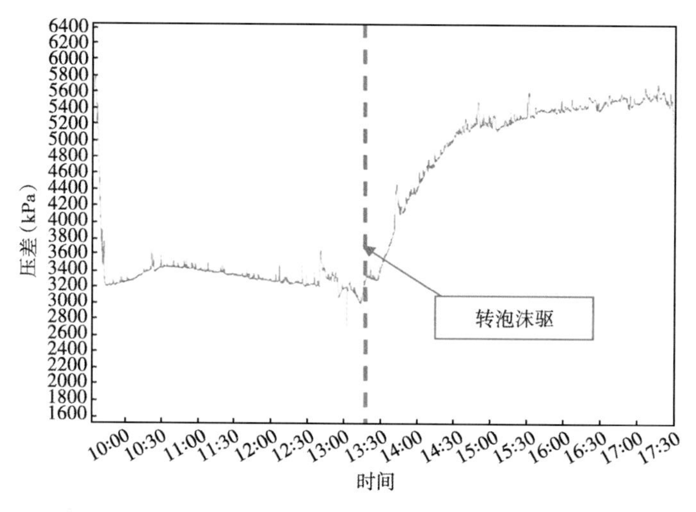

图 3-100　150℃热水驱转氮气泡沫驱岩心两端压差曲线

(3) 双管长岩心氮气泡沫段塞提高采收率实验。

为了能够模拟油层的非均质性，本实验利用长岩心双管模型装置，采用吉 8 井断块 J1025 井岩心，选择两种渗透率级别，渗透率级差控制在 10 左右，两个长岩心平行放置，每个长岩心用 4 块渗透率相近的短岩心相接，原油为油藏原油，实验用注入水为根据油藏地层水资料配制的盐水，总矿化度 8816. 14mg/L，水型为 $NaHCO_3$ 型。实验用泡沫剂为中国石油勘探开发研究院油田化学所提供的高温泡沫剂，型号 GFPJ-10。

实验分别测定了 55℃、150℃条件下水驱转氮气泡沫驱的驱油效率，其结果见表 3-37、表 3-38、图 3-101 至图 3-104。

表 3-37　双管模型 55℃氮气泡沫驱提高驱油效率实验结果（气液比 1:2，泡沫剂浓度 0.5%）

驱替方式	油层	S_{oi} (%)	S_{or} (%)	E_R (%)	ΔE_R (%)	驱替孔隙体积倍数
第一阶段水驱	低	52. 82	42. 11	20. 28		0. 098
	高	53. 68	25. 75	52. 03		6. 757
第二阶段转泡沫驱	低	52. 82	39. 87	24. 52	4. 24	0. 020
	高	53. 68	13. 47	74. 91	22. 88	12. 097
第一阶段水驱	高+低	53. 26	33. 48	37. 13		3. 606
第二阶段转泡沫驱			25. 96	51. 26	14. 13	6. 383

表 3-38　双管模型 150℃氮气泡沫驱提高驱油效率实验结果（气液比 1:2，泡沫剂浓度 0.5%）

驱替方式	油层	S_{oi} (%)	S_{or} (%)	E_R (%)	ΔE_R (%)	驱替孔隙体积倍数
第一阶段水驱	低	51. 19	27. 11	47. 03		0. 320
	高	52. 55	20. 07	61. 81		14. 454

续表

驱替方式	油层	S_{oi} (%)	S_{or} (%)	E_R (%)	ΔE_R (%)	驱替孔隙体积倍数
第二阶段转泡沫驱	低		22.16	56.72	9.69	0.895
	高		11.89	77.38	15.57	7.908
第一阶段水驱	高+低	51.90	23.45	54.81		3.781
第二阶段转泡沫驱			16.82	67.59	12.78	4.490

实验表明：

①55℃水驱时，驱替3.606 PV，由于双管模型的非均质性强（渗透率级差大于8倍）及油水黏度比高（$\mu_o/\mu_w=2142$），导致低渗透层波及程度极低，当综合含水率$f_w=99.0\%$时，低渗透层的产出液仅为0.098PV，剩余油饱和度为42.11%，采收率为20.28%；高渗透层波及程度高，当综合含水$f_w=99.0\%$时，高渗透层的产出液6.757PV，剩余油饱和度为25.75%，采收率为52.03%。

②55℃水驱后转泡沫驱时，驱替6.383PV，低渗透层波及程度的改善十分有限，当综合含水$f_w=99.0\%$时，低渗透层的剩余油饱和度为39.87%，采收率仅提高4.24%；但高渗透层驱油效率有较大幅度提高，当综合含水$f_w=99.0\%$时，高渗透层的剩余油饱和度降为13.47%，采收率提高22.88%。

③油藏温度下水驱采收率为37.13%，转泡沫驱采收率提高了14.13%，最终可达51.26%。

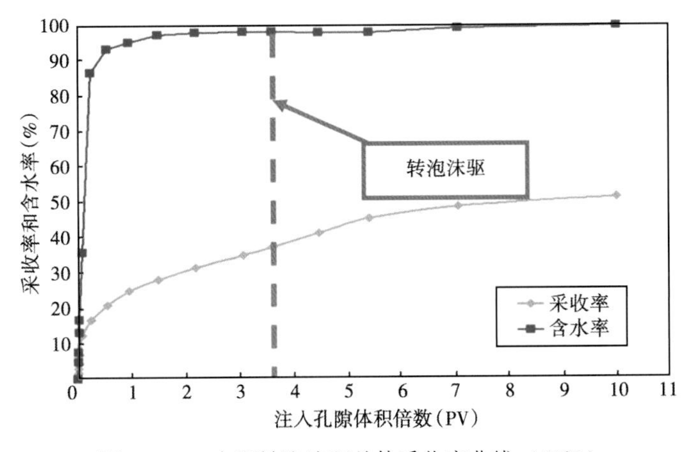

图3-101 水驱转泡沫驱总体采收率曲线（55℃）

④150℃热水驱时，虽然双管模型的非均质性较强（渗透率级差大于8倍），但油水黏度比大幅度下降（$\mu_o/\mu_w=114$），热水驱时低渗透层波及状况得到一定改善，当综合含水$f_w=99.0\%$时，低渗透层的产出液增至0.320PV，剩余油饱和度降至27.11%，采收率为47.03%；高渗透层波及程度仍然很强，当综合含水率$f_w=99.0\%$时，高渗透层的产出液14.454PV，剩余油饱和度降至20.07%，采收率61.81%。

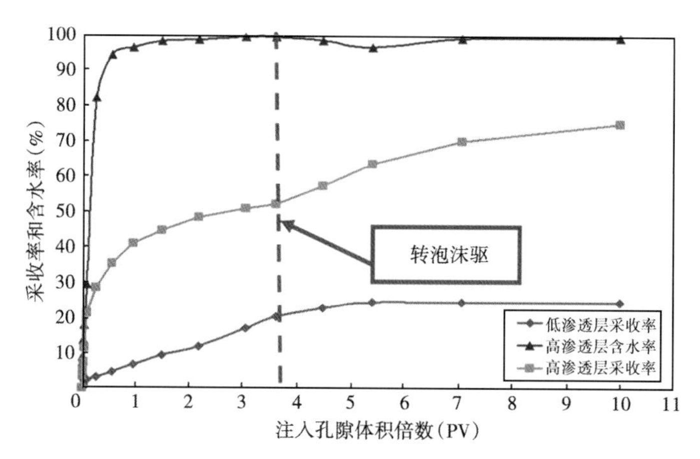

图 3-102　水驱转泡沫驱分层采收率曲线（55℃）

⑤150℃热水驱后转泡沫驱时，低渗透层波及程度有所改善，当综合含水率 f_w = 99. 0% 时，低渗透层的剩余油饱和度降为 22. 16%，采收率提高了 9. 69%；高渗透层波及程度进一步增强，当综合含水率 f_w = 99. 0%时，高渗透层的剩余油饱和度降至 11. 89%，采收率提高了 15. 57%。

⑥50℃热水驱采收率为 54. 81%，转泡沫驱采收率提高 12. 78%，最终采收率为 67. 59%。

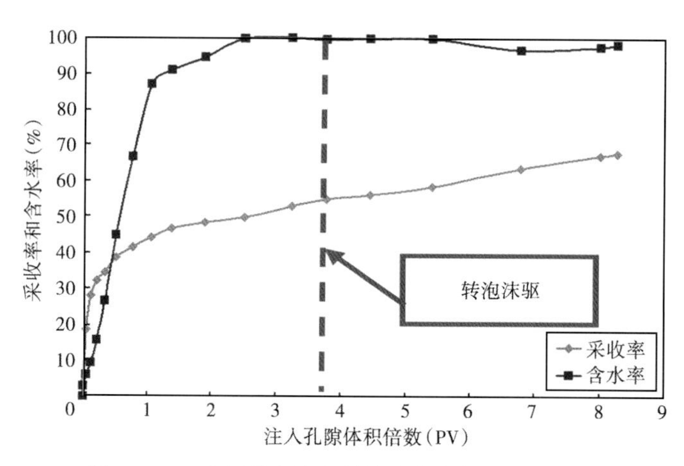

图 3-103　水驱转泡沫驱总体采收率曲线（150℃）

6）物理模拟实验结论与认识

针对昌吉油田吉 7 井区的岩心及原油，开展了热采物理模拟实验研究，得到以下认识：

（1）温度升高，吉 7 井区原油黏度大幅度降低，原油地下流动能力得到较大改善。吉 008 井从 50℃上升至 300℃，原油黏度从 1538mPa·s 下降至 2. 60mPa·s，吉 006 井原油黏度从 491. 8 mPa·s 下降到 1. 87 mPa·s；

（2）温度升高，岩心的润湿性发生改变，水湿程度变强，油相渗流能力得到明显改善，水驱残余油饱和度降低；

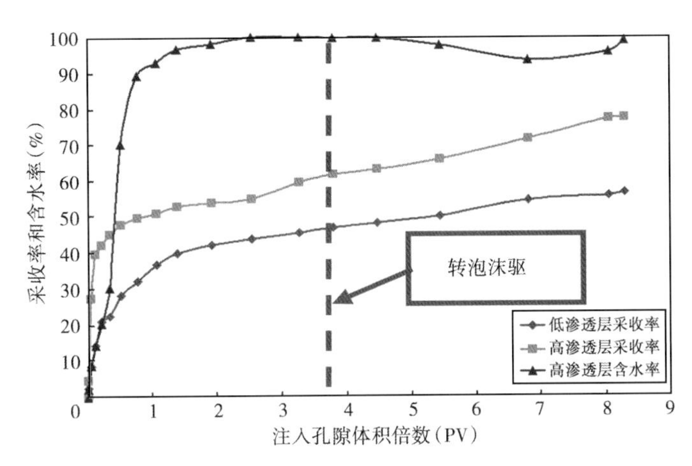

图 3-104 水驱转泡沫驱分层采收率曲线（150℃）

(3) 水驱从 50℃ 升至 200℃，驱油效率提高 11.26%～12.20%，残余油饱和度降低了 10.38%～11.07%。200℃蒸汽驱的驱油效率比 200℃热水驱提高 8.8%～9.76%；

(4) 吉 8 井断块不同温度水驱转氮气泡沫驱实验结果显示：55℃和 150℃驱油效率比水驱时的效率分别提高了 26.9%和 20.6%，残余油饱和度降低了 14.4%、10.8%，提高了驱油效率并降低了残余油饱和度；

(5) 非均质模型（双管模型）氮气泡沫段塞驱提高采收率实验结果显示：使用高温泡沫剂，在油藏温度 55℃条件下，当渗透率级差达到 10 倍时，实施氮气泡沫段塞驱难以改善低渗透层的驱替效果，最终采收率为 51.26%；而在 150℃条件下，先热水驱再转氮气泡沫段塞驱，低渗透层能够得到动用，最终采收率为 67.59%。

综合以上实验认识，根据本区原油黏度变化较大的特点，对吉 7 井断块、吉 8 井断块的普通稠油油藏，推荐采用 150℃热水驱+泡沫驱组合的开发方式。

第四章　中深层稠油开发方式评价

不同类型油气藏，开发方式有所不同，选择适合油气藏自身特点的开发方式至关重要，稠油油藏通常的开发方式有冷采（常规水驱开采稠油）、热采、化学、露天开采沥青砂等方法（丁树柏等，2001），本章将结合吉7井区中深层低渗透稠油油藏特征对水驱、蒸汽驱、二氧化碳驱等开发方式的可行性进行评价，并根据不同原油黏度区域优化开发方式，最大程度提高吉7井区稠油油藏采收率。

第一节　中深层低渗透稠油油藏开发技术研究与应用进展

目前，中深层稠油油藏开采方式以蒸汽驱和蒸汽吞吐为主，并取得了较好的开发效果。由于蒸汽驱开发会导致边底水侵入和厚油层蒸汽冷凝水体的大量积存，增加开发难度，国内外石油公司都在进行其他开发方式的室内实验和先导试验，并取得了较大进展。下面重点介绍蒸汽吞吐、蒸汽辅助重力泄油、稠油出砂冷采等稠油油藏开发技术的研究和试验进展。

一、蒸汽吞吐技术

蒸汽吞吐是一种相对简单、成熟的稠油开采技术，即周期性向油层中注入一定量蒸汽，焖井后，开井采油的一种开采方式。这种开采方式通过将带大量热焓的蒸汽注入油层，使原油黏度降低，增加原油流动性，起到增产作用。目前，在中国、美国、委内瑞拉、加拿大广泛应用。中国特、超稠油的开采大多采用蒸汽吞吐作为一次采油开发模式，也是成本最低、发展最成熟的技术。近年来，随着水平井技术的快速发展，水平井在稠油开发中得到广泛应用，水平井与直井蒸汽吞吐效果相比，具有生产周期长、日产油量大的特点。目前，超稠油蒸汽吞吐一般采用新钻水平井和老直井组合开发方式，提高开采效果（杜殿发等，2010；于连东，2011；李秀娟，2008）。

二、热水驱开采技术

热水驱是一种在稠油层中注入热水采油的开发方式。热水驱能够降低稠油黏度提供驱替稠油向生产井流动的驱动能量。20世纪60年代，热水驱开采技术开始进行室内实验研究与现场应用，结果表明热水驱可降低地层原油黏度，减小流度比，达到增产效果。但是由于热水所携带的热量小等问题一直没有被大规模应用。与蒸汽相比较，热水与储层中的原油在密度、流度等方面相差不大，不容易产生重力超覆现象，另外，其体积波及系数也相应较大，可以取得理想的驱替效果（邹才能，2011）。

三、蒸汽辅助重力泄油（SAGD）

蒸汽辅助重力泄油技术融合了水平井开采技术，在油层下部压出一条水平裂缝，开辟一条具有高导流能力的热通道，使沿热通道向前推进的蒸汽在重力压差作用下逐步向上超覆，与其上部原油发生较快的传热传质作用。加热后的原油在重力差异下向下流动，当流动到下部热通道后，蒸汽推动凝集的热水和可流动的原油沿热通道流向采油井。随着时间的推移，蒸汽逐步超覆提高了纵向波及系数，可流动带越来越宽，水平裂缝提高了平面扫油面积，这样就最大限度地提高了油层波及体积，进而提高了采收率。该技术在加拿大、委内瑞拉和国内的新疆、河南、胜利等油田都开展了先导试验和现场应用。SAGD 技术是最为先进的中深层超稠油开采技术，而且具有经济、高效的特点，应该加强室内实验和现场先导试验研究，逐步推广工业化开采应用（康玉柱等，2004；刘文章，1997）。

四、稠油出砂冷采技术

稠油出砂冷采技术是通过大量出砂形成的高渗透蚯蚓洞网络及泡沫油流的弹性膨胀和降黏作用开采稠油。大量出砂形成“蚯蚓洞网络”，使油层孔隙度和渗透率大幅度提高，极大改善了油层的渗流能力。稳定的泡沫油使原油密度降低，从而使黏度很大的稠油得以流动；由于油层中产出大量砂粒，使油层本身强度降低，在上覆地层作用下，油层将发生一定程度的压实作用，使孔隙压力升高，驱动能量增加，远距离的边底水可以提供一定的驱动能量。稠油出砂冷采技术具有日产油量高、开采成本低的特点，其采收率与蒸汽吞吐相当，具有以下优点：操作成本低，可作为热采后续开采方式，或者出砂冷采与热采结合以提高稠油油藏采收率，是降低稠油开采成本，提高稠油资源利用率的重要开采技术（刘文章，1983；任芳祥等，2012）。

五、电潜泵技术

电潜泵技术是在水平井开采稠油技术基础上发展应用的新技术。电潜泵具有排量大、地面设备简单、安装快、管理方便等特点，较适合于中、高含水期或开发中后期的原油生产。近年来，国外油田运用电潜泵开采稠油油藏的研究和现场试验已取得成功。它消除了蒸汽吞吐开采方式间歇生产的弊端，实现了连续生产。与蒸汽吞吐和蒸汽驱相比，设备投资少，生产成本低。但要求电潜泵具有较好的耐腐蚀和耐高温性，需安装步频驱动装置，使电机转速变化并适应不同的井况。委内瑞拉的一些油田开展了电潜泵开采稠油的现场试验，增产效果明显。

六、电加热与电磁加热技术

电加热与电磁加热技术是通过在井底产生高频电磁波，在地层中把电磁波转换成热量，加热井筒附近的地层，达到降低原油黏度的目的。该技术是一种依靠天然能量开采的技术，可以和其他技术结合补充能量，提高采收率。与稠油和沥青的蒸汽萃取技术（VAPEX）相比，尤其适合于不能实行注蒸汽热采的稠油油藏，如水敏性稠油油藏，薄层、深层稠油油藏。实验室研究结果表明，在一次采收率不到 5%的油藏，采用电加热与电磁加热技术在注气开发后可使原油采收率高达 45%。电加热与电磁加热技术为开采薄层稠油提供了一种有效的方法，热效率高、环保并可与其他开发方式联合使用；缺点是加热半径不大、消耗电能大、投资大（王旭，2006；李涛等，2005）。

七、注气技术

（1）注空气火驱技术，主要用于白云岩油藏的开发，通过注空气，维持油藏高温氧化反应（HTO）以实现烟道气驱和发挥热能与蒸汽的降黏作用；否则在低温氧化反应（LTO）状态下，反而会使油的黏度和比重增加。许多国家都开展了火烧油层的先导试验，但施工过程中存在高压、高注入速度引起过多消耗剩余油等一系列经济问题，有待于进一步改进和完善（张方礼，2007）。

（2）注二氧化碳技术，室内研究和矿场试验均表明注二氧化碳可提高中等黏度原油的采收率。适合油层埋藏较深、产层较薄、不适合采用热采开发的稠油油藏。土耳其在 Ikiztep、Bati Raman、Camulu 和 AmurlILl 4 个重油油田实施二氧化碳非混相驱，这些油藏的地质特点普遍是油层薄、埋藏深、渗透率低、含油饱和度低，其中 Bati Raman 油田二氧化碳非混相驱矿场试验效果较好。

稠油出砂冷采技术主要用于浅层稠油油藏的开发；电潜泵技术主要适合于中、高含水期或开发中后期的原油生产；电加热和电磁加热技术适合于不能实行注蒸汽热采的稠油油藏，如水敏性稠油油藏，薄层、深层稠油油藏，应在与水平井注汽技术结合方面加强先导试验和矿场试验研究；火驱油层技术由于施工过程中会出现高压、高注入速度引起的过多消耗剩余油等一系列经济问题，无法达到经济开采的目的；注二氧化碳技术比较适合于油层埋藏较深，产层较薄的稠油油藏，由于二氧化碳价格较低，应该加强该技术的试验研究和应用推广。对于中深层稠油油藏的开采应根据不同油藏的油层厚度、敏感性特点和原油性质等采用不同的开采技术（蔡国刚等，2010；刘新福，1996；张方礼，2007）。

第二节　开发方式的初步筛选

昌吉油田吉 7 井区梧桐沟组油藏油层总厚度大，但跨度大、单油层薄且分散、净总比低（0. 25~0. 54），油藏埋藏较深（1317. 0~1775. 0m）。油品类型涵盖了普通稠油Ⅰ型（地层原油黏度<150mPa·s）、普通稠油Ⅱ型（地层原油黏度 150mPa·s 至地层条件下脱气油黏度 10000mPa·s）及特稠油（地层条件下脱气油黏度>10000mPa·s）。油层渗透率不高（P_3wt_2 为 89. 40mD、P_3wt_1 为 80. 80mD）。油层条件下原油渗流能力较差，流度仅相当于渗透率为 5mD、地层原油黏度为 3mPa·s 的普通特低渗透油藏的 1/4，具体各个断块的流度如图 4-1 所示。

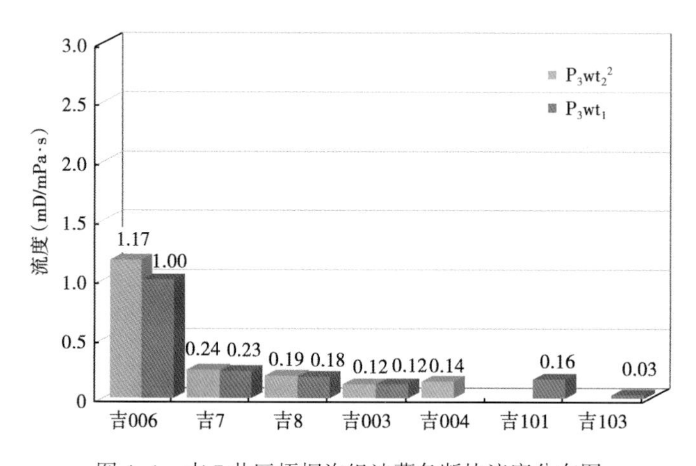

图 4-1　吉 7 井区梧桐沟组油藏各断块流度分布图

多种因素相互影响使得该油藏条件复杂。为了实现有效开发，必须解决两个问题：

（1）如何有效改善油层条件下的原油流动问题；

（2）如何针对不同地质和流体条件，优选相适应的、经济有效的开发方式。

对于稠油的开发方式，应根据原油分类，并考虑地质条件选择适宜的方式。根据稠油分类标准（表 4-1），对于普通稠油 I_1 类油藏，初步开发方式一般采用常规水驱，而对于普通稠油 I_2 类、特稠油、超稠油油藏，一般推荐初步开发方式为热力开采。热力开采的方式分为以水为注入介质的热水驱、蒸汽吞吐、蒸汽驱、SAGD 等方式和以注入空气为介质的热采方式，如火驱等。近些年来，经过攻关，出现了一些新的降黏、增效的高效驱油方式，如二氧化碳非混相驱、氮气泡沫驱等。

表 4-1 稠油分类表

稠油分类			主要指标	辅助指标	开采方式
名称	级别		原油黏度（mPa·s）	相对密度（20℃）	
普通稠油	Ⅰ	I_1	50* ~150*	>0.92	注水或注蒸汽
		I_2	150* ~10000	>0.92	注蒸汽
特稠油	Ⅱ		10000~50000	>0.95	注蒸汽
超稠油（天然沥青）	Ⅲ		>50000	>0.98	注蒸汽

注：* 指油层条件下原油黏度，其他指油层温度下脱气原油黏度。

根据稠油油藏不同开发方式的筛选标准（表 4-2）。吉 7 井区梧桐沟组油藏平面上原油性质变化较大，应根据原油性质的差异性并结合稠油油藏开发方式筛选标准，采用相适应的开发方式（表 4-3）。

表 4-2 稠油开发方式筛选标准

开发方式	油藏埋深（m）	地面原油黏度（mPa·s）	渗透率（mD）	有效厚度（m）	流度（mD/mPa·s）	净总比（f）	开发方式研究
常规水驱		<150*					
热水驱		<1000		>15		>0.35	
蒸汽吞吐	<1800	<50000				>0.50	
蒸汽驱	<1200	<20000	>200			>0.50	
二氧化碳（非混相）	>700	100* ~1000					
氮气泡沫驱		<1000	>50				
SAGD	<1000	>10000	≥500	>10		>0.70	
火驱	150~3505	<10000	>100	>5	>1.5	>0.35	

注：* 指油层条件下原油黏度，其他指油层温度下脱气原油黏度。

表 4-3 吉 7 中深层稠油开发方式筛选表

开发方式	区块	油藏埋深（m）	地面原油黏度（mPa·s）	渗透率（mD）	有效厚度（m）	流度（mD/mPa·s）	净总比（f）
常规水驱	吉 006 井断块	1735～1775	<100*	53.4～62.5	14.3～14.8	1.00～1.17	0.30
常规水驱+氮气泡沫驱	吉 7、吉 8、吉 101 井断块	1317～1660	100*～500*	45.6～80.5	16.7～21.3	0.16～0.24	0.30～0.40
蒸汽吞吐或火驱	吉 003、吉 103 井断块	1366～1484	500*～14000	63.8～106.3	16.5～27.5	0.03～0.12	0.46～0.54

注：* 指油层条件下原油黏度，其他指油层温度下脱气原油黏度。

一、常规水驱开发可行性评价

常规水驱对于低黏度原油是一种常用的开发方式。水驱方式可有效地延长油田高产稳产期，提高油藏最终采收率，并且具有操作成本低的优点。

1. 普通稠油油藏水驱采收率较低，且大部分可采储量在高含水期采出

据水驱油藏的动态预测结果可见：低含水期（含水率<20%），生产时间约 300d，采收率为 1%；含水上升期（含水率为 20%～80%），生产时间约 1800d，采收率为 5%；高含水期（含水率>80%），当含水率达到 95%时，生产时间约 12800d，采收率为 10%左右。总体采收率约为 15%，如图 4-2 所示。吉 008 块平均黏度为 374mPa·s，含水率为 95%时，预测采收率为 15.5%。

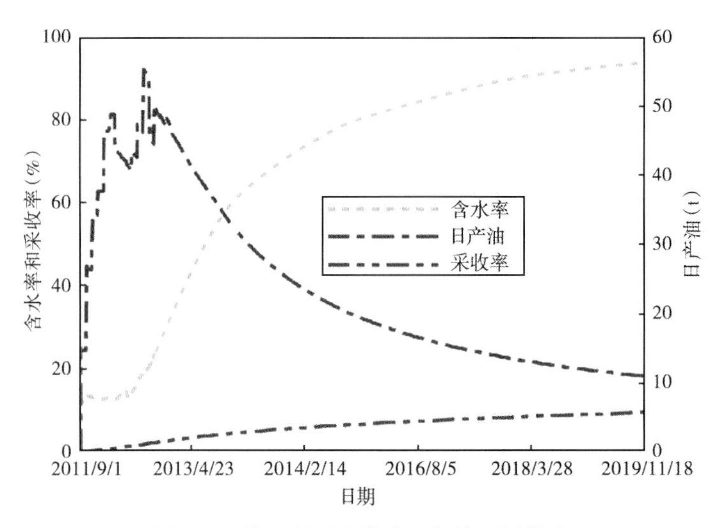

图 4-2 普通稠油油藏水驱规律预测曲线

2. 原油黏度对最终采收率的影响

研究区的高压物性资料表明：地层中存在溶解气，且含量较高，溶解气油比为 $30m^3/t$。因此，数模时考虑了溶解气，对天然能量开发效果进行了预测。原油中溶解的甲烷增强了原油流动能力，据测算，温度 50℃时，含气原油黏度约为 5～1000mPa·s，相比脱气原油黏度

降低了1.8~12.3倍，黏度差异对合理开采方式影响较大。图4-3中的黏温曲线是水驱技术原油黏度上限的数值模拟计算基础。

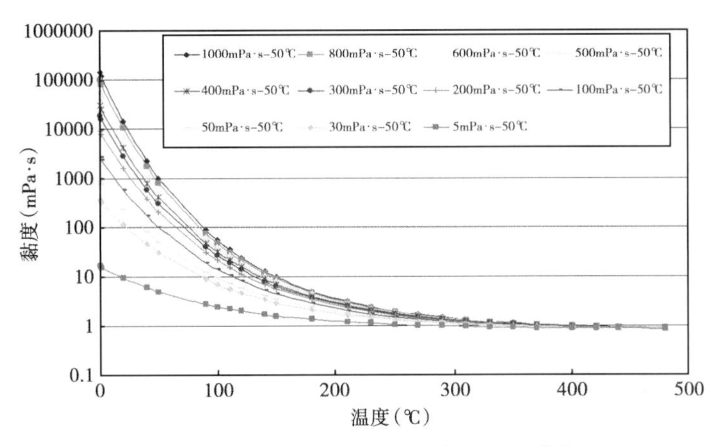

图4-3 昌吉油田吉7井区含气油黏温曲线

受原油黏度影响，水驱采收率差别较大。原油黏度越大，低含水开采期越短，含水率上升趋势越快，采收率越低（图4-4）。

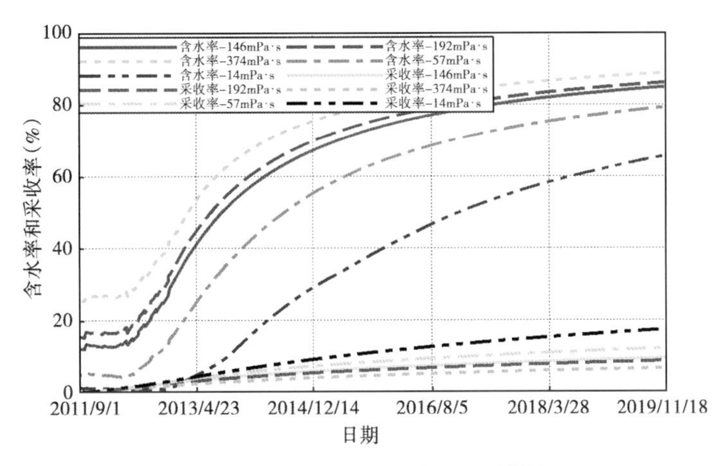

图4-4 不同黏度稠油水驱预测曲线

二、蒸汽吞吐、蒸汽驱技术可行性评价

1. 蒸汽吞吐技术

蒸汽吞吐技术又称周期性注汽或循环注蒸汽采油技术。通常注入蒸汽量按水当量计算，注入蒸汽干度要高，井底蒸汽干度要求达到50%以上，注入压力（温度）及速度以不超过油层破裂压力为上限，关井焖井时间只有几天，然后开井采油。对于中国多数新开发的稠油油藏，不论浅层（200~300m）或深层（1000~1600m），在第一次蒸汽吞吐时，由于油层压力保持在原始压力水平，开井回采时都能自喷生产，峰值产量较高。当不能自喷时，应下泵

转抽。对于稠油及特稠油油藏一般都是先进行蒸汽吞吐然后再转向蒸汽驱（孙靖等，2011）。

稠油油藏进行蒸汽吞吐增产效果显著，主要作用机理如下。

1）加热降黏作用

稠油的突出特性是对温度非常敏感，当向油层中注入高温高压蒸汽后，稠油和水的黏度都降低，但稠油黏度下降幅度要大得多，因此，油水流度比大大降低，驱油效率和波及系数都得到改善，原油流向井底的阻力大大减少，油井产量增加多倍。加热降黏是蒸汽吞吐开采稠油的主要机理。

2）加热后油层弹性能量的释放

当高温蒸汽注入油层后，油藏中的流体和岩石骨架产生热膨胀，孔隙体积缩小，油层的弹性能量充分释放出来，成为驱油能量，而且受热后原油膨胀，原来油层中如果存在少量的游离气，也将溶解在热原油中。即使一般的稠油油藏的原始汽油比很低，加热后溶解气驱的作用也很大。

3）重力驱作用

对于厚油层，热原油流向井底时，除油层压力驱动外，还受到重力驱动作用。

4）回采过程中吸收余热

当油井注汽后回采时，随着蒸汽加热的原油及蒸汽凝结水在较大的生产压差下采出过程中带走了大量热能，但加热带附近的冷原油将以极低的速率流向近井地带，补充到降压的加热带。由于吸收油层、顶盖层及夹层中的余热而将原油黏度降低，因而流向井底的原油数量可以延续很长时间。尤其对于普通稠油（黏度在10000mPa·s以内），在油层条件下具有一定的流动性，当原油加热温度高于原始油层温度时，在一定的压力梯度下，流向井底的速度加快。但是，对于特稠油（10000～50000mPa·s），非加热带的原油进入供油区的数量要少，超稠油（>50000mPa·s）则更难。

5）地层压实作用

委内瑞拉马拉开波湖岸重油区，实行蒸汽吞吐开采30年以来，由于地层压实作用，产生严重的地面沉降，产油区地面沉降达20～30m，驱出的油量高达15%左右。

6）蒸汽吞吐中的油层解堵作用

注入蒸汽加热油层及原油大幅度降黏后，在开井回采时改变了液流的方向，油、蒸汽及凝结水在放大生产压差条件下高速流入井筒，将近井眼地带的堵塞物排出，大大改善了油井渗流条件。

7）蒸汽膨胀的驱替作用

注入油层的蒸汽回采时有一定的驱动作用。分布在蒸汽加热带的蒸汽，在回采降低井底压力过程中，蒸汽将大大膨胀，部分高压凝结热水则由于突然降压闪蒸为蒸汽。这些都具有一定的驱动作用。

8）溶剂抽提作用

油层中的原油在高温蒸汽作用下产生某种程度的裂解，使原油轻馏分增多，起到一定的溶剂抽提作用。

9）改善油相渗透率的作用

在非均质油层中，注入湿蒸汽加热油层后，在高温下，油层对油与水的相对渗透率发生变化，砂粒表面的沥青胶质性油膜被破坏，润湿性改变，由原来亲油或强亲油变为亲水或强亲水。在同样水饱和度条件下，油相渗透率增加，水相渗透率降低，束缚水饱和度增加。而且热水吸入低渗透率油层，替换出的油进入渗流孔道，增加了流向井筒的可动油。

10）预热作用

在多周期吞吐中，前一次回采结束时留在油层中加热带的余热对下一个周期吞吐将起到预热作用，有利于下一个周期的增产。

11）放大压差作用

以上蒸汽吞吐增产机理发挥效力的必需条件是放大压差采油。要尽力在开井回采初期放大生产压差，将井底流动压力或流动液面降到油层位置，即抽空状态。获取初期阶段的峰值产油量及排水率，对增加周期总产量至关重要。

蒸汽吞吐的增产效果取决许多因素，如地质条件（油层压力、渗透率、原油黏度及饱和度、油层厚度及有无边底水等）和施工参数（如注气压力、焖井时间、蒸汽干度、注气速度等），因此要提高蒸汽吞吐效果，必须针对油藏条件，优化设计，科学施工，才能取得最佳效果。

中国稠油蒸汽吞吐筛选标准可以分为 5 个级别，见表 4-4。

表 4-4 中国不同级别稠油油藏蒸汽吞吐筛选标准

油藏地质参数 \ 级别	1	2	3	4	5
原油黏度（mPa·s）	50~10000	<50000	<100000	<10000	<10000
油层深度（m）	150~1600	<1000	<500	1600~1800	<500
油层厚度（m）	>10	>10	>10	>10	5~10
极限周期油汽比	0.24	0.26	0.24	0.25	0.17

2. 蒸汽驱技术

蒸汽驱技术是目前应用较多的热采技术，一定程度上克服了蒸汽吞吐加热半径有限的弱点，能够给地层持续提供热量，是蒸汽吞吐后提高采收率的有效方法。蒸汽驱要求油井间距一般在 100~150m，且不适用油藏埋深较深的油藏。蒸汽不仅能加热油层使稠油度降低，加入的其他气体和流动前缘的稠油发生作用，会降低驱替前缘稠油黏度，从而提高蒸汽驱效果（德勒恰提·加娜塔依等，2011）。

稠油油藏的蒸汽吞吐主要是依靠天然能量进行生产。当蒸汽吞吐到一定程度时，随着油层能量的衰竭及近井地带含水饱和度的升高，导致原油产量下降，周期油汽比降低，蒸汽吞吐就不能维持下去。为进一步提高原油采收率，必须向油层补充驱替能量。由蒸汽吞吐转为蒸汽驱是最好的方法之一（罗鸿成等，2014；彭永灿等，2014；代鹤伟，2008）。

蒸汽驱技术是由注采井组构成注采井网，注汽井和生产井可按行列式井网或面积井网布井。从注入井中连续注入蒸汽，把油驱向生产井，并在这一过程中将油加热，降低其黏度。

当蒸汽注入油层后，在油层中形成不同的驱替带，在每个带中，都同时有多个控制因素在不同程度的起作用。哪个控制因素起主导作用则取决于油藏的类型及油的热力学性质。对于稠油油藏，降黏及蒸汽蒸馏作用是最主要的驱油控制因素。

并非所有的稠油油藏都适合蒸汽驱开发，要根据油藏参数考虑采收率和经济效益。对蒸汽驱油藏需要进行选择，并对蒸汽驱的开发效果和经济效益做出评估。中国石油勘探开发研究院提出了蒸汽驱的筛选标准，见表 4-5。

表 4-5　蒸汽驱油藏筛选标准

油藏参数	蒸汽驱适用条件
孔隙度（小数）	≥0.20
初始含油饱和度（小数）	≥0.45
渗透率（mD）	≥200
油层有效厚度（m）	>7，<60
净总厚度比（小数）	>0.4
地层温度下脱气油黏度（mPa·s）	<10000
油层深度（m）	≤1400
渗透率变异系数（小数）	<0.7
其他	深度大于 800m 时边底水不能太活跃

需要指出的是，筛选标准不是绝对的，只是起到一定的指导作用。不同工艺技术条件和不同油价下，有不同的筛选标准。随着科学技术的进步，筛选标准的界限会发生变化。如对砾岩稠油油藏，孔隙度可适当放宽；对于先吞吐预热的稠油油藏，原油黏度可适当放宽；对封闭稠油油藏，在有高效隔热油管的条件下，深度可适当放宽。除了考虑以上参数对蒸汽驱的影响外，还应考虑储层岩性、油层压力、地层倾角、油层的连通性、油层纵向非均质性、边底水和气顶等因素的影响。

这里以辽河油田齐 40 块中部 8-c261 井区稠油油藏为例进行说明。

辽河油田齐 40 块中部 8-c261 井区为单斜构造，油层中部埋深 924m，平均孔隙度为 29.4%，平均渗透率为 1700mD。平均含油层跨度 60.5m，平均有效厚度 32.2m，净总厚度比 0.53。油层连通性较好，连通系数 84%。实验区油层压力系数 0.996，原始油层压力 9.2MPa，地温梯度 3.27℃/m，原始油层温度 39.2℃，20℃时原油密度 0.96g/cm^3，50℃脱气原油黏度 3100~4600mPa·s，井组边线内含油面积 0.0825km^2，原始地质储量 50×10^{4}t，井组外扩 35m 井距范围含油面积 0.129km^2，原始地质储量 86×10^{4}t。转驱前，试验区共有 9 口生产井，平均吞吐 7.7 轮次，累计注汽 15.63×10^{4}t，累计产油 20.64×10^{4}t，累计油汽比 1.32，采出程度 24%。油层压力 3~4MPa。

蒸汽驱试验方案设计如下。

井网井距：4 个 70m 井距反九点注采井组；

注汽速度：1.8t/（d·ha·m），井组日注蒸汽540t，单井120~150t；

采注比：1.2，井组日配产液量641m^3，全方位受效井日产量53m^3；

油层压力：控制在4MPa以下；

井底干度：大于50%；

射孔方式：注汽井射开小层下部1/2，生产井射开下部2/3，限流射孔；

结束方式：汽驱4年后逐年降干度转热水驱；

先导试验方案共部署注汽井4口，生产井21口，观察井2口，总井数27口。其中利用老井9口（均为生产井），新钻井18口。

蒸汽驱开发动态表明，汽驱过程实现了蒸汽带的形成、扩大和突破，符合蒸汽驱开采规律。数模跟踪研究结果及监测资料显示，注汽井井底温度可达200℃左右，个别生产井井底温度达150℃以上，蒸汽波及范围占全井组的65%。试验区内地层压力控制在最佳压力范围内，油层压力由转驱前的4MPa下降到目前的2.6MPa，满足蒸汽驱所要求的小于5MPa的压力界限。

试验区开发指标基本达到方案水平。整个试验阶段共注汽130.7×10^4t，产油量22.9×10^4t，阶段油汽比0.18，累计采注比0.85，阶段采出程度26.63%。吞吐+蒸汽驱的采收率为50.63%，蒸汽驱试验取得了较好的开发效果。

3. 蒸汽辅助重力泄油技术（SAGD）

SAGD技术是开采稠油的一种有效开发方式，最早由Butler等人于1994年提出，主要利用水平井、浮力及蒸汽来进行稠油有效开采。SAGD的关键是：（1）确保开采过程中有充足的举升能力，以保证重力的驱动力足够大；（2）避免汽窜，保证蒸汽与原油充分接触；（3）防止出砂引起地层破坏；（4）尽可能减少来自油藏的水侵。

蒸汽辅助重力泄油技术是开发超稠油的一项前沿技术，是以蒸汽为热源，通过热传导与热对流相结合，实现蒸汽和油水之间的对流，再依靠原油及凝析液的重力作用采油。其生产过程分为预热、降压生产和SAGD生产3个阶段。首先是上部水平井与下部水平井同时吞吐生产，各自形成独立的蒸汽腔（预热阶段）；随着被加热原油和冷凝水的不断采出及吞吐轮次的增加，蒸汽腔不断扩大，直至相互连通（降压生产阶段）；之后进入SAGD生产阶段，此时上部水平井转为注汽井，持续向油藏内注入蒸汽，蒸汽向四周流动，最终形成一个连通的、完整的蒸汽腔，蒸汽在蒸汽腔内表面冷凝，通过传导、对流及潜热形式向周围油藏释放热量，加热油藏中的原油，原油和冷凝水在重力作用下被驱向水平生产井，随着受热原油的流走。加热前缘向油藏内部推进，这样，既可保持油藏的压力及驱动力，又可提高蒸汽波及范围，因此，SAGD比蒸汽吞吐的采收率要高。生产过程的后期，蒸汽腔会逐渐到达油层顶部，此时热扩散则在上覆岩层下面的四周进行（张伟，2010；匡立春等，2013；朱键，2013；张健等，2003）。

地质条件对蒸汽辅助重力泄油技术有很大影响，主要包括油层厚度、温度、压力、渗透率、薄夹层等。随着油层厚度、温度、压力的增加，井筒热损失大，井底蒸汽干度降低，蒸汽腔的发育将随深度的增加而变得越来越差，从而使累计油气比、累计采收率、累计产油量降低。由于蒸汽辅助重力泄油是依靠重力作用驱替原油，垂向渗透率主要影响蒸汽上升速度，水平渗透率主要影响蒸汽室的侧向扩展，因此，受垂直方向渗透率的影响非常明显。局部薄夹层的体积大小对累计产油量的影响并不大，其原因是蒸汽和加热的原油及冷凝液可以绕过夹层流动，但连续薄夹层对其影响很大。

影响蒸汽辅助重力泄油的流体条件主要是原油黏度。原油黏度随温度的变化关系影响蒸汽辅助重力泄油蒸汽前缘沥青的泄流速度，也影响蒸汽前缘推进速度与产油速度。随着原油黏度的增加，蒸汽辅助重力泄油的开采效果逐渐变差，但从整体上来看开采效果还是较好的。

目前，普遍采用的SAGD布井方式如图4-5所示，蒸汽注入方向与产油方向相反，蒸汽从水平井段跟端注入，流体也在跟端附近采出。

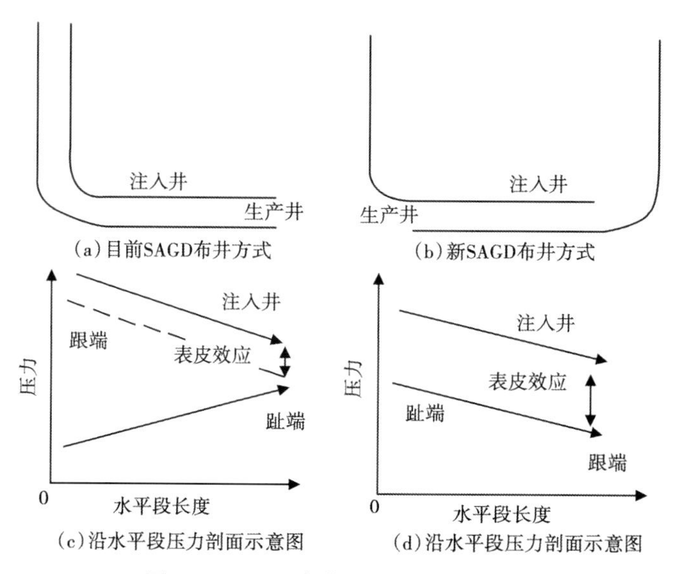

图4-5　SAGD布井方式及压力剖面图

SAGD研究区的实例：Z区块位于新疆风城油田北部，为一个四周被断裂切割的完整断块，该区齐古组油层较为发育，平均油藏埋深300m，50℃原油黏度平均为20000mPa·s，为典型的浅层超稠油油藏。SAGD开发目的层齐古组G1层构造平缓，整体为一北西向东南缓倾的单斜，倾角5°~8°，区内无断裂发育。齐古组G1层为陆相辫状河流相沉积，主体部位心滩发育，呈多期叠置，连续油层厚度大，平均为40m，储层物性好，孔隙度30%，渗透率1200mD，含油饱和度70%，属适于SAGD开发的优质储层。但垂向上发育不连续的夹层，多为泥岩、砂质泥岩等岩性夹层，厚度在0.5~4.5m，平均为2.0m，局部发育泥质砂岩、泥质砂砾岩、钙质砂岩等物性夹层，厚度在0.5~3.0m，平均为1.3m。2013年在风城油田Z区实施SAGD井组26对，采用双层SAGD立体井网，其中12对位于油层上部，14对位于油层下部。转SAGD生产后，单井组平均生产时间252d，累计注汽41790t，累计产液39111t，累计产油8240t，日产油16.4t，油汽比0.22。

三、二氧化碳驱开发可行性评价

1. 二氧化碳开采技术

根据实施方法可将注二氧化碳技术分为二氧化碳吞吐和二氧化碳驱两种。

1）二氧化碳吞吐

二氧化碳在原油中具有很高的溶解能力，具有降低原油黏度、使原油体积膨胀等特点。其驱替机理是使原油体积膨胀，降低原油界面张力和黏度，溶解气驱，驱替吮吸滞后，产生相对渗透率变化，降低残余油饱和度，此外，气态二氧化碳渗入地层与地层水反应产生的碳酸能有效改善井筒周围地层的渗透率，提高渗流能力（楼章华等，1995；周明晖，2009）。

为探索低渗透稠油油藏二氧化碳吞吐提高单井产量的可行性，2010 年 6 月至 10 月，吐哈油田先后对马 46 井区 4 口井进行了二氧化碳吞吐试验，首先对湖 220 井、马北 103 井实施二氧化碳吞吐试验，后又对马 46 井和牛东 101 井实施二氧化碳吞吐试验。从实施效果分析，湖 220 井、马北 103 井和马 46 井均取得了一定的降黏增油效果，湖 220 井注入二氧化碳后，地面原油黏度由 1202mPa · s 下降到 571. 9mPa · s，下降了 52. 4%。湖 220 井和马北 103 井经过二氧化碳吞吐，由原来的无产能分别提高至平均日产 $1m^3$ 和 $0.5m^3$。

2）二氧化碳驱

（1）二氧化碳非混相驱。其机理是降低原油黏度并使原油发生膨胀，降低油水相界面张力，依靠溶解气驱、乳化作用及降压开采。二氧化碳在稠油中的溶解度随压力增加而增大，当压力低于饱和压力时，二氧化碳从饱和二氧化碳的稠油中溢出从而驱动原油，形成溶解气驱与二氧化碳驱相关的另一个开采机理是，二氧化碳形成的自由气体饱和度可以代替油藏中的部分残余油，使油藏中残余油饱和度降低，最终实现提高采收率的目的（刘汝敏等，2010）。

（2）二氧化碳驱的主要增产机理。

一是降黏机理，二氧化碳易溶于油，大幅度降黏；二是膨胀机理，二氧化碳溶于油后可使原油体积增加 0. 5~0. 7 倍，从而增加了储集空间内的含油饱和度，使油相渗透率提高，驱油效率可提高 6%~10%；三是解堵机理，二氧化碳溶于水产生碳酸，溶解某些胶结物，室内研究表明，砂岩渗透率可提高 5%~15%，碳酸盐岩渗透率可提高 6%~75%，同时具有抑制黏土膨胀的能力；四是具有抽提原油中烃类组分的能力，对 C_5~C_{30}范围的烃类都能良好的抽提，甚至 C_{30^+}以上组分都可以不同程度地被抽提到二氧化碳中，使注二氧化碳比其他气体更容易与原油混相；五是利用混相效应，降低界面张力，二氧化碳溶于油的能力为溶于水能力的 3~9 倍，可降低油的界面张力，增加油相渗透率；六是改善流度比，水中二氧化碳溶解度增加 3%~5%，水黏度增加 20%~30%，同时，二氧化碳贾敏效应可降低含水率；七是溶解气驱机理，在压力下降时，二氧化碳逸出，产生气体驱动力；八是分子扩散作用，二氧化碳通过分子的缓慢扩散作用溶于油，使原油降黏、膨胀。

二氧化碳驱油是一种比较合理的埋存方式，既能够满足埋存条件，又能够替代水作为驱替介质。同时，对于水敏和速敏敏感性比较强的储层，采取二氧化碳驱油是比较理想的开采方式。

考虑持续注入在目前情况下无法保障，产出液的处理难度较大，对设备、管线的腐蚀程度较高，暂不推荐在该区进行试验。

四、火烧油层技术可行性评价

1. 火驱技术进展

火驱就是利用地层原油中的重质组分作为燃料，利用空气或富氧气体作为助燃剂，采取自燃和人工点火等方法使油层温度达到原油燃点，并连续注入助燃剂，使油层原油持续燃烧，燃烧反应产生大量的热，加热油层，使得油层温度上升至600~700℃，重质组分在高温下裂解，注入的气体、重油裂解生成的轻质油燃烧生成的气体及水蒸汽用于驱动原油向生产井流动，并从生产井采出。

火烧驱油机理主要为：一是在油藏温度下，通过原油低温氧化，把空气中氧气消耗掉，实现氮气驱，通过高温氧化，可实现间接的烟道气驱；二是实现油藏的再增压；三是通过产生热量使原油加热降黏、膨胀；四是发生超临界的水蒸汽流动；五是在陡峭的倾斜油藏顶部注空气会产生重力驱替作用。

火烧油层比注蒸汽有独特的优点：一是使用的注入剂是取之不尽、用之不竭的空气，且造价十分低廉；二是火烧油层就地燃烧的是原油中价值最低的约10%~15%的重组分，从而使产出原油改质，提高了产出油的品质；三是火烧油层适合的现场条件比注蒸汽更加广泛，特别是对于较深的油藏；四是火烧油层能量利用率高，也没有注汽锅炉排气污染环境的问题。正因为火烧油层具有这些优势，伴随着近年来对其燃烧驱油机理认识的不断提高，火驱技术重新被重视起来（表4-6）。

表4-6 世界主要成功应用火驱开发的油藏参数表

油田	深度（m）	厚度（m）	黏度（mPa·s）	渗透率（mD）	孔隙度（小数）	含油饱和度（小数）	储量系数 $\phi \times S_o$	流度系数（mD/mPa·s）
Midway Sunset（美国）	731.5	39.3	110	1875	0.36	0.75	0.27	17.0
Suplacu（罗马尼亚）	76	13.7	959.3	2000	0.32	0.78	0.25	2.1
Belleven（美国）	122	22.6	500	500	0.38	0.51	0.19	1.0
Miga（委内瑞拉）	1234	6.1	280	5000	0.23	0.78	0.18	17.9
Midway Sunset（美国）	290	11.3	44000	21000	0.39	0.63	0.25	0.5
S. Oklahoma（美国）	55	6.1	7413	2300	0.29	0.6	0.17	0.3
S. Oklahoma（美国）	59	5.2	5000	7680	0.27	0.64	0.17	1.5
Pavlova（苏联）	250	7.0	2000	2000	0.32	0.78	0.25	1.0
E. Tia. Juana（委内瑞拉）	475	39.0	6000	5000	0.41	0.73	0.30	0.8
East Oil field（委内瑞拉）	1372	5.8	400	3500	0.35	0.94	0.33	8.8
S. Belrige（美国）	213	9.1	2700	8000	0.37	0.6	0.22	3.0
Balol（印度）	1050	6.5	150	10000	0.28	0.7	0.20	66.7
红浅1井区	550	8.4	800	550	0.27	0.55	0.15	0.7

火驱技术采收率高、热效高、适用范围广，只要合理应用，就一定会取得好的效果。世界上火驱采油自1947年开始应用以来，统计共有300多个区块实施火驱采油。除已知的罗马尼亚规模较大外，美国、加拿大、印度等国也有一定规模，据2004年世界EOR项目调查，美国、加拿大、印度火驱采油项目共有15个，日产油量达9965bbl。如罗马尼亚的S油田、哈萨克斯坦的K油田、加拿大的M油田、美国的MS油田的采收率都达到了55%以上。新疆红浅1井区的火烧油层在蒸汽驱后的废弃油藏中得到了很好的应用，采收率得到提高

（黎文清等，1993；沈德煌等，2005；陆先亮等，2003）。

影响火驱成功的关键因素是火驱对油藏的适应性。火驱现场试验的成功率较低，大部分都以技术上能够实现火驱，而经济上不能满足工业化的要求而终止。从已经实施火驱的油藏统计来看（表4-6），已经证明成功的火驱，绝大部分都在高孔隙度高渗透率储层中获得，储层渗透率一般都在500mD以上，流动系数最低的也在0.3以上。不同的学者和机构都曾经对火烧油藏的筛选标准进行了论述，其中以美国石油委员会的火驱油藏筛选条件最有代表性（表4-7）。

表4-7　火烧油层油藏筛选条件

作者	年份	油藏深度（m）	油层厚度（m）	孔隙度（%）	渗透率（mD）	原油密度（g/cm^3）	地层原油黏度（mPa·s）	流度系数（mD/mPa·s）	储量系数 $\phi \times S_o$
美国石油委员会	1984	<3505	>5	>20	>100	0.849~1.000	<10000	>1.5	>0.08

从油藏条件上来说，本区埋深、地层油黏度、油层渗透率的标准等方面，基本都符合火烧油层的筛选条件，但是本区流度系数一般在0.02~0.24，明显低于筛选条件。因此，在本区开展火驱的开发效果也将是低效的，在技术上有成功的可能，而经济性方面可能需要进一步论证。

2. 稠油火烧油层开发实例

高3618块构造上处于辽河断陷西部凹陷西斜坡北段，高升油田高二、三区东北部，是一个由4条断层封闭的单斜构造。开发目的层为古近系沙河街组三段莲花油层，主要发育L5、L6两套含油层系，油层埋深1540~1890m，属于中孔隙度、中高渗透率储层。平均有效厚度62.7m，平均孔隙度20.6%，平均渗透率1014mD，50℃地面脱气原油黏度2000~4000mPa·s。

高3618块属于典型中深厚层块状稠油纯油藏，适宜火烧油层开发，研究确定采取干式正向燃烧、火井顶部注气、油井全井段采油、行列式井网开采方式。经过一年半现场试验，取得较好的增油效果，达到试验的预期目的。

该块1987年投入蒸汽吞吐开发，先后3次井网加密，由最初的210m基础井网加密至105m井网，目前地层压力下降至2MPa左右，平均单井日产油仅1.1t，周期油汽比为0.2，可采储量采出程度达87%以上，继续蒸汽吞吐生产效果差。采取火烧油层采油方式可有效利用油层存水量大等因素，2008年5月该块在区块中部主体部位开展先导性试验。试验区含油面积为0.205km^2，石油地质储量为188.2×10^4t，目的层L5。共有火烧井6口，平均单井日注空气1.9×10^4m^3，注入压力为3.0~3.5MPa，累计注气3425×10^4m^3。一线油井16口，开井14口，日产液77t，日产油44.7t，日产气74622m^3，含水率42%，阶段产油1.6×10^4t，阶段产水2.55×10^4t，阶段空气油比2130m^3/t，采油速度0.87%。二线油井19口，开井12口，日产液77t，日产油33t，日产气2.56×10^4m^3，含水率55%。

其工艺采用人工点火方式，实现注气井深层点火一次成功。在注采动态调整方面，建立了火井动态配气制度。火驱试验井组方案设计平均单井日注气1.4×10^4m^3，实际日注气1.9×

10^4m^3；设计平均单井日产油2.2t，实际日产油3.2t；设计平均单井日产液4.9t，实际日产液5.5t；设计空气油比$2000m^3/t$，实际空气油比$2617m^3/t$。井组以上开发指标均达到方案设计要求，取得了良好的开发效果。

3. 研究区火驱数值模拟预测

1）模型参数

火驱建模选择吉103区块P_3wt_1段油藏，油藏埋深1325m，厚度67.72m，纵向上分为3个小层，平均水平渗透率56.4mD。地层油条件下，原油黏度4000mPa·s。具体参数见表4-8。火驱模型选择为纵向上非均质模型，平面均质模型，如图4-6所示。

表4-8　火驱地质模型参数

油藏顶面深度（m）	1325	油藏初始温度（℃）	47	水平渗透率（mD）	56.4
油藏厚度（m）	67.72	油藏初始压力（MPa）	13.25	垂向渗透率（mD）	31.02
第一层有效度（m）	17.40	孔隙度（%）	19	第一层平面渗透率（mD）	61
第二层有效度（m）	11.00	含油饱和度（%）	64	第二层平面渗透率（mD）	98
第三层有效度（m）	17.66	原油黏度（mPa·s）	4000	第三层平面渗透率（mD）	32

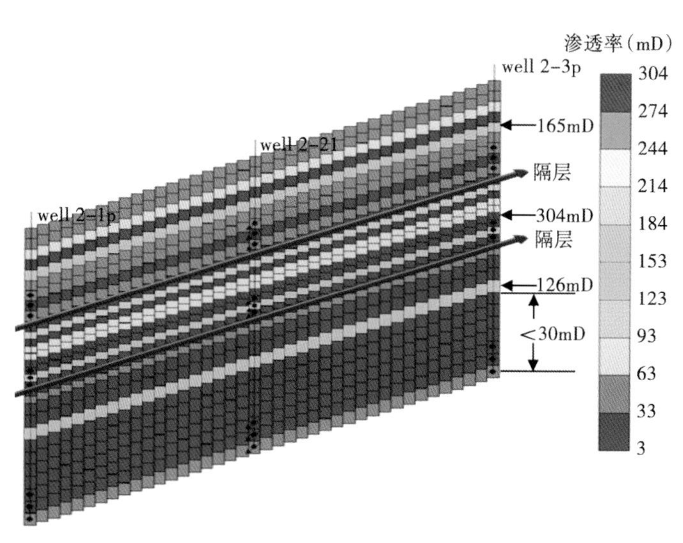

图4-6　火驱地质模型的渗透率纵剖面

2）火驱反应方程

火驱燃烧模式的选择，对火驱效果的影响较大。本次火驱数值模拟采用干烧模式。

根据火烧机理，确定4个火烧反应方程，如下：

（1）重油＝轻油+焦炭（裂解反应）

（2）焦炭+O_2＝H_2O+CO_2/CO（焦炭燃烧）

（3）重油+O_2＝H_2O+CO_2/CO（重油燃烧）

（4）轻油+ O_2＝H_2O+CO_2/CO（轻油燃烧）

3）火烧井网部署

火驱的井网有多种形式，以反九点面积井网和线性井网两种为主。面积井网，具有采注比井数较高，有利于提高采注比的优点，但面积井网容易单向突破，生产调控难度大。线性井网，调控简单，生产井受效方向相对单一（最多两个方向），被广泛采用。目前，国外已经成功的稠油商业火驱，大多数都采用线性井网模式。本次数模的井网部署采用线性井网，注汽井位于油藏高部位，生产井沿注汽井排方向的下侧交错式行列排布，如图4-7所示。

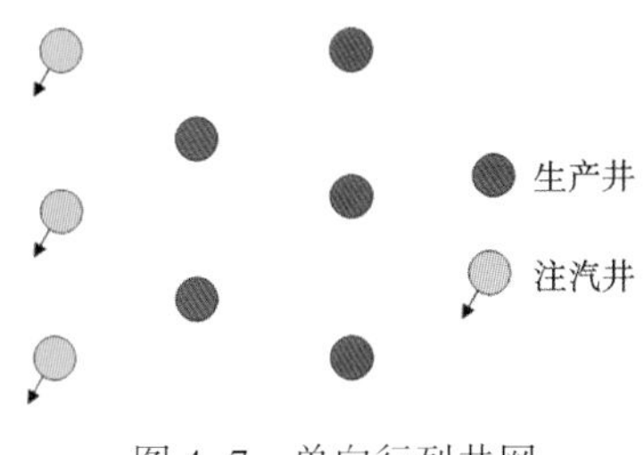

图4-7 单向行列井网（注采井交错排列）

4）火驱数值模拟预测

吉103区块油藏埋深较大，地层压力13MPa。实现火驱有两种路径，为高压火驱和低压火驱两种。而目前世界成功的火驱项目——罗马尼亚Suplacu油田火驱注气压力2MPa左右，印度Balol和Santhal油田火驱注气压力在12～13MPa，都是典型的低压火驱的代表。吉103区块设定两种火驱方式进行对比，第一种方式是直接火驱，因为注入压力高，是典型的高压火驱；另一种方式是先对油藏进行蒸汽吞吐降压，等压力降到合适的水平时再进行火驱开发。

（1）高压火驱方式。

高压多层火驱：数值模拟设定3个小层同时进行火驱开发时，因第二层的渗透率明显高于其他两个小层，造成火驱的火线主要沿第二层推进，纵向上推进不均匀，氧气窜进严重（表4-9，图4-8）。油藏的动用状况是第二层动用最好，采收率达到89.5%，上部的第一层因为热能对流的影响，采出程度也较高。总体在火驱结束时，采收率可达到38.4%。数值模拟中，直接火驱需要的注气压力高，最大注气压力达到22MPa，已经超过了油层的破裂压力（图4-9、图4-10）。

表4-9 多层火驱数模效果预测表

多层高压火驱	储量（10^4m^3）	生产时间（d）	采收率（%）	日产油（t）	单井日产油（t）	累计产油（10^4t）	累计注气（10^8m^3）	累计空气油比	最大注气压力（MPa）
总计	17.42	4068	38.4	16.5	5.5	6.69	19490.29	2912	22
第一层	6.63	4068	21.4	3.5	1.2	1.42	4273.12	3015	
第二层	4.96	4068	89.5	10.9	3.6	4.44	12347.07	2781	
第三层	5.82	4068	14.4	2.1	0.7	0.84	2870.09	3435	

高压单层火驱：数值模拟设定3个小层分别进行火驱开发时，各小层内部依然体现出火线沿主要的高渗透通道窜进的现象，但整体推进较均匀，油层采收率较高。第一、第二、第三层

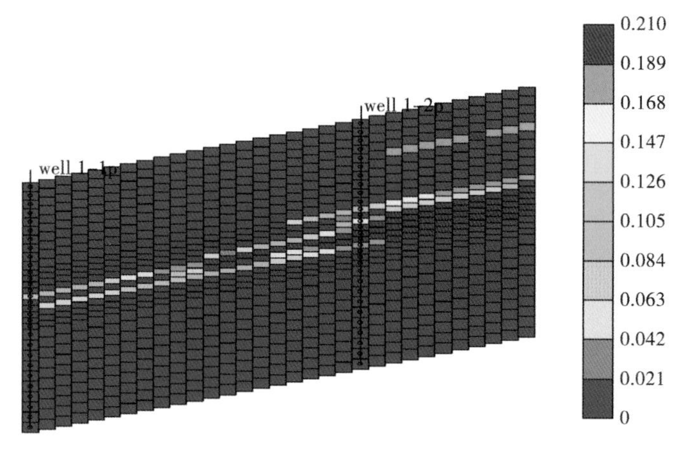

图 4-8　高压多层火驱结束时氧气浓度场模拟结果

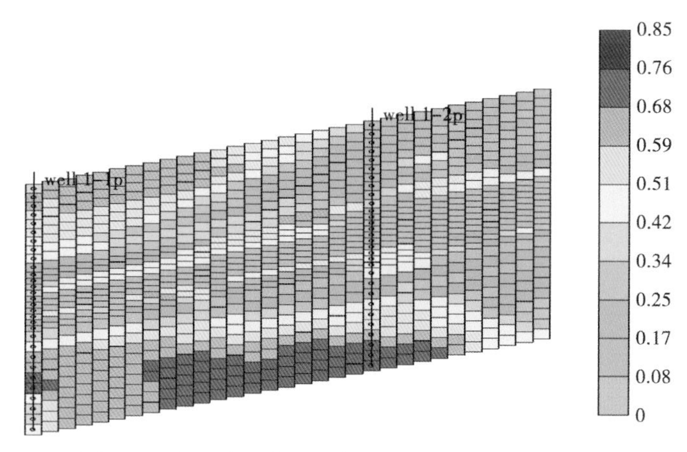

图 4-9　高压多层火驱结束时含油饱和度场模拟结果

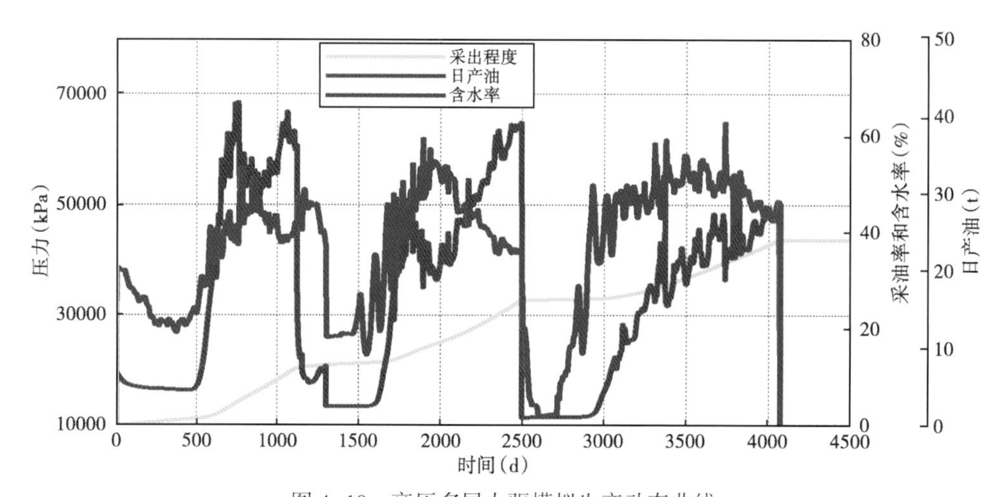

图 4-10　高压多层火驱模拟生产动态曲线

的采收率分别达到了78.9%、76.5%、63.4%，空气油比分别为在3107、3287、4442，最大注气压力分别为22MPa、21MPa、25MPa，也都超过了油层的破裂压力（表4-10、图4-11）。

表4-10 高压单层火驱效果预测表

多层高压火驱	储量（10^4m^3）	生产时间（d）	采收率（%）	日产油（t）	单井日产油（t）	累计产油（10^4t）	累计注气（10^8m^3）	累计空气油比
第一层	6.69	8398	78.9	6.29	2.1	5.28	3107	22
第二层	4.96	8412	76.5	4.51	1.5	3.80	3287	21
第三层	5.77	8235	63.4	4.44	1.48	3.66	4442	25

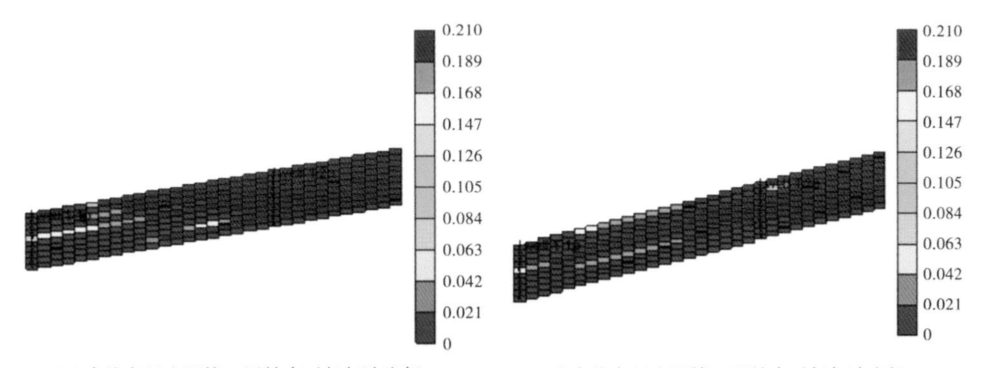

(a)直接高压火驱第一层结束时氧气浓度场

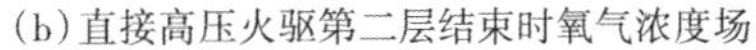

(b)直接高压火驱第二层结束时氧气浓度场

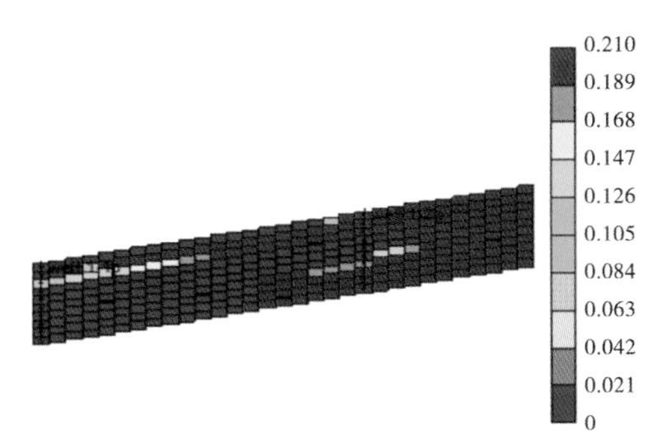

(c)直接高压火驱第三层结束时氧气浓度场

图4-11 单层火驱结束时的氧气浓度场模拟结果分布对比图

对比高压多层火驱与高压单层火驱效果来看，存在以下特点：

①高压多层火驱氧气窜进快，生产时间短，火驱主要驱替渗透率高的第二层；

②高压单层火驱前缘较均匀，生产时间长，采收率高，但空气油比也较高；

③多层火驱采用1套井网开发，而单层火驱需要3套井网，对经济有效开发不利；

④多层高压火驱与单层高压火驱都存在注气压力高的问题，注气压力高于22MPa。

（2）吞吐后降压转火驱。

吉103区块油藏因渗透率低、油品差，衰竭开采降压难以实现。因此，必须采用吞吐开发的方式降压。

低压多层火驱：数值模拟采用多层同时射开吞吐方式降压，生产2004d之后转火驱。吞吐阶段采收率为15.5%，累计油汽比为0.23，压力降至3.2MPa。其中，第二层渗透率最高，吞吐采收率为20.25%。多层低压火驱火线不均匀，生产时间仅为2840d，采收率仅为23.41%，累计空气油比为3876m³/m³。火驱主要生产渗透率高的第二层，第一层和第三层采收率较低。火驱阶段的平均空气油比在3876m³/m³（表4-11、图4-12至图4-14）。

表4-11　低压多层火驱效果预测表

多层低压火驱	储量（10^4m^3）	生产时间（d）	火驱阶段采收率（%）	日产油（t）	单井日产油（t）	累计产油（10^4t）	累计注气（10^8m^3）	累计空气油比	最大注气压力（MPa）
总计	14.71	2840	23.4	12.1	4.0	3.44	1.34	3876	12.1
第一层	5.53	2840	13.5	2.6	0.9	0.75	0.35	4652.7	
第二层	3.83	2840	62.1	8.4	2.8	2.38	0.82	3468.4	
第三层	5.36	2840	6.0	1.1	0.4	0.32	0.16	5088.6	

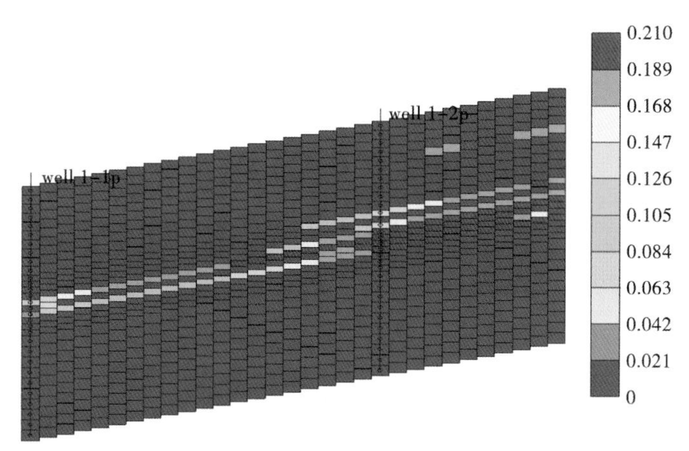

图4-12　低压多层火驱结束时氧气浓度场模拟结果

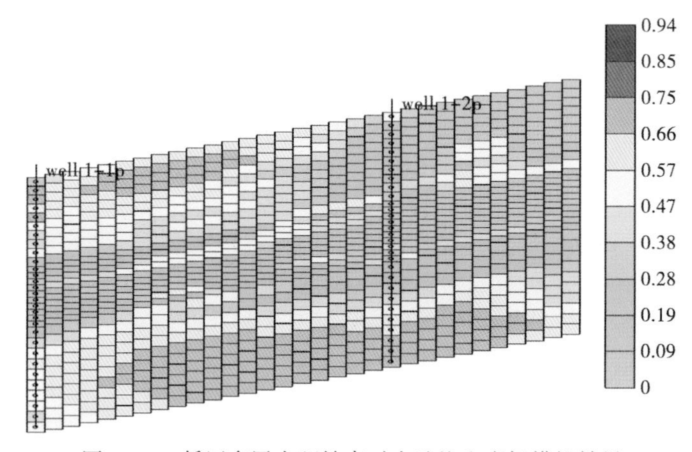

图4-13　低压多层火驱结束时含油饱和度场模拟结果

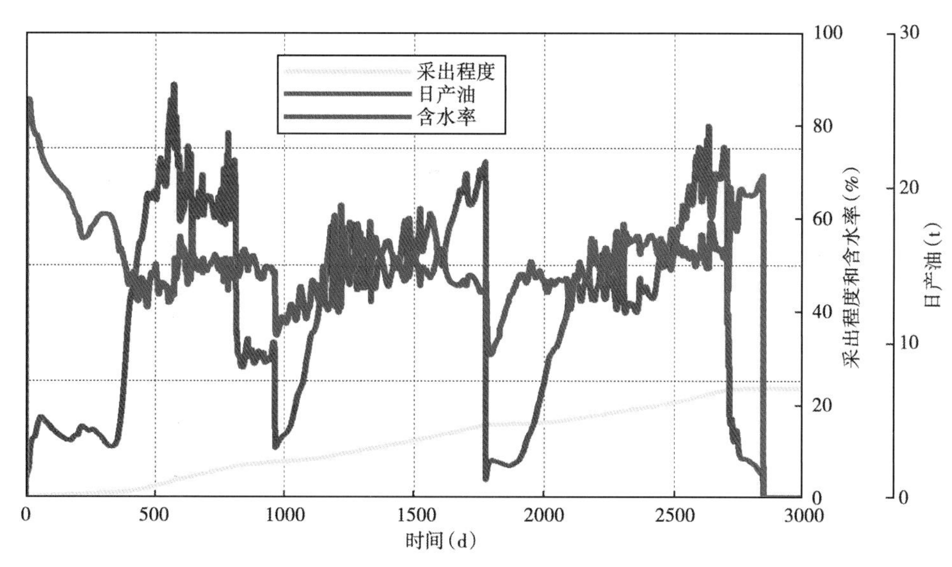

图 4-14 低压多层火驱动态模拟曲线

低压单层火驱：吞吐后单层火驱，火线相对均匀，生产时间较长，各层的采收率也较高。第一层厚度大，渗透率较均匀，采收率和空气油比也较另外两层高（表 4-12、图 4-15）。

表 4-12 低压单层火驱效果预测表

单层低压火驱	储量(10^4m^3)	生产时间(d)	火驱阶段采收率(%)	日产油(t)	单井日产油(t)	累计产油(10^4t)	累计空气油比	最大注气压力(MPa)
第一层	5.68	7300	70.6	5.49	1.83	4.01	3565	11.7
第二层	4.03	6849	65.2	3.84	1.28	2.63	3859	8.9
第三层	5.08	6558	57.8	4.48	1.49	2.94	4390	15.7

另外，如果该区上部的不整合面的封闭性较差，将影响火驱的正常进行。数值模拟预测当上覆盖层渗透率大于 0.5mD 时，火驱过程中，空气漏失比例超过 50%，火驱失败。

4. 火驱可行性综合分析小结

(1) 吉 103 井区直接高压火驱，最高注气压力超过 25MPa，属高压火驱，高压火驱注气压力高，对注气工艺和技术要求高，且能耗大，超过地层破裂压力，不可行；吞吐降压后转火驱，注气压力可以控制在 11MPa 以内，比较适合火驱。

(2) 吉 103 井区梧一段储层上部发育有剥蚀不整合面，有一定的渗透性，空气漏失的风险较高。

(3) 吞吐降压后转火驱开发。多层火驱火线推进极不均匀，生产时间短，采收率较低；单层火驱可以降低层间物性差异，火驱采收率较高，但空气油比较高且需要投入 3 套井网开发，经济效益差。

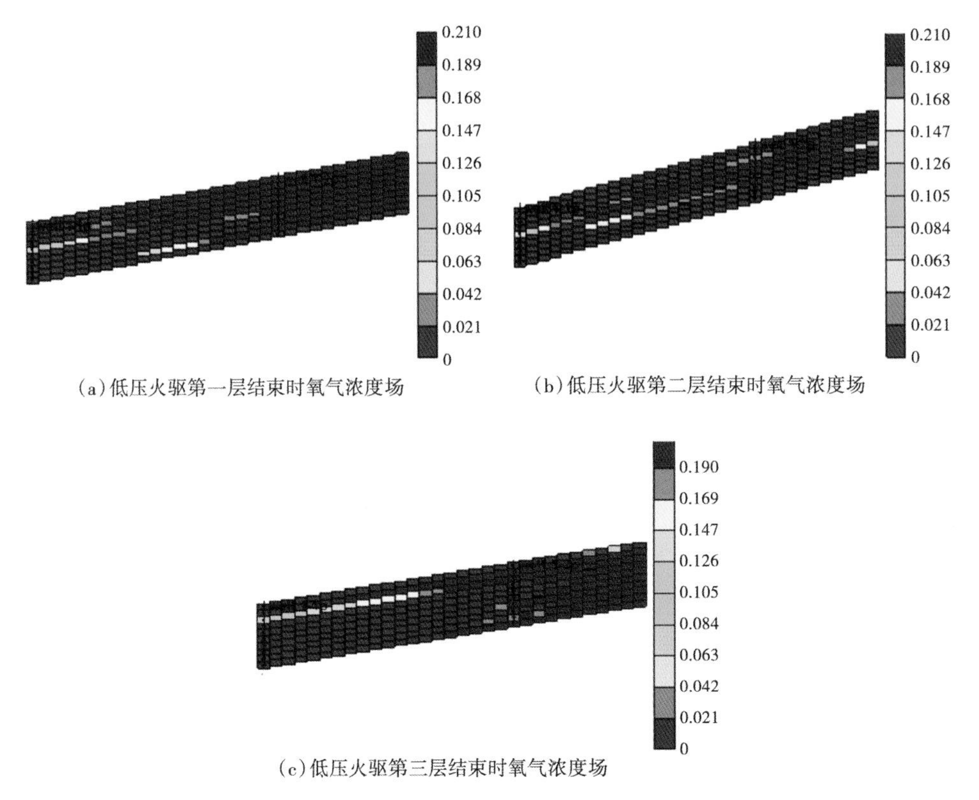

(a)低压火驱第一层结束时氧气浓度场

(b)低压火驱第二层结束时氧气浓度场

(c)低压火驱第三层结束时氧气浓度场

图 4-15　低压单层火驱结束时氧气浓度场模拟结果

综上所述，直接高压火驱不可行。在吉 7 井区油品较差的高黏度区，如果油藏封闭性较好，可以考虑蒸汽吞吐后，利用原井网转入火驱开发提高最终采收率。如果不整合面的封闭性较差，该油藏将不适合火驱开发方式。

第三节　不同开发方式的优化

一、常规水驱+泡沫驱开发方式优化

吉 006 井断块原油和筛选的聚合物性能评价、聚合物驱油及泡沫驱油实验，在上一章已经阐述，这里就不多赘述了。

1. 吉 006 井断块聚合物驱、泡沫驱潜力评价

1）试验区潜力评价模型

利用 Petrel 软件，得到研究区渗透率×孔隙度×净毛比的网格化分布数据，对纵向上所有层的数据求平均值，得到平面分布图，在累积分布 50%～85%区域内选取代表全区的模型，最终选取了 J6169 井组。

利用模型，得到数值模拟动态模型，采用的是七点法，一注六采，注采井间距为 210m，如图 4-16 所示。

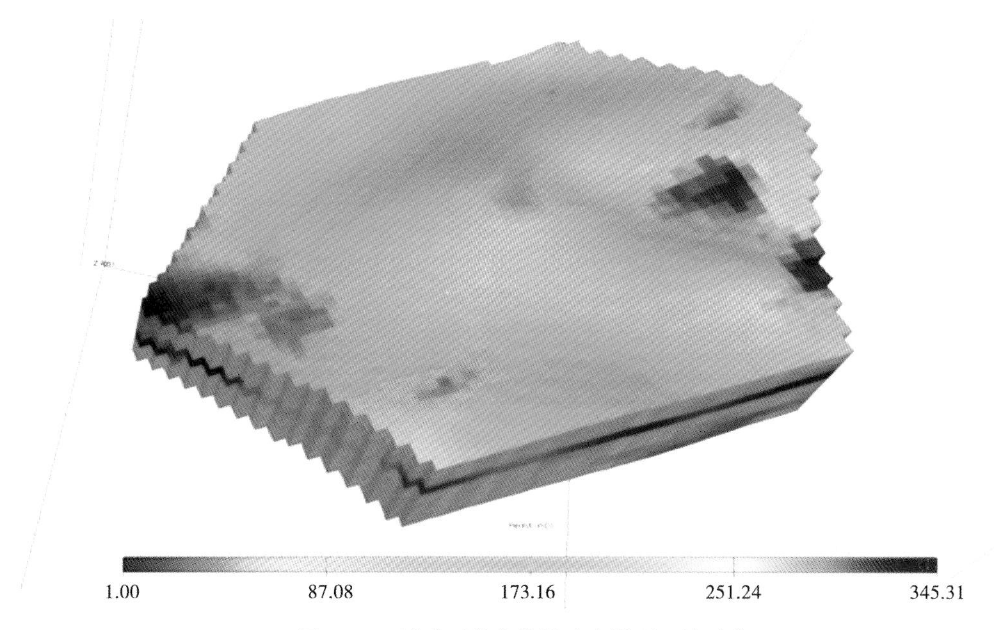

图 4-16　试验区数值模拟动态模型（渗透率）

基于模型，开展水驱采收率评价表明，水驱采收率为 25.98%，结果如图 4-17 所示。

2）聚合物驱潜力评价预测

根据实验室数据，进行聚合物驱潜力评价所需的物理化学参数整理，采用的是聚合物 CJP2000，考虑了聚合物黏浓曲线、吸附、剪切对聚合物黏度影响、残余阻力系数和不可及孔隙体积等（图 4-18、图 4-19）。

（1）聚合物驱浓度优化。

在水驱预测基础上，进行聚合物驱效果预

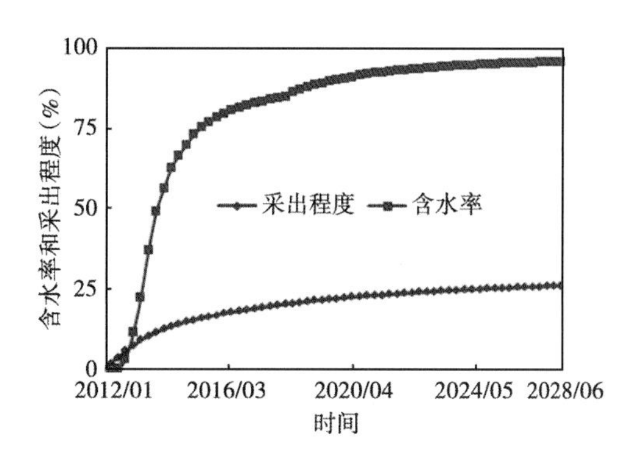

图 4-17　水驱预测结果

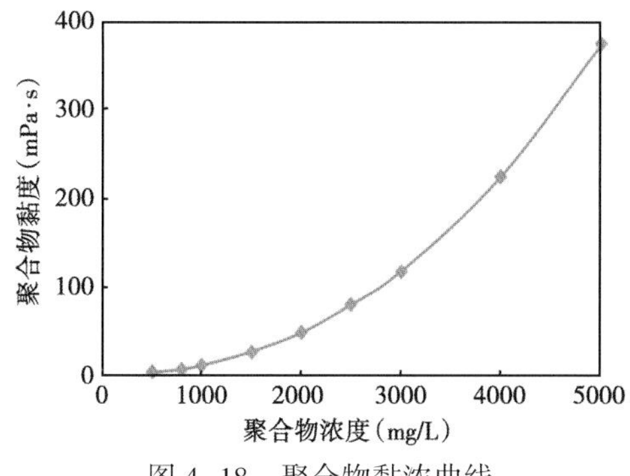

图 4-18　聚合物黏浓曲线

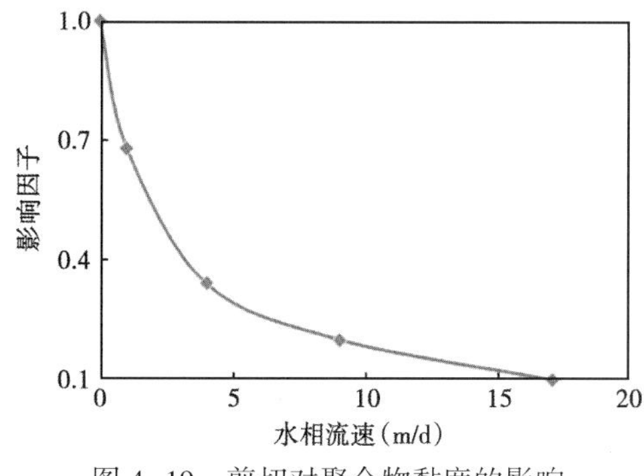

图 4-19　剪切对聚合物黏度的影响

测。在聚合物注入量1000mg/L，注入体积倍数不变的条件下，进行聚合物浓度分布为1000mg/L、1250mg/L、1500mg/L、1750mg/L、2000mg/L的不同方案的预测。结果见表4-13、图4-20，当聚合物浓度为2000mg/L时，聚合物注入压力不断升高，不适合此区域注入。注入浓度为1500mg/L的方案最好，提高采收率13.17%。

表4-13 聚合物驱不同注入浓度方案预测结果

方案		提高采收率（%）	吨聚增油（t/t）
注入浓度（mg/L）	注入孔隙体积倍数（PV）		
1000	1.00	11.40	46.86
1250	0.80	12.67	52.04
1500	0.67	13.17	54.11
1750	0.57	13.14	54.00

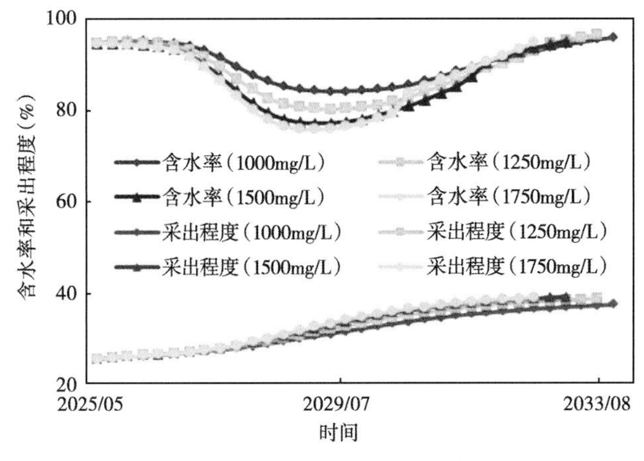

图4-20 聚合物驱不同注入浓度方案预测曲线

（2）聚合物驱段塞大小优化。

在聚合物注入浓度1500mg/L不变的条件下，进行不同注入量（0.4PV、0.5PV、0.6PV、0.7PV、0.8PV）方案的预测。随着注入量不断增加，提高采收率幅度变缓，当聚合物段塞大于0.7PV后，聚合物驱效率低于50t/t（表4-14、图4-21）。

表4-14 聚合物驱不同注入孔隙体积倍数方案预测结果

方案		提高采收率（%）	吨聚增油（t/t）
注入浓度（mg/L）	注入孔隙体积倍数（PV）		
1500	0.4	11.20	76.69
1500	0.5	12.36	67.70
1500	0.6	12.86	58.72
1500	0.7	13.24	51.82
1500	0.8	13.37	45.78

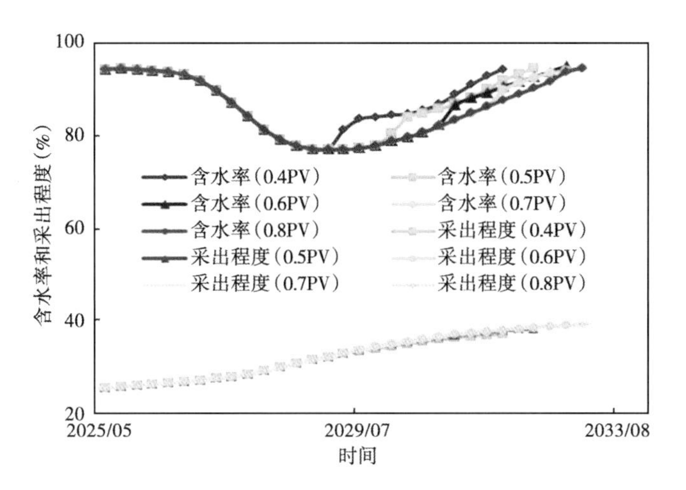

图 4-21 聚合物驱不同注入孔隙体积倍数方案预测曲线

3）泡沫驱潜力评价预测

(1) 泡沫驱气液比大小优化。

在水驱预测基础上，进行泡沫驱潜力评价。泡沫剂配方：0.4%起泡剂+0.1%稳泡剂，开展不同气液比（0.5∶1、1∶1、2∶1 和 4∶1）方案预测，结果见表 4-15、图 4-22，从计算结果看，气液比为 2∶1 时效果最好，可提高采收率 18.46%。

表 4-15 泡沫驱不同注入气液比方案预测结果

方案			提高采收率
注入浓度（mg/L）	注入孔隙体积倍数（PV）	气液比	（%）
0.4%起泡剂+0.1%稳泡剂	0.7	0.5∶1	15.97
	0.7	1∶1	17.93
	0.7	2∶1	18.46
	0.7	4∶1	17.22

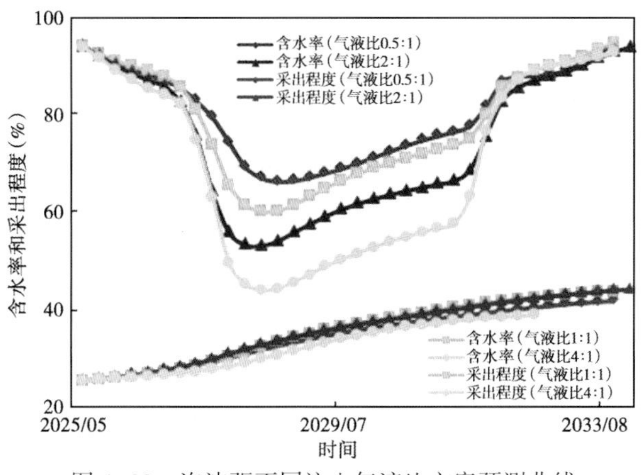

图 4-22 泡沫驱不同注入气液比方案预测曲线

（2）泡沫驱段塞大小优化。

泡沫驱不同注入量（0.4PV、0.5PV、0.6PV、0.7PV 和 0.8PV）方案预测结果表明（表 4-16、图 4-23），在气液比 2∶1 的条件下，随着注入孔隙体积倍数的增加，提高采收率幅度变缓，注入量达 0.7PV 时，可提高采收率 18.46%。

表 4-16　泡沫驱不同注入孔隙体积倍数方案预测结果

方　　案			提高采收率（%）
注入浓度（mg/L）	注入孔隙体积倍数（PV）	气液比	
0.4%起泡剂+0.1%稳泡剂	0.4	2∶1	14.64
	0.5	2∶1	16.03
	0.6	2∶1	17.32
	0.7	2∶1	18.46
	0.8	2∶1	19.42

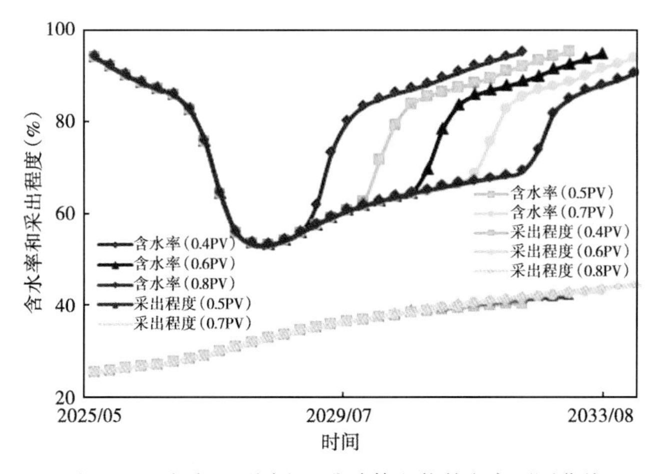

图 4-23　泡沫驱不同注入孔隙体积倍数方案预测曲线

（3）泡沫驱起泡剂浓度优化。

在注入量 0.7PV 不变的条件下，不同起泡剂浓度（0.2%、0.3%、0.4%、0.5%、0.6%）预测效果表明（表 4-17、图 4-24），在气液比 2∶1 条件下，随着起泡剂浓度的增加，提高采收率幅度变缓，起泡剂浓度为 0.4%时，可提高采收率 18.46%。

表 4-17　泡沫驱不同起泡剂浓度方案预测结果

方　　案			提高采收率（%）
注入孔隙体积倍数（PV）	注入起泡剂浓度（%）	气液比	
0.7	0.2	2∶1	16.23
	0.3	2∶1	17.05
	0.4	2∶1	18.47
	0.5	2∶1	19.15
	0.6	2∶1	19.70

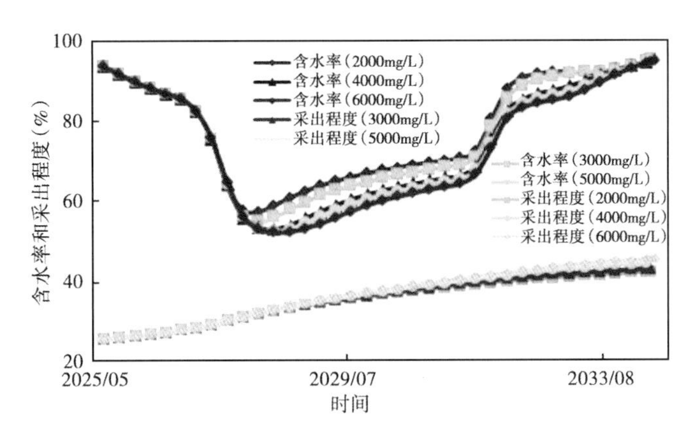

图 4-24 泡沫驱不同起泡剂浓度方案预测曲线

4) 段塞组合和注入时机研究

(1) 泡沫驱聚合物驱段塞组合优化。

在前期注入参数优化基础上，注入量 0.7PV 不变的条件下，开展不同段塞组合［泡沫（0.1PV）+聚合物（0.6PV）、泡沫（0.2PV）+聚合物（0.5PV）、泡沫（0.3PV）+聚合物（0.4PV）］预测，结果表明（表 4-18、图 4-25），泡沫段塞大小为 0.2PV 时，可提高采收率 15.27%，起到了封堵大孔道调节流度的作用，且降水增油效果较好，因此选用此段塞组合。

表 4-18 泡沫驱+聚合物驱不同段塞组合方案预测结果

方案		提高采收率
注入孔隙体积倍数（PV）	段塞组合	（%）
0.7	聚合物驱（1500mg/L）	13.17
	泡沫（0.1PV）+聚合物（0.6PV）	14.13
	泡沫（0.2PV）+聚合物（0.5PV）	15.27
	泡沫（0.3PV）+聚合物（0.4PV）	16.07
	泡沫驱（0.4%起泡剂+0.1%稳泡剂）	18.46

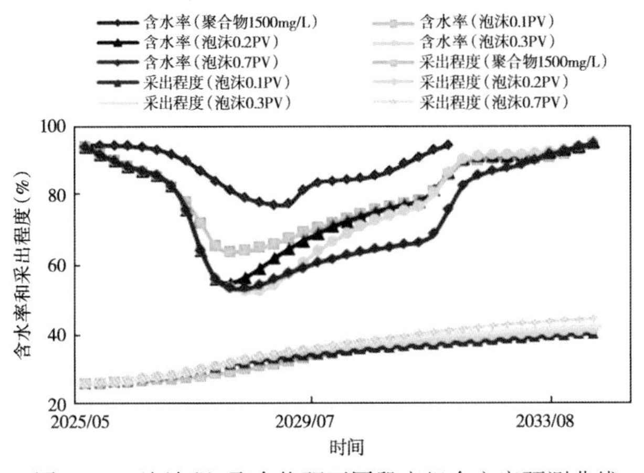

图 4-25 泡沫驱+聚合物驱不同段塞组合方案预测曲线

（2）泡沫驱聚合物驱注入时机优化。

在前期注入参数优化基础上，选用段塞组合泡沫（0.2PV）+聚合物（0.5PV），开展不同注入时机优化，当含水率分别为70%、80%、90%、95%时的预测结果表明（表4-19、图4-26），在含水率为90%时注入效果最好，可提高采收率15.38%。

表4-19　泡沫驱+聚合物驱不同注入时机方案预测结果

方案		提高采收率（%）
段塞组合	含水率（%）	
泡沫（0.2PV）+聚合物（0.5PV）	70	14.65
	80	14.89
	90	15.38
	95	15.27

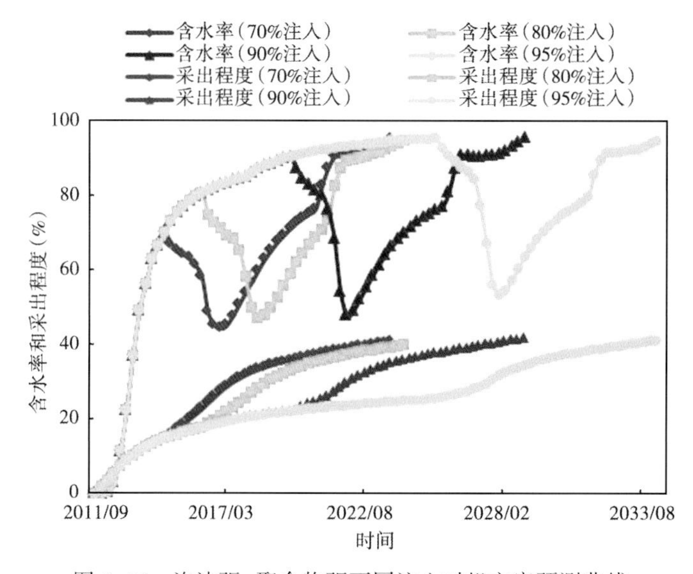

图4-26　泡沫驱+聚合物驱不同注入时机方案预测曲线

（3）泡沫驱注入时机优化。

在前期注入参数优化基础上，开展不同注入时机优化，当含水率分别为70%、80%、90%、95%时的预测结果表明（表4-20、图4-27），在含水率为90%时注入效果最好，可提高采收率18.66%。

表4-20　泡沫驱不同注入时机方案预测结果

方案		提高采收率（%）
段塞组合	含水率（%）	
泡沫（0.7PV）	70	18.01
	80	18.11
	90	18.66
	95	18.47

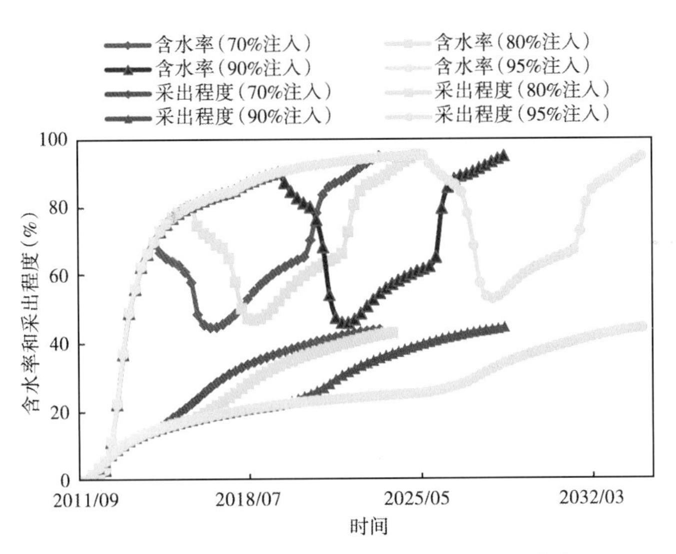

图 4-27 泡沫驱驱不同注入时机方案预测曲线

5）剩余油预测

从不同驱替类型剩余油分布可见（图 4-28 至图 4-31），水驱后存在较多剩余油，且驱替不均匀，聚合物驱和泡沫驱后，剩余油驱替的较充分。

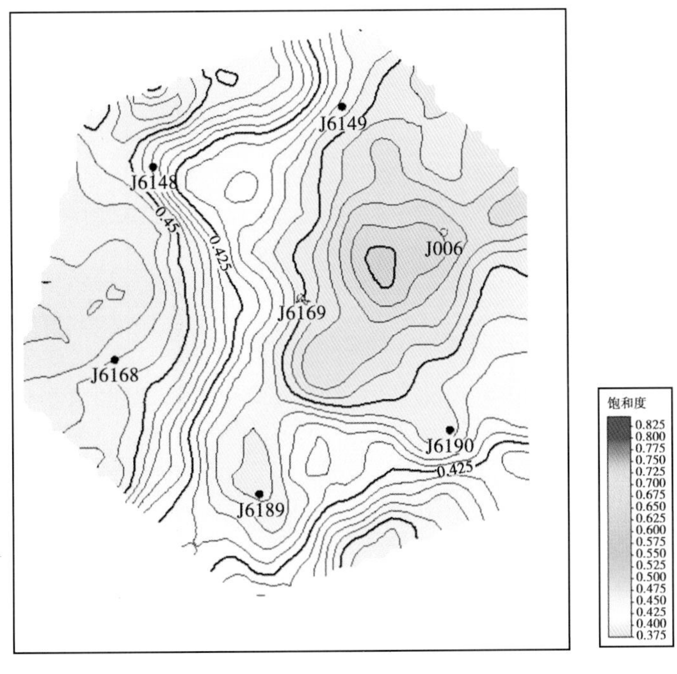

图 4-28 原始含油饱和度分布

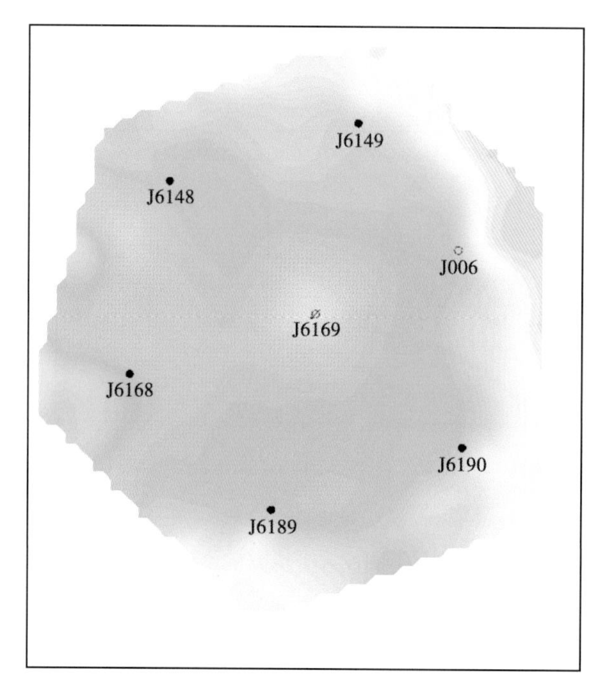

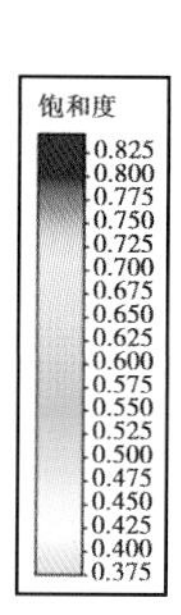

图 4-29　水驱后含油饱和度分布

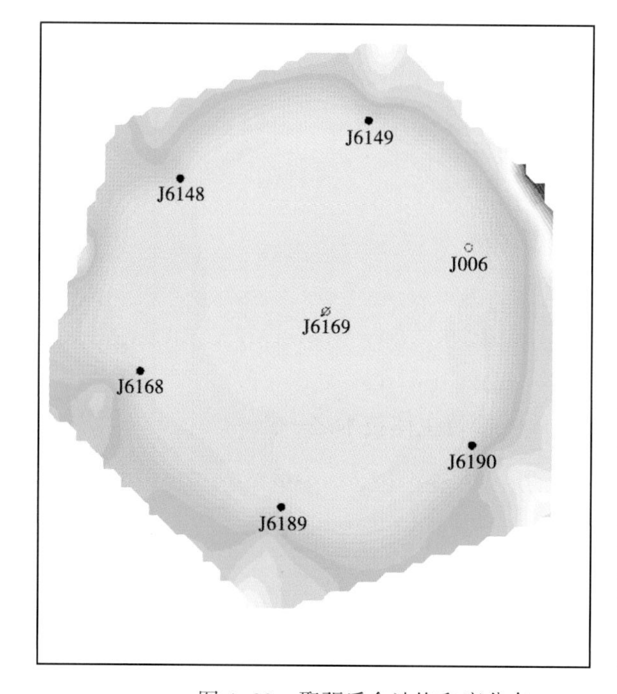

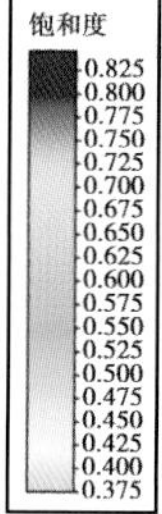

图 4-30　聚驱后含油饱和度分布

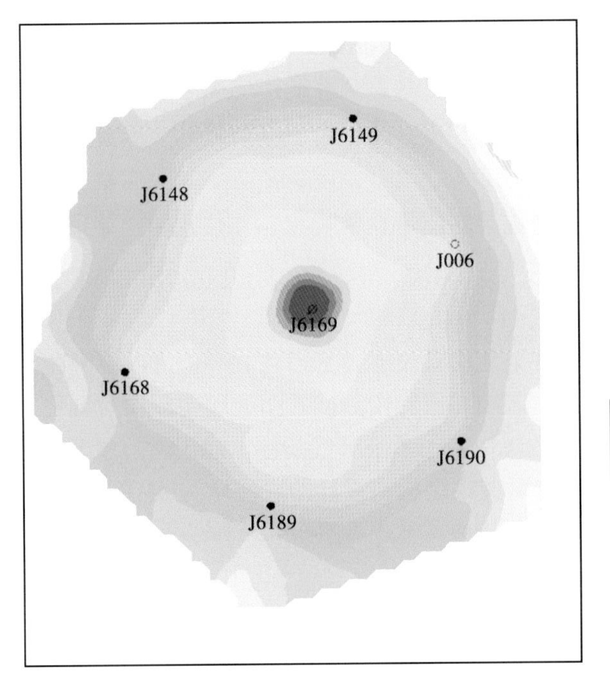

图 4-31 泡沫驱后含油饱和度分布

2. 小结

基于实验结果，对聚合物驱、泡沫驱潜力评价得出以下结论。

（1）新疆昌吉油田原油和筛选的聚合物性能评价表明，随着聚合物浓度增大，聚合物溶液的表观黏度逐渐增大；由于昌吉油田吉 006 井断块油藏原油黏度较高，考虑经济成本，聚合物驱实验选取聚合物 CPJ2000 的浓度为 2000mg/L，流度比约为 1:1 。

（2）吉 006 井断块聚合物驱油实验结果表明，在水驱驱油效率 41.87%基础上，聚合物驱能提高驱油效率 13.96%，总驱油效率达到了 55.53% ；吉 006 井断块水驱后实施聚合物驱提高采收率有较大潜力，是水驱后的主要接替技术之一。

（3）吉 006 井断块泡沫驱油实验结果表明，在水驱驱油效率 40.43%的基础上，泡沫驱可提高驱油效率 24.46%，总驱油效率达到了 64.89% ；吉 006 井断块水驱后实施泡沫驱提高采收率潜力大，有望成为水驱后的接替主体技术之一。

（4）吉 006 块目前采用七点法，一注六采，井距 210m，常规水驱预测采收率为 25.98%。含水率达 90%后转入聚合物驱可提高采收率 13.37%，转氮气泡沫驱，可提高采收率 18.66%。

二、热水驱+氮气泡沫段塞驱开发方式优化

热水驱+氮气泡沫开采稠油是利用氮气驱、泡沫驱和热水驱的优点，提出的一种复合驱油新方法。利用热水驱增加地层能量，降低原油黏度，改善水油流度比；利用泡沫的调剖作用使热水转向渗透率较小的、波及程度较低的区域，提高波及体积，同时改善热水和氮气的突破问题，另外，起泡剂本身就是一种表面活性剂，可提高洗油效率；氮气一方面起到维持

地层压力的作用，另一方面为产生泡沫提供必要的气体。预计这种技术将成为此类稠油油藏蒸汽吞吐后期有效的接替方式（邴绍献，2013；刘海龙，2012；李传亮，2005）。

吉 8 井断块属于普通稠油Ⅱ型油藏，是吉 7 井区梧桐沟组油藏储量的主体部位，储量占全区储量的 62.1%。吉 8 井断块适合的开发方式的研究与优化，是本次研究的重点。

1. 开发方式优化与组合

采用数值模拟方法进一步研究天然能量、常规水驱、热水驱、不同温度水驱+氮气泡沫驱 4 种方式的可行性及开发效果。

1）衰竭开发方式

考虑到吉 7 井区现有试油试采井在常规方式下均具有一定产能，因此，采用数值模拟方法对天然能量开发开展研究。该区域高压物性测试表明地层中存在溶解气，且含量较高，溶解气油比为 30m³/t。因此，在数模中考虑了溶解气条件，对天然能量开发效果进行了预测。

在吉 008 井注水试验区拟合后的模型上，设计井底流压为 4MPa 左右，产液量为 15t/d，衰竭式开采直至压力枯竭。初步预测衰竭式开发生产 2650d，采出程度为 6.1%，采油速度为 0.82%，累计采油量为 46560t。

2）水驱开发方式

（1）注不同温度热水井筒热损失。

①普通油管。

注水速度 30t/d，注入不同温度热水时，采用普通油管，1600m 井深时损失 80%左右的热量（图 4-32）。

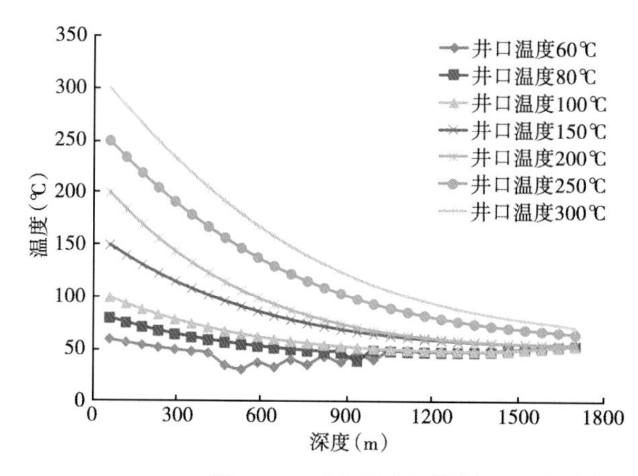

井口注水温度（℃）	井底注水温度（℃）
300	75
250	69
200	56
150	55
100	52
80	52
60	52

图 4-32　普通油管不同注入温度随井深的变化曲线

②隔热油管。

注水速度 30t/d，注入不同温度热水时，采用隔热油管（视导热系数为 0.12W/m/℃时），1600m 井深时损失 60%左右的热量（图 4-33）。

注水速度 30t/d，注入不同温度热水时，采用隔热油管（视导热系数为 0.06W/m/℃时），1600m 井深时损失 50%左右的热量（图 4-34）。

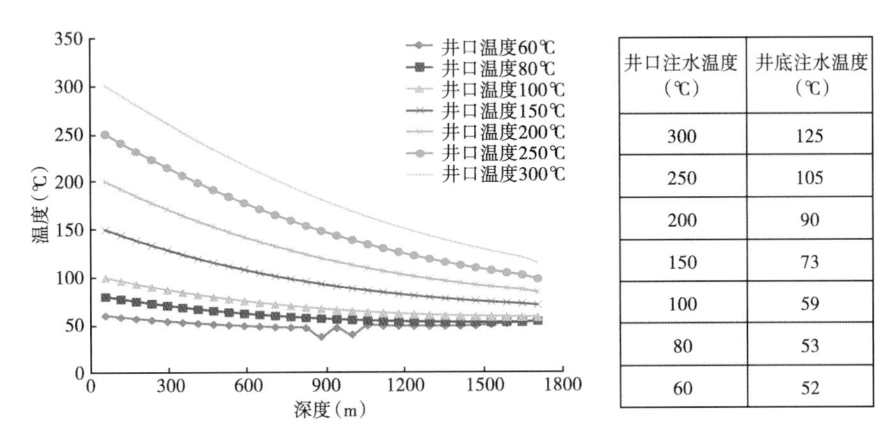

井口注水温度(℃)	井底注水温度(℃)
300	125
250	105
200	90
150	73
100	59
80	53
60	52

图 4-33 隔热油管视导热系数为 0.12W/m/℃时不同注入温度随井深的变化曲线

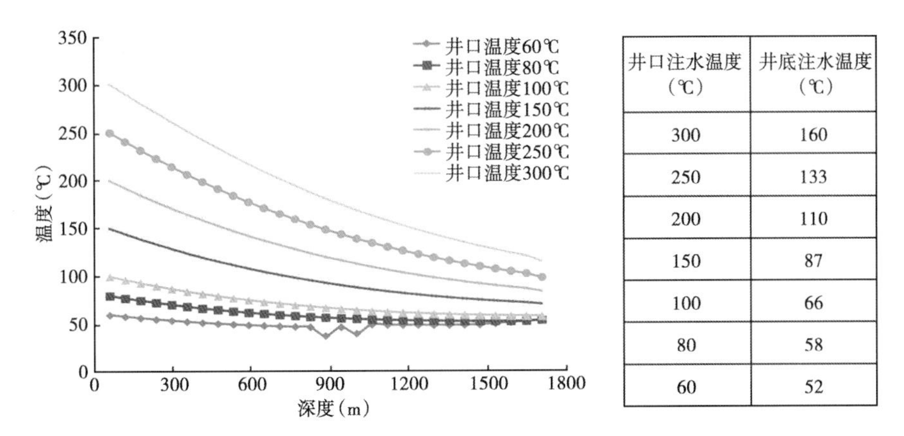

井口注水温度(℃)	井底注水温度(℃)
300	160
250	133
200	110
150	87
100	66
80	58
60	52

图 4-34 隔热油管视导热系数为 0.06W/m/℃时不同注入温度随井深的变化曲线

③真空隔热油管。

注水速度 30t/d，注入不同温度热水时，采用真空隔热油管（视导热系数为 0.015W/m/℃时），1600m 井深时损失 20%左右的热量，可以有效保证井底注入温度（图 4-35）。

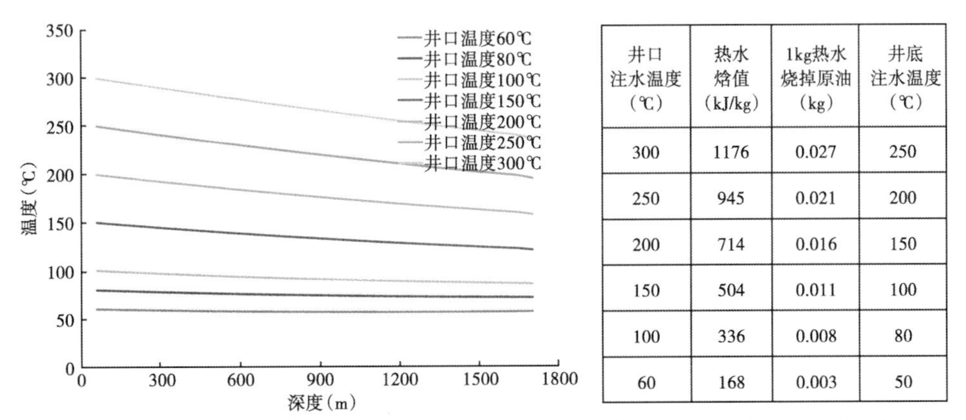

井口注水温度(℃)	热水焓值(kJ/kg)	1kg热水烧掉原油(kg)	井底注水温度(℃)
300	1176	0.027	250
250	945	0.021	200
200	714	0.016	150
150	504	0.011	100
100	336	0.008	80
60	168	0.003	50

图 4-35 真空隔热油管视导热系数为 0.015W/m/℃时不同注入温度随井深的变化曲线

（2）注入能力分析。

由于储层渗透率较低，且具有中—强水敏。注水能力差、注水压力高等问题是油藏注水开发的主要矛盾。注入能力是阻碍其实现有效开发的重要问题之一。

分别进行不同温度水驱的实验发现：随着注入水温度的升高，相同注入量下，注采端的压差明显变小（表 4-21）。在同等注水压力的前提下，注水量可以成倍提升，即 100℃、150℃、200℃时的注入能力分别是 50℃时的 1.6、2.5、3.2 倍。

表 4-21 吉 7 井区不同温度水驱的注入能力分析（注入速度 0.5mL/min）

温度	启动时驱替压差（kPa）	结束时驱替压差（kPa）	注入能力倍数
50℃	5180	361	1.0
100℃	3199	240	1.6
150℃	2100	150	2.5
200℃	1600		3.2

（3）不同温度水驱开发效果。

①注热水提高采收率机理。

昌吉油田吉 7 井区梧桐沟组作为复杂因素控制的油藏，其各项油层指标都不符合一般意义上的成熟技术应用的筛选标准。

相对于常规水驱方式，注热水开发可表现在流体渗透率及油相相对渗透率的双双增加，以及热对流造成的热超覆对水驱动用状况和纵向动用程度的明显改善。

（a）改善注入能力，能更有效地建立驱替体系。

有效驱动体系的建立，受到驱动压差、渗透率、原油黏度等多种因素的控制。与常规水驱相比，注热水可以降低流体的黏度和改变介质相态，提高相对渗透率，因此有助于驱替体系的建立。

注入高温流体有助于降低原油黏度、大幅提高原油流动能力；同时注入介质的黏度也有大幅度下降，注入渗流阻力减小，注入流体流动能力提高，有助于提高注入量。例如随着注水温度的上升，水的黏度下降，200℃水的黏度仅为 40℃水的黏度的 1/4.69，350℃水的黏度仅为 40℃水的黏度的 1/8.45（图 4-36）。

（b）高温流体注入，有利于提高驱油效率。

高温降黏及蒸馏作用是热水驱提高驱油效率的两种最重要的机理。高温降黏作用提高了原油的流动能力，改善了油水流度比。蒸馏作用改变了岩石的润湿程度，使岩石向水湿转变。降黏和蒸馏的共同作用使油水相渗曲线的共渗点向右移动，提高了驱替的驱油效率。

②不同温度水驱开发效果预测。

在吉 008 井注水试验区拟合模型基础上，利用数值模拟方法，设计不同注水温度、不同注入速度的水驱开发方式，水驱采注比均为 1:1，对水驱开发效果进行预测，各方案模拟预测到含水率达 95%时结束，模拟结果见表 4-22、图 4-37。

从不同温度水驱开发效果可以看出，注水温度升高，成本升高，净增油变小；水驱波及体积变化不大，驱油效率最大提高 12%左右，采收率能提高 3%～4%。当注水温度为 150℃时，能够加热油藏温度达到 80℃左右，有效发挥热力降黏和溶解气降黏的双重作用，因此推荐 150℃热水驱（井口注水温度 200℃）。

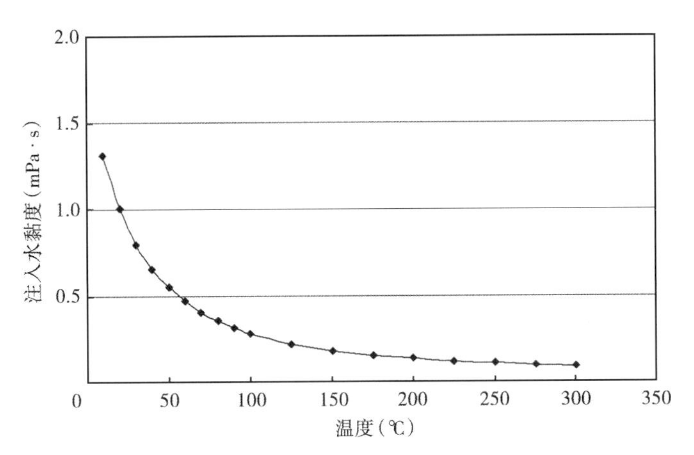

图 4-36 吉 7 井区注入水黏度与温度关系曲线

表 4-22 不同温度水驱开发方式结果

开采方式	单井日注水（t）	生产时间（d）	采收率（%）	采油速度（%）	累计产油（10^4t）	累计注水（10^4t）	烧掉的油（10^4t）	净增油（10^4t）
50℃水驱	15	7150	15.5	0.79	11.77	75.61	0.22	11.56
80℃水驱	19.5	7060	16.3	0.84	12.31	97.06	0.74	11.56
100℃水驱	22.5	7000	16.8	0.88	12.72	111.47	1.28	11.45
150℃水驱	30	6602	18.2	0.99	13.73	139.63	2.27	11.47
200℃水驱	30	6508	18.7	1.04	14.11	137.65	2.96	11.15
250℃水驱	30	6390	19.1	1.09	14.41	135.15	3.61	10.79

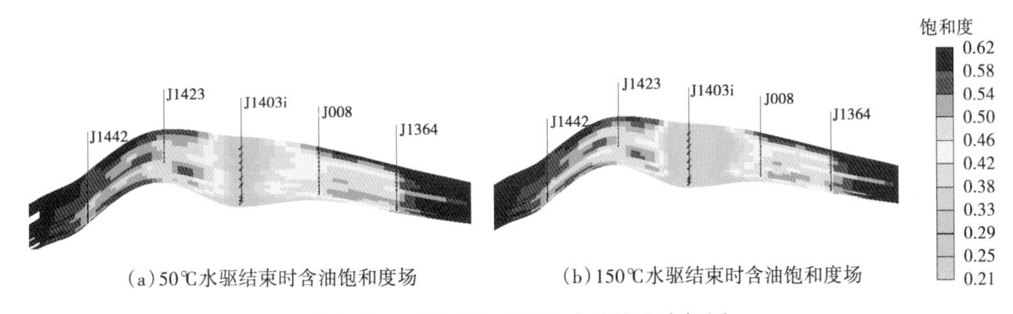

（a）50℃水驱结束时含油饱和度场　（b）150℃水驱结束时含油饱和度场

图 4-37 不同温度水驱后含油饱和度场图

3）水驱+氮气泡沫驱开发方式。

基于不同温度水驱模拟结果，考虑泡沫耐温的稳定性，设定了 50~150℃不同温度水驱+氮气泡沫驱方式，根据不同注水温度设定不同注入能力，采取注 450d 水后转氮气泡沫驱，气液同注方式，气液比 2∶1~3∶1 左右，设计采注比为 1∶1，进行 5 种方案数值模拟研究对比，各方案模拟预测的结果见表4-23、图4-38。

表4-23　不同温度氮气泡沫驱开发方式结果

开采方式	单井日注水（t）	起泡剂溶液（t/d）	单井日注气（m^3）	生产时间（d）	采收率（%）	采油速度（%）	累计产油（10^4t）	累计注水（10^4t）	累计注气（10^8m^3）	烧掉的油（10^4t）	净增油（10^4t）
50℃水驱+氮气泡沫驱	15	5	2500	8351	24.1	1.05	18.29	34.52	1.49	0.099	18.20
80℃水驱+氮气泡沫驱	19.5	6.5	3250	8200	26.4	1.17	20.08	44.11	1.90	0.337	19.74
100℃水驱+氮气泡沫驱	22.5	7.5	3750	8050	27.9	1.26	21.17	50.05	2.15	0.573	20.60
120℃水驱+氮气泡沫驱	25.5	8.5	4250	7900	29.3	1.35	22.23	55.76	2.39	0.744	21.49
150℃水驱+氮气泡沫驱	30	10	5000	7746	31.4	1.45	23.99	64.05	2.76	1.039	22.95

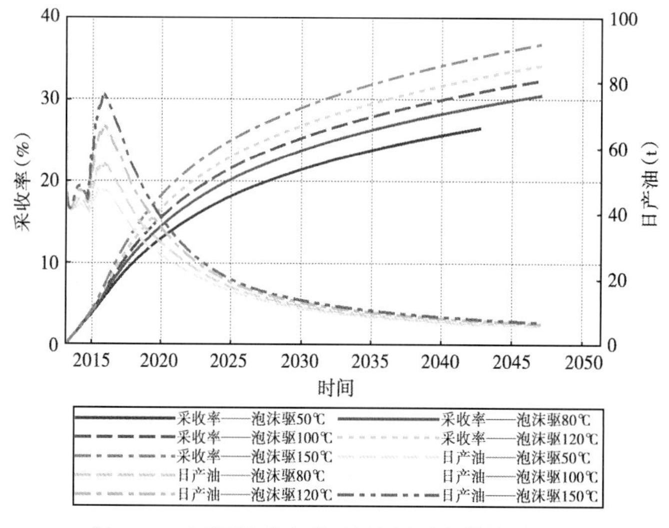

图4-38　不同温度水驱+泡沫驱开发效果对比图

模拟结果表明：温度越高，累计生产时间越短，采收率和采油速度越高，净增油量越多。结合上述注水开发温度对比的结论，即温度超过150℃后，注水开发净增油变少，因此，采取水驱+氮气泡沫驱时，建议采取150℃热水+氮气泡沫驱方式（地面注水温度200℃）。

对比注150℃热水+氮气泡沫驱和注150℃热水驱这两种开发方式的数模结果：150℃热水+氮气泡沫驱比150℃热水驱能提高驱油效率27%，提高波及体积20%左右，提高采收率13.2%。剖面上表现为油藏动用的更加均匀，动用范围更大，尤其是改善了常规水驱油藏对于油藏上部的动用效果，动用范围内的残余油饱和度也明显低于常规水驱开发方式（图4-39）。在平面上，热水驱+氮气泡沫驱的方式表现为动用油藏范围更大，动用范围内的残余油饱和度更低（图4-40）。

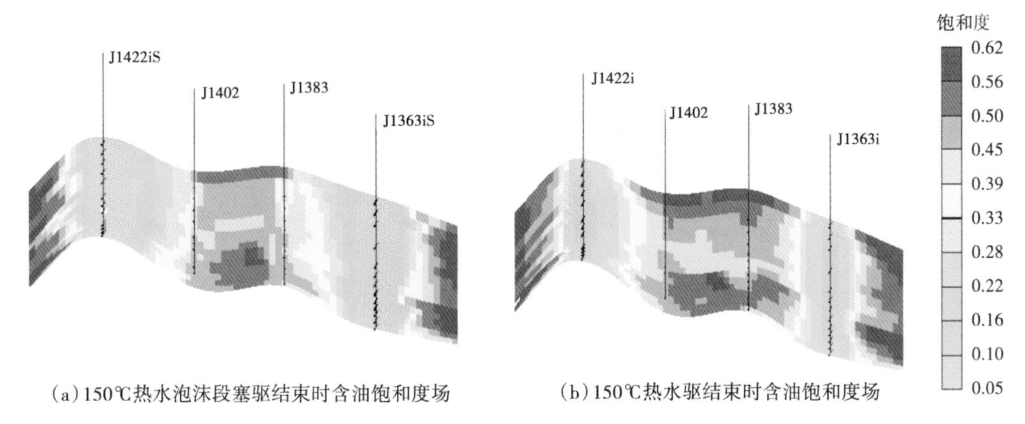

(a)150℃热水泡沫段塞驱结束时含油饱和度场　　(b)150℃热水驱结束时含油饱和度场

图 4-39　热水驱与热水驱+氮气泡沫驱含油饱和度剖面对比图

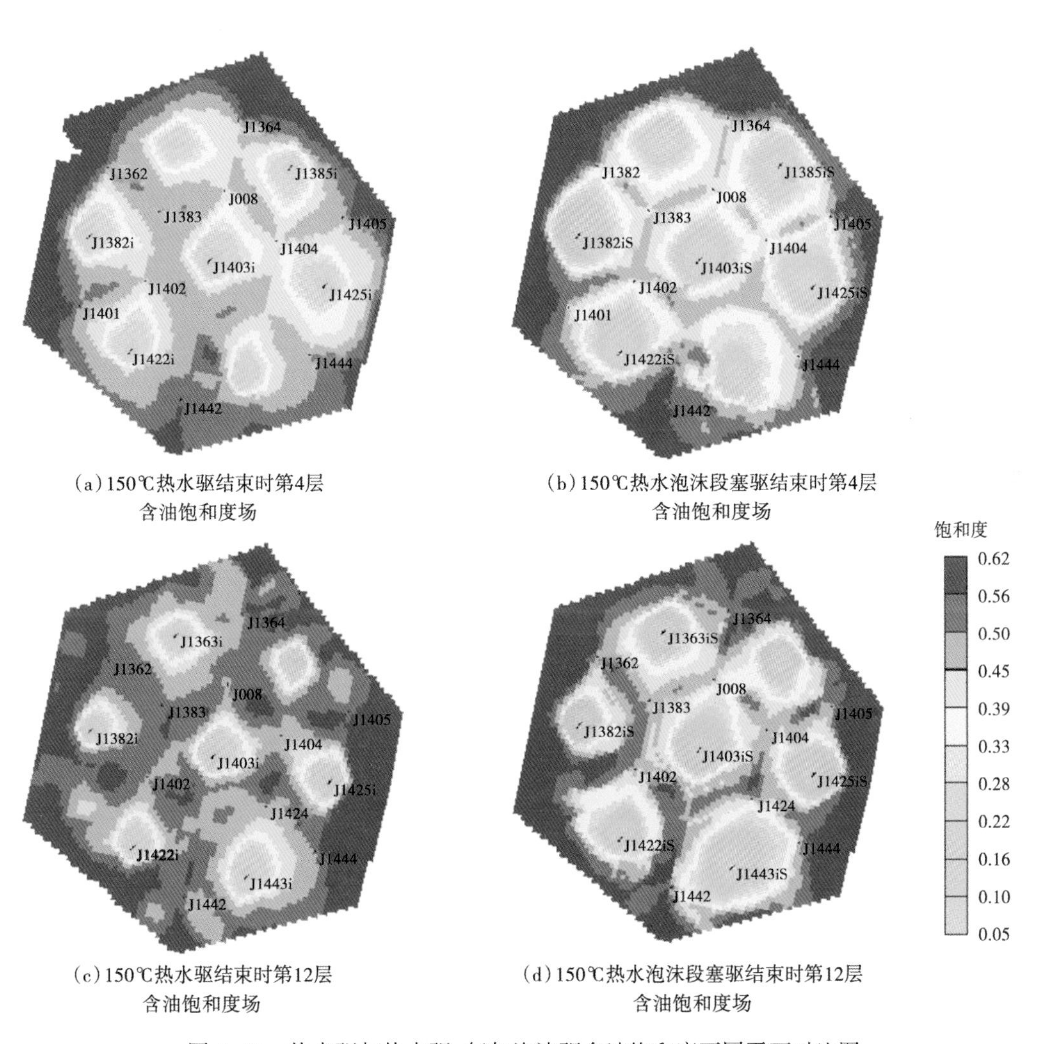

(a)150℃热水驱结束时第4层含油饱和度场　　(b)150℃热水泡沫段塞驱结束时第4层含油饱和度场

(c)150℃热水驱结束时第12层含油饱和度场　　(d)150℃热水泡沫段塞驱结束时第12层含油饱和度场

图 4-40　热水驱与热水驱+氮气泡沫驱含油饱和度不同平面对比图

4）不同开发方式综合评价筛选

从不同温度水驱和水驱转氮气泡沫驱开发效果对比可见（表4-24），注入温度增高，净增油变少，150℃水驱+氮气泡沫驱采收率为31.4%，采油速度为1.45%，净增油量最高，效果最好。推荐开发方式为：150℃水驱+氮气泡沫驱。

表4-24　不同开发方式预测指标对比结果

开采方式	生产时间（d）	采收率（%）	采油速度（%）	累计产油（10^4t）	累计注水（10^4t）	累计注气（10^8m^3）	烧掉的油（10^4t）	净增油（10^4t）
50℃水驱	7150	15.5	0.79	11.77	75.61		0.22	11.56
80℃水驱	7060	16.3	0.84	12.31	97.06		0.74	11.56
100℃水驱	7000	16.8	0.88	12.72	111.47		1.28	11.45
150℃水驱	6602	18.2	0.99	13.73	139.63		2.27	11.47
200℃水驱	6508	18.7	1.04	14.11	137.65		2.96	11.15
250℃水驱	6390	19.1	1.09	14.41	135.15		3.61	10.79
高压蒸汽驱	4956	23.3	1.69	17.60	113.35		10.20	7.40
蒸汽吞吐后蒸汽驱	6939	20.4	1.06	15.43	100.31		8.66	6.76
50℃水驱+氮气泡沫驱	8351	24.1	1.05	18.29	34.52	1.49	0.10	18.20
80℃水驱+氮气泡沫驱	8200	26.4	1.17	20.08	44.11	1.90	0.34	19.74
100℃水驱+氮气泡沫驱	8050	27.9	1.26	21.17	50.05	2.15	0.57	20.60
120℃水驱+氮气泡沫驱	7900	29.3	1.35	22.23	55.76	2.39	0.74	21.49
150℃水驱+氮气泡沫驱	7746	31.4	1.45	23.99	64.05	2.76	1.04	22.95

2. 热水+氮气泡沫驱油藏工程优化设计

1）井网井距优化设计

（1）井网形式优化。

建立单井组概念模型。基于吉8井断块油藏参数，分别进行反五点井网、反九点井网及反七点井网优化研究，如图4-41所示。采用优选的150℃水驱+氮气泡沫驱方式，设计单井日注水速度为20~30t，注450d热水后转泡沫驱，气液同注方式，起泡剂溶液7~10t/d，注入气体3500~5000m^3/d，气液比约为2:1~3:1，采注比为1:1。

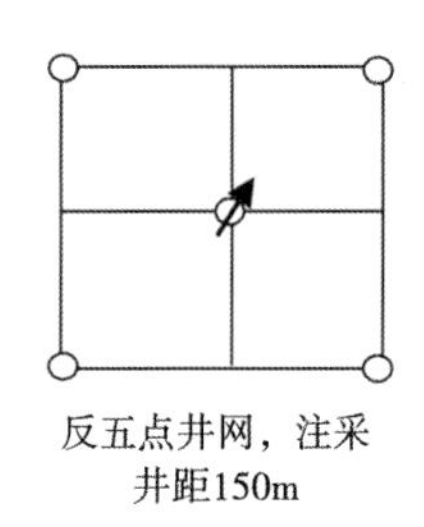

反五点井网，注采井距150m　　反九点井网，注采井距106m×150m　　斜反七点井网，注采井距150m

图4-41　不同井网形式示意图

各方案模拟预测结果见表 4-25，注水速度为 30t/d、油价为 70 美元/bbl 时，从单位平方千米投入产出来看，反七点井网总盈利水平最高，从经济角度推荐反七点井网。

表 4-25　不同井网形式优选对比表

井网	单井组储量 (10^4t)	井网面积 (m^2)	井组数 (个/km^2)	采收率 (%)	采出油 (10^4t)	生产天数 (d)	总产出 (万元)	总投入 (万元)	总盈利 (万元)
反五点	7.48	44944	22	29.2	2.18	6030	104486	60090	44397
反七点	9.66	58455	17	32.8	3.17	5805	116429	63356	53073
反九点	7.48	44944	22	34.6	2.59	4905	123793	80443	43350

（2）井距优化。

在井网优化基础上，对反七点井网形式设计注采井距分别为 70m、100m、150m、200m4 个模拟方案。采用优选的 150℃ 水驱+氮气泡沫驱方式，设计单井日注水速度为 30t，注 450d 热水后转泡沫驱，气液同注方式，起泡剂溶液 10t/d，注入气体 5000m^3/d，气液比约为2∶1～3∶1，采注比为 1∶1。

各方案模拟预测结果见表 4-26 所示，注水速度为 30t/d、油价为 70 美元/bbl 时，从反七点井网不同井距的投入产出来看，井距 150m 时总盈利最高，因此推荐井距为 150m。

表 4-26　反七点井网不同井距优选对比表

井距 (m)	单井组储量 (10^4t)	井网面积 (m^2)	井组数 (个/km^2)	采收率 (%)	采油速度 (%)	采出油 (t)	生产天数 (d)	总产出 (万元)	总投入 (万元)	总盈利 (万元)
70	2.10	12730	79	46.7	5.52	9816	2537	165782	205249	-39467
100	4.30	25980	38	39.7	3.28	17098	3633	141494	114629	26865
150	9.66	58455	17	32.8	1.69	31655	5805	116429	63356	53073
200	17.16	103920	10	26.8	0.84	46090	9599	95356	47731	47624

2）热水驱转泡沫驱时机优化设计

在 150℃ 水驱+氮气泡沫驱模型基础上，设计含水率分别为 40%、60%、70%、80%、90%时转泡沫驱，从而优化出最佳转泡沫驱的时机。初期热水驱的单井注水速度为 30t/d，转入泡沫驱后，采取气液同注方式，单井注入起泡剂溶液 10t/d，单井注入气体 5000m^3/d，保持地下气液比 2∶1～3∶1。

模拟结果如图 4-42 所示，从热水驱不同含水阶段转泡沫驱的动态可以看出，越早转入泡沫驱，产油量越高，产油速度越快，但泡沫剂的用量也将更大，综合分析采收率与成本，推荐含水率为 60%时转氮气泡沫驱。

3）泡沫驱注入量优化设计

在 150℃ 水驱+氮气泡沫驱模型基础上，含水率为 60%时（即注水 450d）后转氮气泡沫驱，分别设计注 0.6PV、0.8PV、1.0PV 泡沫后再转水驱，直到水驱含水率为 95%时结束。从而优化出最佳泡沫注入量大小。

初期热水驱的单井注水速度为 30t/d，转泡沫驱后，采取气液同注方式，单井注入起泡

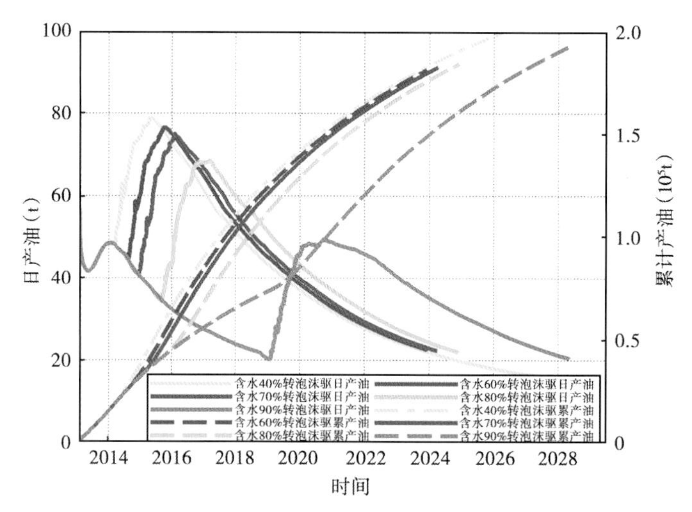

图 4-42　热水驱转泡沫驱最佳转注时机优化对比图

剂溶液 10t/d，单井注入气体 5000m³/d，保持地下气液比为 2∶1～3∶1 左右。模拟结果如表 4-27 和图 4-43 所示，泡沫注入量越大，采收率越高，但采油速度越低，综合采收率、采油速度，推荐注入泡沫量为 0.8PV，采收率可达 28.2%。

表 4-27　不同大小泡沫段塞注入效果优选对比表

泡沫段塞大小	泡沫驱结束时间(d)	泡沫驱结束时采出程度(%)	总生产时间(d)	水驱时间(d)	水驱采出程度(%)	采油速度(%)	采收率(%)
0.6PV	3890	23.7	5507	1617	3.0	1.45	26.7
0.8PV	5040	26.7	6017	977	1.5	1.41	28.2
1.0PV	6420	29.4	7044	624	0.8	1.28	30.2

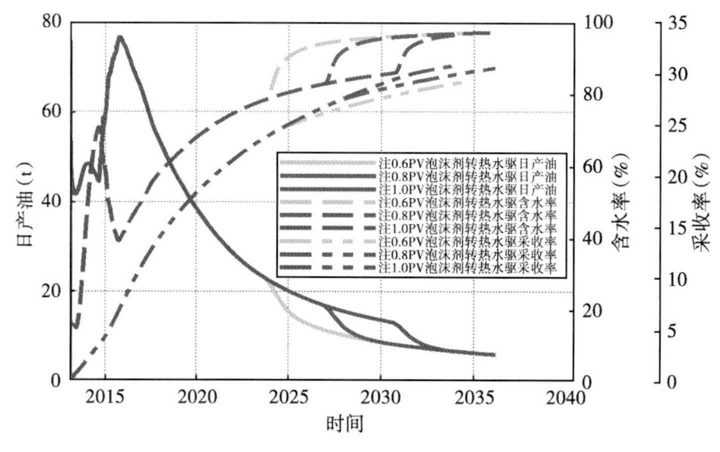

图 4-43　泡沫驱段塞大小优化对比图

4）泡沫驱注入方式设计

在150℃水驱+氮气泡沫驱模型基础上，对比大段塞泡沫驱与小段塞泡沫驱的开发效果。大段塞泡沫注入方案为注水450d后，注0.8PV大段塞泡沫，然后再转水驱；小段塞泡沫注入方式为注水450d后，采取0.08PV小段塞泡沫与0.04PV热水交替注入方式。热水驱的单井注水速度为30t/d，转入泡沫驱后，采取气液同注方式，单井注入起泡剂溶液为10t/d，单井注入气体5000m^3/d，保持地下气液比为2:1~3:1。

模拟结果如表4-28和图4-44所示，小段塞泡沫剂和热水交替组合时，采油速度基本没有变化，但节约了泡沫用量，降低了成本。因此，推荐小段塞注入方式。

表4-28 泡沫段塞不同注入方式注入效果优选对比表

注入方式	段塞泡沫结束生产时间（d）	段塞泡沫结束时采出程度（%）	段塞泡沫注入体积（PV）	总生产时间（d）	采收率（%）
大段塞，一直注0.8PV泡沫然后转热水驱结束	5040	26.68	0.8PV泡沫	6017	28.20
小段塞，注0.08PV泡沫，注0.04PV热水交替	5040	26.66	0.53PV泡沫+0.27PV热水	7746	31.64

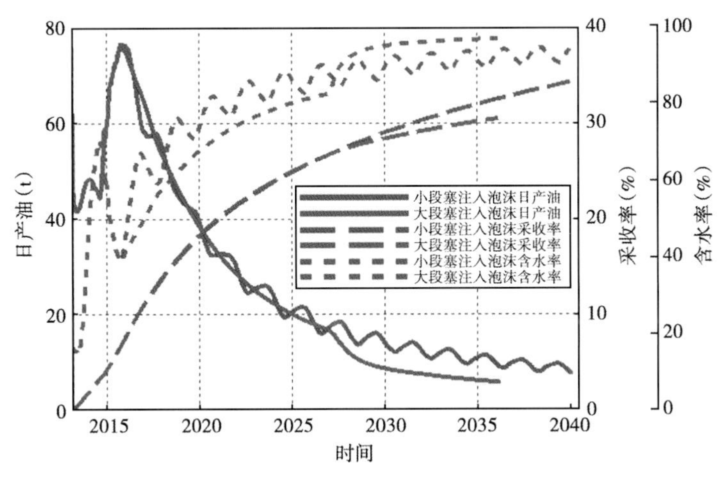

图4-44 泡沫驱大小段塞注入策略对比图

为了进一步优化小段塞泡沫剂的大小，设计不同的小泡段塞沫剂分别为960d（0.16PV）、480d（0.08PV）、240d（0.04PV），模拟结果表明：泡沫剂段塞的大小对采油速度、采收率影响较小，但从高峰期生产时间、生产波动、现场实施等方面综合考虑，推荐480d（0.08PV）的注入方式，如图4-45所示。

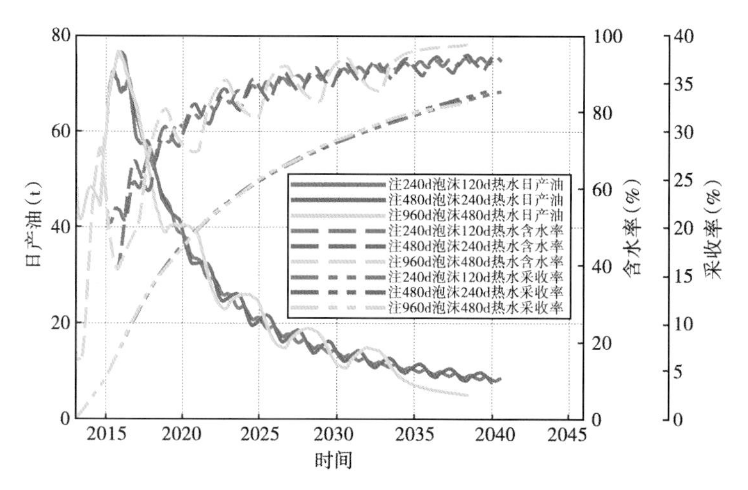

图 4-45　不同大小的泡沫段塞优化对比图

3. 热水+氮气泡沫先导试验区的筛选

1）先导试验目的

（1）探索相适应的开发方式；

（2）确定合理的井网井距；

（3）落实开发技术政策；

（4）评价开发技术经济可行性；

（5）形成配套工艺，为大规模工业化开发积累经验。

2）先导试验目标

通过热水驱+氮气泡沫驱先导试验，实现地层原油黏度 100~700mPa·s 的 4474.84×10^4t（62.1%）储量的有效动用，采收率较常规水驱提高 10%以上。

3）先导试验区筛选原则

（1）油藏条件具有较强代表性；

（2）构造简单，断裂不发育；

（3）油层发育稳定，厚度较大；

（4）地面实施条件有利。

4）先导试验区筛选依据

（1）选择 50℃地面原油黏度为 400~2800mPa·s，能代表吉 7 井区大部分储量。

吉 7 井区梧桐沟组 P_3wt_2、P_3wt_1 油藏 50℃地面原油黏度分别为 144.1~3219.5mPa·s、145.4~13920.0mPa·s，其中黏度为 400~2800mPa·s 的储量约占 62.1%，大于 2800mPa·s 的储量约占 25.2%。目前对于 50℃地面原油黏度 400~2800mPa·s 的储量仍缺乏经济有效的开发方式，需要开展开发方式攻关。

（2）油层厚度较大，试验条件有利。

梧桐沟组 $P_3wt_2^{2-3}$ 有效厚度较厚（图 4-46），储量占 $P_3wt_2^2$ 储量的 58.9%，为主力油层，根据油藏初期产能与有效厚度统计结果，选择 $P_3wt_2^{2-3}$ 油层厚度大于 10m 的区域进行试验。

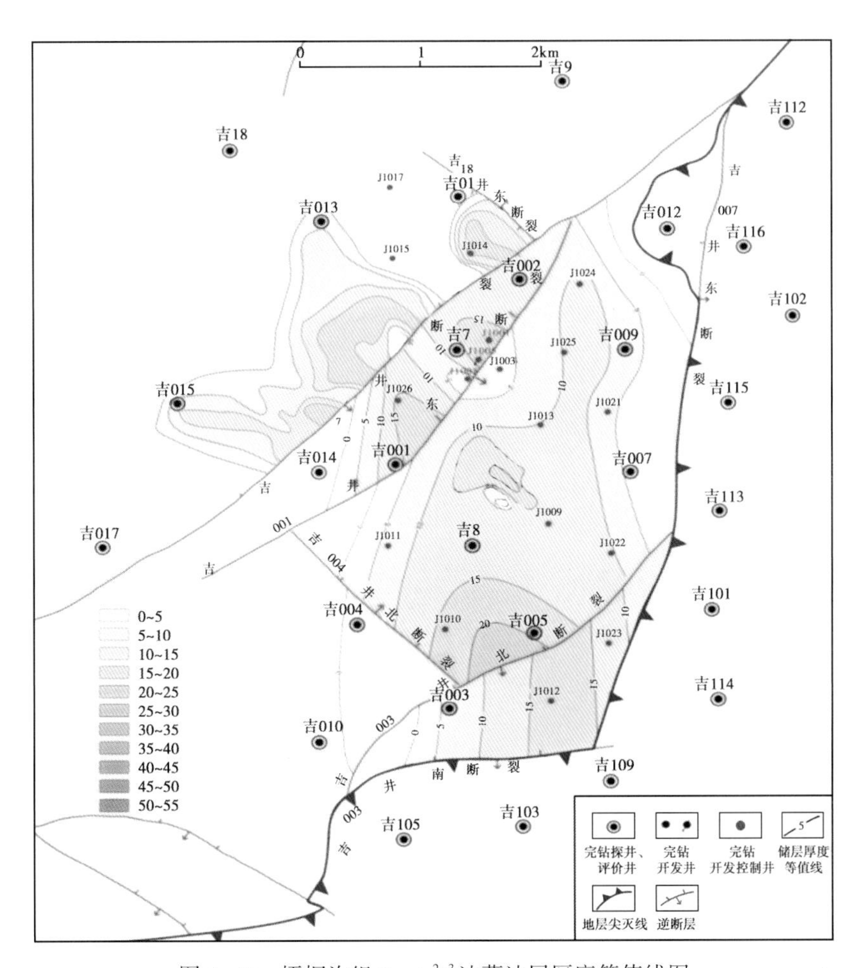

图 4-46 梧桐沟组 $P_3wt_2^{2-3}$ 油藏油层厚度等值线图

5）先导试验区筛选结果

针对吉 7 井区梧桐沟组油藏发育及流体性质情况，选择吉 8 井断块吉 8—吉 005 井区域开展热水驱+泡沫驱试验（图 4-47）。

6）先导试验区地质特征

热水+氮气泡沫驱先导试验区位于吉 7 井区吉 8 井断块吉 8—吉 005 井区（图 4-47），试验目的层为梧桐沟组 $P_3wt_2^{2-3}$，试验区动用含油面积为 0.60km^2，地质储量 92.10×10^{4}t。

先导试验区共实施探井及评价井 2 口（吉 8 井、吉 005 井）、控制井 3 口（J1009 井、J1010 井、J1011 井）。取心井 1 口（吉 8 井），取心进尺 12.44m，含油气心长 10.43m，孔隙度、渗透率等各类分析化验样品 232 块。试油 2 井 2 层，获工业油流 2 井 2 层，平均日产

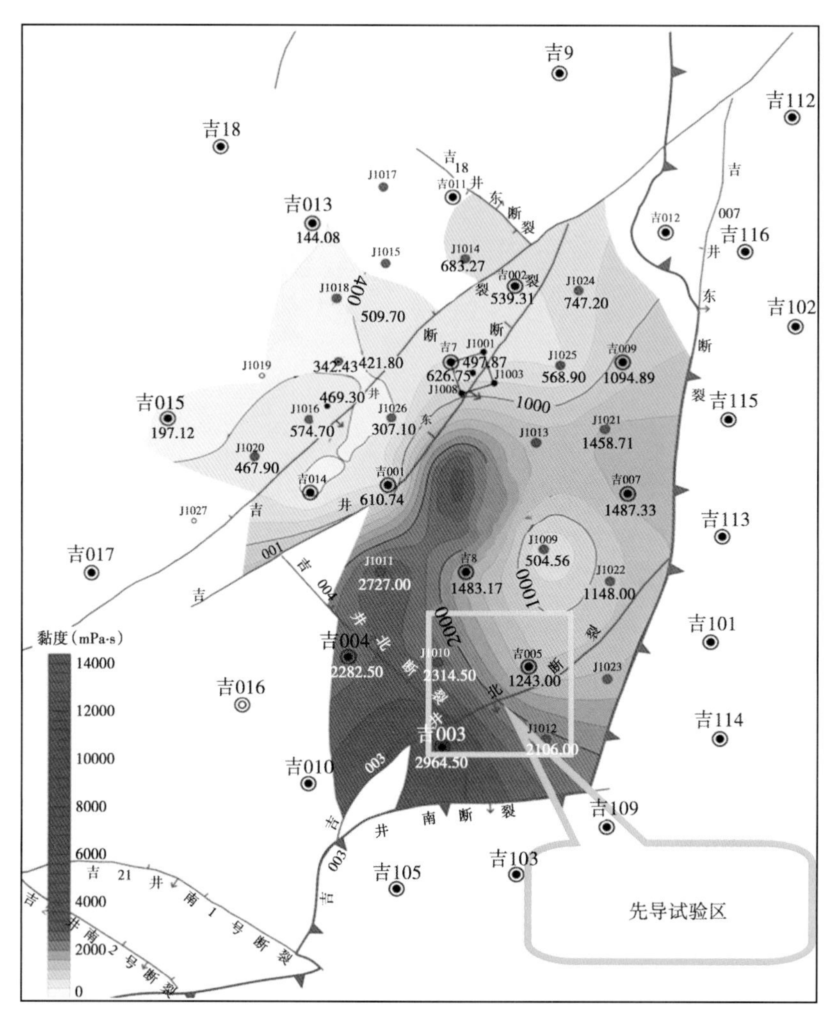

图 4-47　吉 7 井区梧桐沟组 $P_3wt_2{}^2$ 油藏先导试验位置图

油 4.71t（表 4-29），试采 4 井 4 层，单井初期日产油 2.1~8.3t，平均日产油 4.9t，含水率 17.6%，累计平均单井日产油 3.4t（表 4-30）。取得原油性质资料 5 井 26 井次。

表 4-29　先导试验区梧桐沟组油藏试油成果表

井号	层位	射孔井段（m）	厚度/层数（m/层）	试油日期	措施	液面/油嘴（m/mm）	日产量			累计产量	
							油（t）	气（m^3）	水（m^3）	油（t）	水（m^3）
吉 8	$P_3wt_2{}^2$	1602.0~1592.0	10.0/1	1991.04.20—1991.04.29	地层测试	903.4	1.18			3.44	
		1583.0~1577.0 1575.0~1567.0	14.0/2	1991.05.02—1991.05.14	地层测试	683.3	0.89			3.56	

续表

井号	层位	射孔井段（m）	厚度/层数（m/层）	试油日期	措施	液面/油嘴（m/mm）	日产量			累计产量	
							油（t）	气（m^3）	水（m^3）	油（t）	水（m^3）
吉8	$P_3wt_2^2$	1549.0~1545.0	4.0/1	1991.05.19—1991.05.25	地层测试	1247.5	0.32			1.20	
		1602.0~1592.0 1583.0~1577.0 1575.0~1567.0 1549.0~1545.0	28.0/4	2007.03.09—2007.08.31	压裂	无油嘴	3.70		0.20	494.40	
吉005	$P_3wt_2^2$	1505.5~1502.5 1501.5~1494.5 1493.0~1488.0	15.0/3	2011.10.21—2011.11.22	压裂机抽		5.71			110.87	
平均							4.71		0.20	302.64	

表4-30 先导试验区梧桐沟组油藏试采成果表

井号	投产日期	措施	初期				目前				累计产量				备注
			工作制度（mm）	日产液（t）	日产油（t）	含水率（%）	工作制度（mm）	日产液（t）	日产油（t）	含水率（%）	液量（10^4t）	油量（10^4t）	生产天数（d）	平均单井日产油（t）	
吉8	2006.09.01	压裂	36	5.2	4.3	17.3	36	9.2	2.9	68.5	1.4299	0.7597	1813.2	4.2	$P_3wt_2^2$合采
J1009	2011.10.23	压裂	36	6.4	5.0	21.9	36	1.4	1.2	14.3	0.1476	0.1265	528.7	2.4	$P_3wt_2^2$合采
J1010	2011.10.24	压裂	36	2.7	2.1	22.2	36	0.8	0.7	12.5	0.0847	0.0772	493.0	1.6	
J1011	2011.05.15	压裂	36	9.6	8.3	13.5	36	5.3	4.3	18.9	0.3795	0.3326	640.2	5.2	
平均				6.0	4.9	17.6		4.2	2.3	45.5				3.4	

梧桐沟组为一套辫状河三角洲沉积，$P_3wt_2^2$ 顶部构造形态为向东南抬升的单斜，地层倾角4°~7°，试验区距吉004井北断裂、吉003井北断裂250m以上，试验区内目前未发现断层。

根据试验区域5口井地质资料统计，试验区梧桐沟组 $P_3wt_2^{2-3}$ 油藏顶部埋深1578.7~1668.9m，平均1587.1m；海拔671.4~679.8m，平均675.1m。沉积厚度22.7~31.6m，平均27.7m；砂体厚度20.3~29.5m，平均24.6m；油层厚度7.1~19.1m，平均14.5m，连续性好（图4-48、图4-49）。

岩心分析（吉8井）$P_3wt_2^{2-3}$ 油层平均孔隙度为23.3%，平均渗透率为122.9mD。试验区测井解释 $P_3wt_2^{2-3}$ 油层孔隙度为19.9%~22.8%，平均为21.2%，渗透率为56.6~132.0mD，平均为87.2mD，属中孔隙度、中渗透率储层（表4-31）。

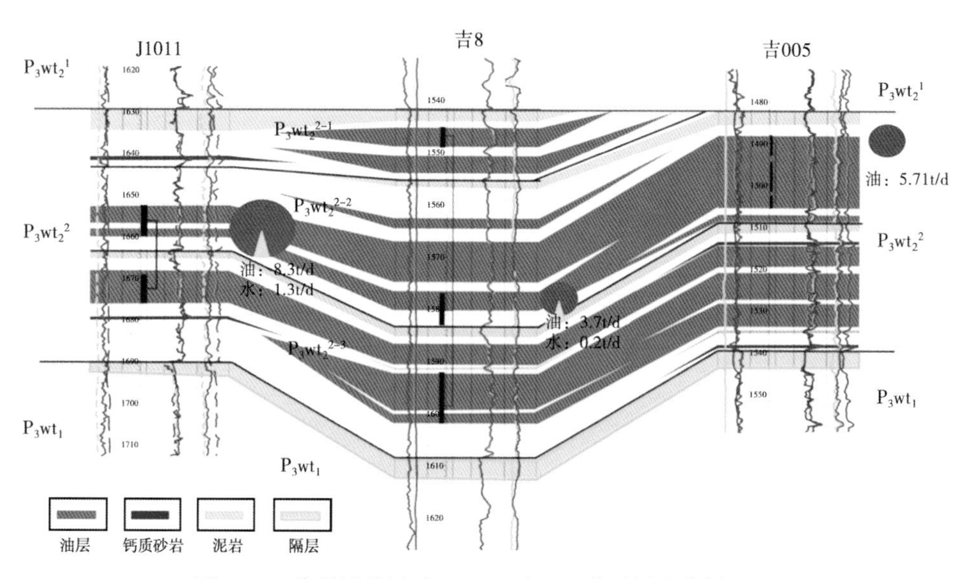

图 4-48 先导试验区过 J1011—吉 005 井油层连井剖面图

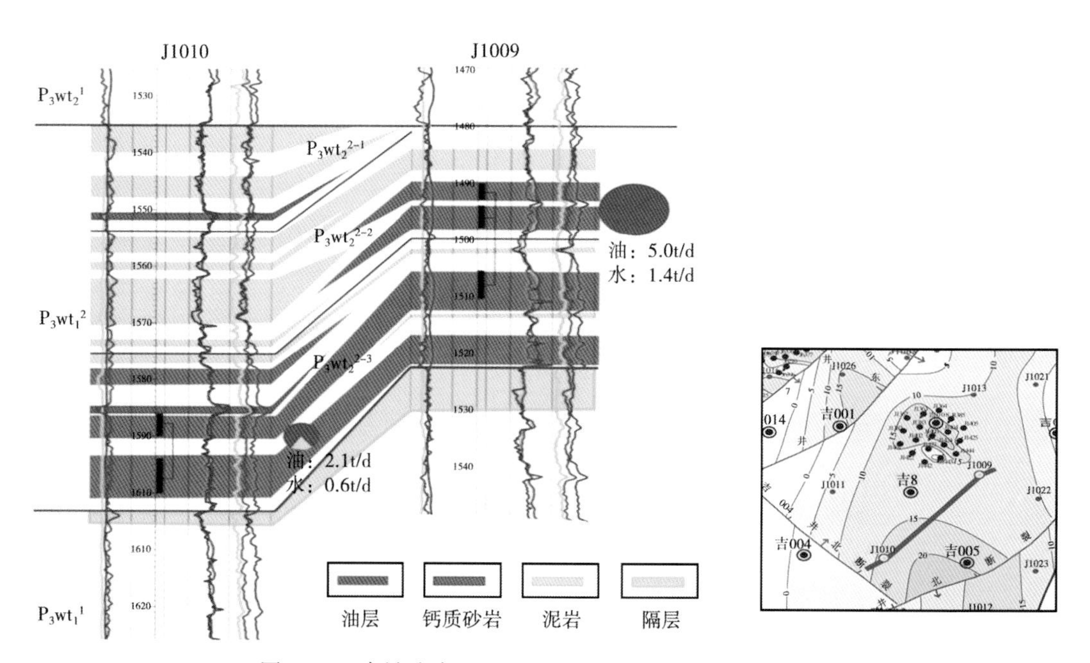

图 4-49 先导试验区过 J1010—J1009 井油层连井剖面图

表 4-31 吉 8 井断块先导试验区梧桐沟组 $P_3wt_2^{2-3}$ 油层参数统计表

井号	砂层厚度（m）	有效厚度（m）	孔隙度（%）	渗透率（mD）	非均质性（%）
吉 005	29.5	19.1	19.9	56.6	0.72
吉 8	23.9	13.9	21.9	105.8	0.64
J1009	20.3	13.0	21.1	83.5	0.67

续表

井号	砂层厚度（m）	有效厚度（m）	孔隙度（%）	渗透率（mD）	非均质性（%）
J1010	25.8	16.5	20.1	63.5	0.58
J1011	23.5	7.1	22.8	132.0	0.28
平均	24.6	14.5	21.2	87.2	0.64

P_3wt_2、P_3wt_1 油层间的隔层发育且稳定，厚度 2.1~8.1m。$P_3wt_2^{2-3}$油层段的单井夹层个数平均为 0.7 个，单井夹层厚度范围 0.5~2.2m，平均为 1.4m。

试验区梧桐沟组 $P_3wt_2^{2-3}$油藏原油密度为 0.929~0.952g/cm³，平均为 0.941g/cm³，原油凝固点 3.6℃，含蜡量 3.02%，初溜点 193℃。50℃时地面脱气油黏度为 505~2727mPa·s，平均为 1654mPa·s。黏温反映敏感，温度每升高 10℃，黏度降低 40%~50%。油藏中部深度 1550m，地层温度 51.8℃，原始地层压力 16.44MPa，压力系数 1.06。

4. 试验区部署及开发指标预测

基于以上优化研究，推荐 150m 反七点井网的部署方式，注采方案采用单井日注水 30t，注水温度井底 150℃，当生产井含水率达 60%时后转入氮气泡沫驱阶段。氮气泡沫驱阶段，分别采用 0.08PV 的泡沫段塞和 0.04PV 的纯热水（井底 150℃）段塞交替注入的方式，总计注入 0.8PV 的泡沫，含水率达到 95%后结束（表 4-32，图 4-50）。

表 4-32 150℃热水+氮气泡沫段塞驱注入方式设计表（推荐方案）

井网	井距	纯热水阶段	泡沫段塞+热水段塞交替阶段
反七点	150m	单井日注水 30t，注水温度 150℃（井底），含水率达 60%后转泡沫段塞	单井日注汽 5000m³，日注起泡液 10t（浓度 0.5%），地下气液比 2:1，注 480d 0.08PV；转 150℃热水，单井日注水 30t，注 240d 0.04PV，总计交替注泡沫 0.8PV

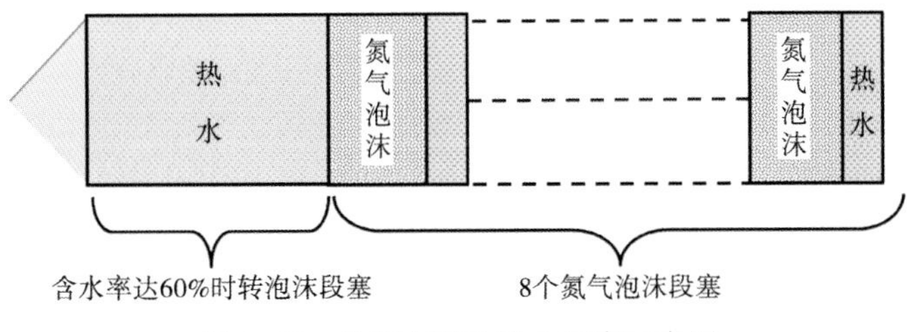

图 4-50 推荐方案的注入程序示意图

试验区面积 0.60km²，平均油藏厚度 14.5m，地质储量 92.1×10⁴t。共部署 7 个完整的 150m 反七点注采井组，注入井 7 口，采油井 24 口。7 口注入井全部为中心井，24 口采油井中三向受效井 6 口，双向受效井 6 口，双向受效井 12 口（图 4-51）。

根据数值模拟结果，结合吉 8 井断块梧桐沟组地质情况，设计了 3 个试验方案进行指标预测：分别为 150℃水驱+氮气泡沫段塞驱、100℃水驱+氮气泡沫段塞驱、50℃常规水驱+氮气泡沫段塞驱。其中方案 1 为推荐方案，方案 2、3 为备选方案。

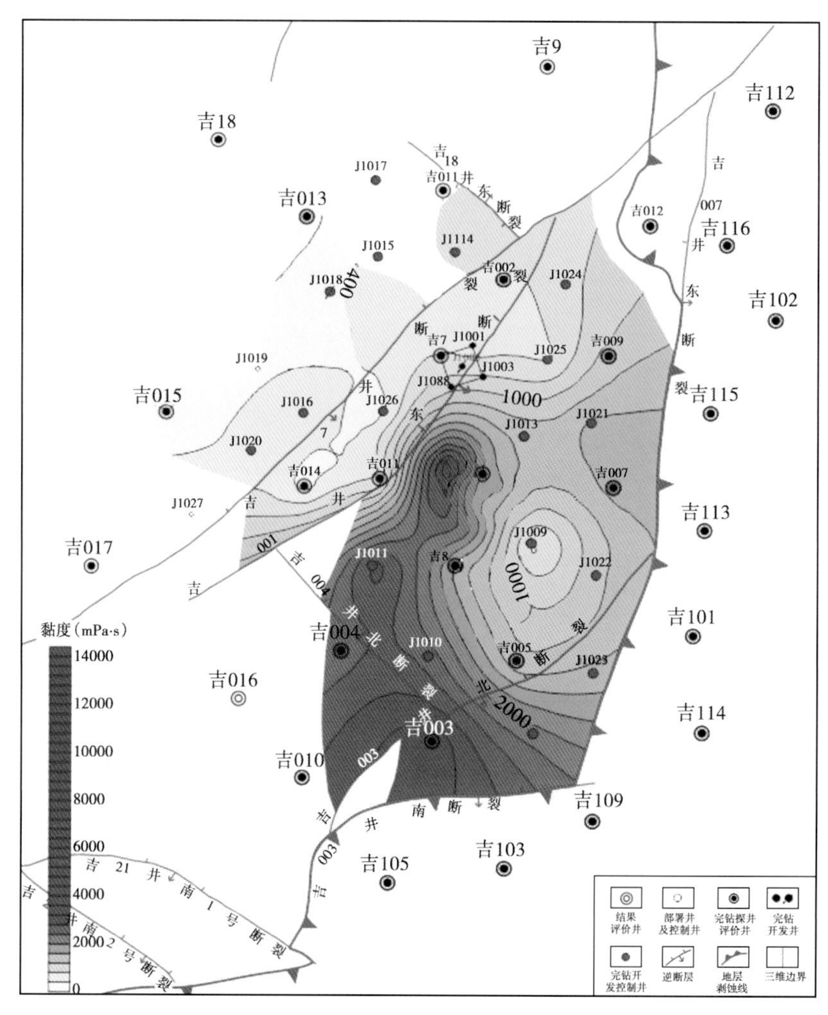

图 4-51　吉 7 井区梧桐沟组油藏 150℃水驱+氮气泡沫段塞驱先导试验区井网部署图

1）方案 1：150℃水驱+氮气泡沫段塞驱指标预测

注入方式为 150℃水驱+氮气泡沫段塞驱，首先热水驱（注入水的井底温度为 150℃），含水率为 60%左右时（数值模拟的生产时间 450d）转入泡沫驱，注入 0.08PV 的泡沫段塞后，再转入纯热水驱注 0.04PV，然后又转入泡沫驱，如此交替注入，累计注入泡沫段塞大小为 0.8PV。泡沫驱采取气液同注方式，控制地下气液比在 2:1~3:1 左右。

预计试验区生产 23 年，累计注水 115.25×10^4t，累计注氮气 21921.70×10^4m^3，累计产液 133.00×10^4t，累计产油 28.83×10^4t，累计产气 20821.70×10^4m^3，采收率为 31.4%（表4-33）。

单井配产配注时主要考虑地质特征、注采完善程度和生产动态等因素。按照注采比 1:1.1 的标准，对井组配产。随着注水温度提高，油层吸水能力有大幅度提升，采油井按照厚度及受效方向的贡献率综合配置产液量。结合吉 008 井注水先导试验区的米吸水指数测试资料，综合确定合理的配注强度。方案1单井配产配注表见表4-34、表4-35。

表4-33 方案1：150℃水驱+氮气泡沫驱段塞驱开发指标预测（480d-0.08PV泡沫段塞）

时间（a）	年产油（10^4t）	年产液（10^4t）	年产气（10^4m^3）	年注水（10^4t）	年注气（10^4m^3）	年注起泡剂（t）	采收率（%）
1	1.79	2.39	48.4	8.46			2.0
2	1.91	5.28	80.1	4.99	959.1	95.91	4.0
3	2.76	5.27	728.5	4.00	1233.1	123.30	7.1
4	2.91	6.46	400.9	5.99	685.1	68.51	10.2
5	2.34	6.56	860.7	3.01	1507.1	150.72	12.8
6	2.14	6.17	941.9	6.97	411.0	41.11	15.1
7	1.78	7.09	831.7	3.01	1507.1	150.72	17.0
8	1.60	6.06	1172.4	6.97	411.0	41.11	18.8
9	1.32	6.91	840.2	3.01	1507.1	150.72	20.2
10	1.26	5.87	1249.9	6.47	548.0	54.80	21.6
11	1.02	6.71	856.6	3.50	1370.1	137.01	22.7
12	1.03	5.68	1241.3	5.49	822.1	82.21	23.8
13	0.84	6.43	906.0	4.50	1096.1	109.61	24.7
14	0.85	5.66	1188.2	4.50	1096.1	109.61	25.7
15	0.73	6.01	971.5	5.49	822.1	82.21	26.5
16	0.70	5.79	1105.0	3.50	1370.1	137.01	27.2
17	0.65	5.56	1048.1	6.47	548.0	54.80	27.9
18	0.59	5.95	1013.8	3.01	1507.1	150.72	28.6
19	0.59	5.20	1120.7	6.97	411.0	41.11	29.2
20	0.51	6.07	943.6	3.01	1507.1	150.72	29.8
21	0.55	4.96	1176.7	6.97	411.0	41.11	30.4
22	0.45	6.08	890.2	3.01	1507.1	150.72	30.9
23	0.50	4.84	1205.4	5.99	685.1	68.51	31.4
合计	28.83	133.00	20821.7	115.25	21921.7	2192.21	

表4-34 方案1：150℃水驱+氮气泡沫驱段塞驱采油井配液指标表

井号	井别	单井有效厚度（m）	配产液量（t/d）	备注
J1481	采油井	13.0	6.5	边井组单向
J1482	采油井	13.0	6.5	边井组单向
J1500	采油井	12.0	6.0	边井组单向
J1501	采油井	13.0	11.4	边井组双向
J1503	采油井	12.5	10.9	边井组双向
J1504	采油井	12.5	6.3	边井组单向

续表

井号	井别	单井有效厚度（m）	配产液量（t/d）	备注
J1519	采油井	13.5	6.8	边井组单向
J1521	采油井	13.5	16.9	中心井组三向
J1522	采油井	13.5	16.9	中心井组三向
J1524	采油井	13.0	6.5	边井组单向
J1540	采油井	15.5	13.6	边井组双向
J1541	采油井	15.5	19.4	中心井组三向
J1543	采油井	14.0	17.5	中心井组三向
J1544	采油井	13.5	11.8	边井组双向
J1559	采油井	16.0	8.0	边井组单向
J1561	采油井	16.0	20.0	中心井组三向
J1562	采油井	15.5	19.4	中心井组三向
J1564	采油井	13.5	6.8	边井组单向
J1580	采油井	18.0	9.0	边井组单向
J1581	采油井	18.0	15.8	边井组双向
J1583	采油井	16.5	14.4	边井组双向
J1584	采油井	14.5	7.3	边井组单向
J1601	采油井	19.0	9.5	边井组单向
J1602	采油井	17.5	8.8	边井组单向
平均		14.7	11.2	
合计		352.5	275.6	

表 4-35　方案 1：150℃水驱+氮气泡沫驱段塞驱注入井配注指标表

井号	井别	单井有效厚度（m）	热水段塞配水量（t/d）	泡沫段塞配气量（m^3/d）	泡沫段塞配液量（t/d）
J1502	注水井	13.0	32.5	5416.7	10.8
J1520	注水井	14.0	35.0	5833.3	11.7
J1523	注水井	13.5	33.8	5625.0	11.3
J1542	注水井	14.5	36.3	6041.7	12.1
J1560	注水井	16.5	41.3	6875.0	13.8
J1563	注水井	14.0	35.0	5833.3	11.7
J1582	注水井	17.5	43.8	7291.7	14.6
平均		14.7	36.8	6131.0	12.3
合计		103	257.5	42916.7	85.8

2）方案2：100℃水驱+氮气泡沫段塞驱指标预测

注入方式设计为100℃水驱+氮气泡沫段塞驱，首先热水驱（注入水井底温度为100℃），含水率为60%左右时（数值模拟生产时间550d）转入泡沫驱，注入0.06PV的泡沫段塞后，再转入纯热水驱注0.03PV，然后又转入泡沫驱，如此交替注入，累计注入泡沫段塞大小为0.8PV。

预计试验区生产25年，累计注水93.22×10^4t，累计注氮气18085.48×$10^4$$m^3$，累计产液111.89×$10^4$t，累计产油26.06×$10^4$t，累计产气17041.07×$10^4$$m^3$，采收率为28.4%（表4-36）。

表4-36　方案2：100℃水驱+氮气泡沫驱段塞驱开发指标预测（480d-0.06PV泡沫段塞）

年份	年产油（10^4t）	年产液（10^4t）	年产气（$10^4$$m^3$）	年注水（10^4t）	年注气（$10^4$$m^3$）	年注起泡剂（t）	采收率（%）
1	1.75	2.19	47.2	6.34			1.9
2	1.75	4.03	47.2	4.98	376.8		3.8
3	1.97	4.67	367.5	2.26	1130.3	113.03	6.0
4	2.33	4.51	475.8	5.23	308.3	30.83	8.5
5	2.05	5.38	443.1	2.26	1130.3	113.03	10.7
6	1.84	4.56	847.8	5.11	342.5	34.25	12.7
7	1.58	5.40	505.6	2.38	1096.1	109.61	14.4
8	1.40	4.77	909.1	4.36	548.0	54.80	16.0
9	1.18	5.08	633.9	3.12	890.6	89.06	17.3
10	1.12	4.82	873.6	3.62	753.6	75.36	18.5
11	0.96	4.80	737.8	3.87	685.1	68.51	19.5
12	0.90	4.81	818.1	2.88	959.1	95.91	20.5
13	0.82	4.54	812.9	4.61	479.5	47.95	21.4
14	0.74	4.80	759.9	2.26	1130.3	113.03	22.2
15	0.71	4.31	861.5	5.23	308.3	30.83	23.0
16	0.62	4.76	720.6	2.26	1130.3	113.03	23.6
17	0.63	4.15	882.1	5.23	308.3	30.83	24.3
18	0.53	4.69	708.2	2.26	1130.3	113.03	24.9
19	0.56	4.07	888.8	4.73	445.3	44.53	25.5
20	0.48	4.56	706.5	2.75	993.3	99.33	26.0
21	0.49	4.08	877.3	3.99	650.8	65.08	26.6
22	0.44	4.34	715.8	3.50	787.8	78.78	27.0
23	0.44	4.18	851.2	3.25	856.3	85.63	27.5
24	0.40	4.09	739.9	4.24	582.3	58.23	27.9
25	0.39	4.30	809.8	2.51	1061.8	106.18	28.4
合计	26.06	111.89	17041.07	93.22	18085.48	1770.87	

方案 2 单井配产配注表见表 4-37、表 4-38。

表 4-37　方案 2：100℃水驱+氮气泡沫驱段塞驱采油井配液指标表

井号	井别	单井有效厚度（m）	配产液量（t/d）	备注
J1481	采油井	13.0	4.6	边井组单向
J1482	采油井	13.0	4.6	边井组单向
J1500	采油井	12.0	4.2	边井组单向
J1501	采油井	13.0	8.0	边井组双向
J1503	采油井	12.5	7.7	边井组双向
J1504	采油井	12.5	4.4	边井组单向
J1519	采油井	13.5	4.7	边井组单向
J1521	采油井	13.5	11.8	中心井组三向
J1522	采油井	13.5	11.8	中心井组三向
J1524	采油井	13.0	4.6	边井组单向
J1540	采油井	15.5	9.5	边井组双向
J1541	采油井	15.5	13.6	中心井组三向
J1543	采油井	14.0	12.3	中心井组三向
J1544	采油井	13.5	8.3	边井组双向
J1559	采油井	16.0	5.6	边井组单向
J1561	采油井	16.0	14.0	中心井组三向
J1562	采油井	15.5	13.6	中心井组三向
J1564	采油井	13.5	4.7	边井组单向
J1580	采油井	18.0	6.3	边井组单向
J1581	采油井	18.0	15.8	边井组双向
J1583	采油井	16.5	10.1	边井组双向
J1584	采油井	14.5	5.1	边井组单向
J1601	采油井	19.0	6.7	边井组单向
J1602	采油井	17.5	6.1	边井组单向
平均		14.7	8.2	
合计		352.5	197.7	

表 4-38　方案 2：100℃水驱+氮气泡沫驱段塞驱注入井配注指标表

井号	井别	单井有效厚度（m）	热水段塞配水量（t/d）	泡沫段塞配气量（m^3/d）	泡沫段塞配液量（t/d）
J1502	注水井	13.0	22.8	3791.7	7.6
J1520	注水井	14.0	24.5	4083.3	8.2
J1523	注水井	13.5	23.6	3937.5	7.9
J1542	注水井	14.5	25.4	4229.2	8.5

续表

井号	井别	单井有效厚度(m)	热水段塞配水量(t/d)	泡沫段塞配气量(m^3/d)	泡沫段塞配液量(t/d)
J1560	注水井	16.5	28.9	4812.5	9.6
J1563	注水井	14.0	24.5	4083.3	8.2
J1582	注水井	17.5	30.6	5104.2	10.2
平均		14.7	25.8	4291.7	8.6
合计		103	180.25	30041.7	60.1

3）方案3：50℃水驱+氮气泡沫段塞驱指标预测

注入方式设计为50℃水驱+氮气泡沫段塞驱，首先水驱（注入水井底温度50℃），含水率达60%左右时（数值模拟生产时间650d）转入泡沫驱，注入0.04PV的泡沫段塞后，再转入纯热水驱注0.02PV，然后又转入泡沫驱，如此交替注入，累计注入泡沫段塞大小为0.8PV。

预计试验区生产26年，累计注水66.38×10^4t，累计注氮气12057.01×10^4m^3，累计产液82.61×10^4t，累计产油22.61×10^4t，累产气11800.45×10^4m^3，采收率24.6%（表4-39）。

表4-39　方案3：50℃水驱+氮气泡沫段塞驱开发指标预测（480d-0.04PV泡沫段塞）

时间(a)	年产油(10^4t)	年产液(10^4t)	年产气(10^4m^3)	年注水(10^4t)	年注气(10^4m^3)	年注起泡剂(t)	采收率(%)
1	1.72	2.06	46.3	4.23			1.9
2	1.65	2.79	44.5	4.23	0.0		3.7
3	1.40	3.67	59.7	2.25	548.0	54.80	5.2
4	1.58	3.47	413.5	2.25	548.0	54.80	6.9
5	1.63	3.58	182.4	2.74	411.0	41.10	8.7
6	1.47	3.61	505.4	1.75	685.1	68.51	10.3
7	1.35	3.33	479.1	3.24	274.0	27.40	11.8
8	1.20	3.78	422.1	1.51	753.6	75.36	13.1
9	1.05	3.28	598.2	3.49	205.5	20.55	14.2
10	0.93	3.56	421.4	1.51	753.6	75.36	15.2
11	0.88	3.27	606.5	3.49	205.5	20.55	16.2
12	0.77	3.39	458.9	1.51	753.6	75.36	17.0
13	0.75	3.24	586.7	2.99	342.5	34.25	17.8
14	0.67	3.26	500.9	2.00	616.6	61.66	18.6
15	0.64	3.22	562.6	2.50	479.5	47.95	19.3
16	0.59	3.12	531.5	2.50	479.5	47.95	19.9
17	0.55	3.21	539.1	2.00	616.5	61.65	20.5

续表

时间（a）	年产油（10^4t）	年产液（10^4t）	年产气（10^4m^3）	年注水（10^4t）	年注气（10^4m^3）	年注起泡剂（t）	采收率（%）
18	0.52	3.00	545.0	2.99	342.5	34.25	21.1
19	0.48	3.18	522.4	1.51	753.6	75.36	21.6
20	0.47	2.91	550.4	3.49	205.5	20.55	22.1
21	0.42	3.13	517.9	1.51	753.6	75.36	22.6
22	0.43	2.85	558.1	3.49	205.5	20.55	23.0
23	0.38	3.06	510.9	1.51	753.6	75.36	23.4
24	0.38	2.84	566.1	3.24	274.0	27.40	23.9
25	0.35	2.97	500.9	1.75	685.1	68.51	24.2
26	0.35	2.85	569.9	2.74	411.0	41.10	24.6
合计	22.61	82.61	11800.45	66.38	12057.01	1205.70	

方案3单井配产配注表见表4-40、表4-41。

表4-40 方案3：50℃水驱+氮气泡沫驱段塞驱采油井配液指标表

井号	井别	单井有效厚度（m）	配产液量（t/d）	备注
J1481	采油井	13.0	3.3	边井组单向
J1482	采油井	13.0	3.3	边井组单向
J1500	采油井	12.0	3.0	边井组单向
J1501	采油井	13.0	5.7	边井组双向
J1503	采油井	12.5	5.5	边井组双向
J1504	采油井	12.5	3.1	边井组单向
J1519	采油井	13.5	3.4	边井组单向
J1521	采油井	13.5	8.4	中心井组三向
J1522	采油井	13.5	8.4	中心井组三向
J1524	采油井	13.0	3.3	边井组单向
J1540	采油井	15.5	6.8	边井组双向
J1541	采油井	15.5	9.7	中心井组三向
J1543	采油井	14.0	8.8	中心井组三向
J1544	采油井	13.5	5.9	边井组双向
J1559	采油井	16.0	4.0	边井组单向

续表

井号	井别	单井有效厚度（m）	配产液量（t/d）	备注
J1561	采油井	16.0	10.0	中心井组三向
J1562	采油井	15.5	9.7	中心井组三向
J1564	采油井	13.5	3.4	边井组单向
J1580	采油井	18.0	4.5	边井组单向
J1581	采油井	18.0	7.9	边井组双向
J1583	采油井	16.5	7.2	边井组双向
J1584	采油井	14.5	3.6	边井组单向
J1601	采油井	19.0	4.8	边井组单向
J1602	采油井	17.5	4.4	边井组单向
平均		14.7	5.7	
合计		352.5	137.8	

表 4-41　方案 3：50℃水驱+氮气泡沫驱段塞驱注入井配注指标表

井号	井别	单井有效厚度（m）	热水段塞配水量（t/d）	泡沫段塞配气量（m^3/d）	泡沫段塞配液量（t/d）
J1502	注水井	13.0	16.3	2708.3	5.4
J1520	注水井	14.0	17.5	2916.7	5.8
J1523	注水井	13.5	16.9	2812.5	5.6
J1542	注水井	14.5	18.1	3020.8	6.0
J1560	注水井	16.5	20.6	3437.5	6.9
J1563	注水井	14.0	17.5	2916.7	5.8
J1582	注水井	17.5	21.9	3645.8	7.3
平均		14.7	18.4	3065.5	6.1
合计		103	128.75	21458.3	42.9

5. 热水泡沫驱直井水平井组合可行性

在吉 8 注水试验区反七点井网模型中划出如图 4-52 所示的长方形区域，设计如图 4-53、图 4-54 所示的直井井网模式和直井水平井组合井网模式，用水平段 420m 的水平井替代 3 口直井，数模模型三维图如图 4-55 和图 4-56 所示。

两种井网模式开发效果如表 4-42 和图 4-57 和图 4-58 所示。从两种井网模式数值模拟的含油饱和度场对比来看，从模型上部到下部，在前期都体现直井水平井模式的动用效果更好。从指标测算来看，直井水平井组合井网表现为前期采油速度高，收回投资快。直井水平井组合井网的最终采收率为 39.56%，略高于全部直井的井网模式，但优势不明显。因 1 口水平井的投资要低于 3 口直井的投资，且前期回收较快。综合效益分析看，可以推荐在适当区域选择直井水平井组合井网的模式，替代全部直井部署的井网模式。

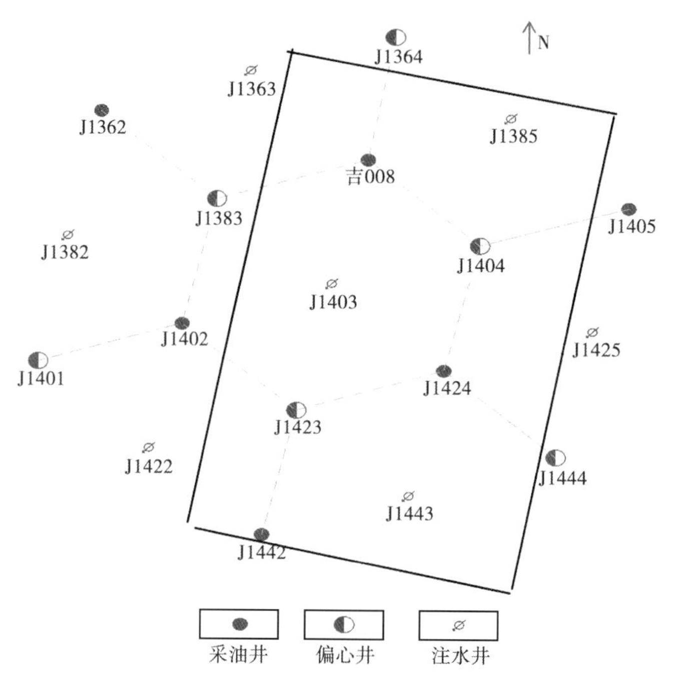

图 4-52 吉 8 试验区井网示意图

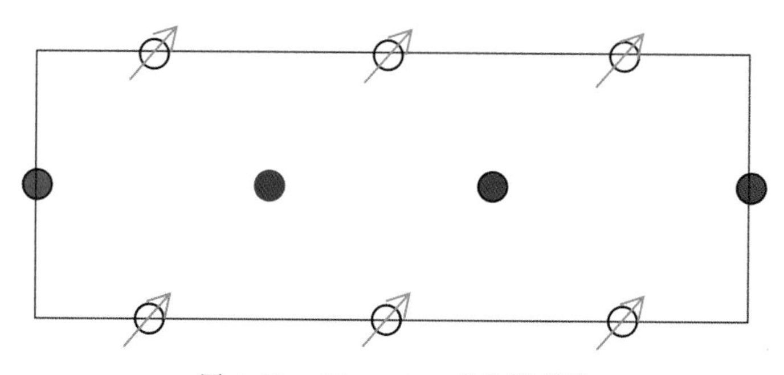

图 4-53 150m×150m 直井模式图

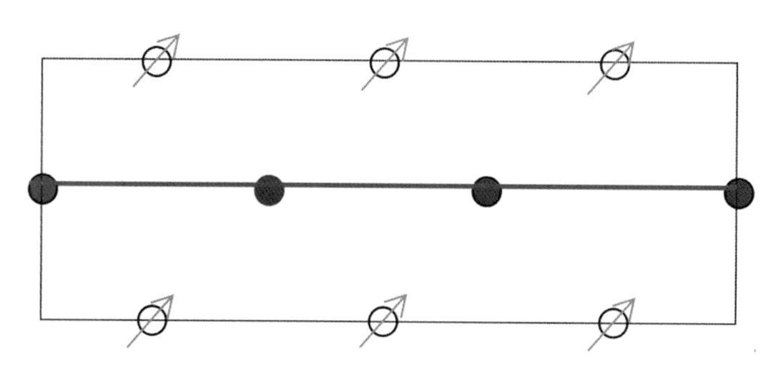

图 4-54 150m×106m 直井水平井模式图

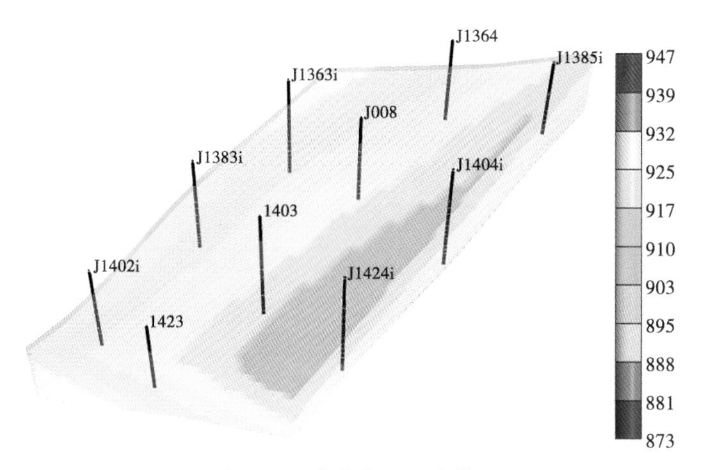

图 4-55 直井井网三维模型

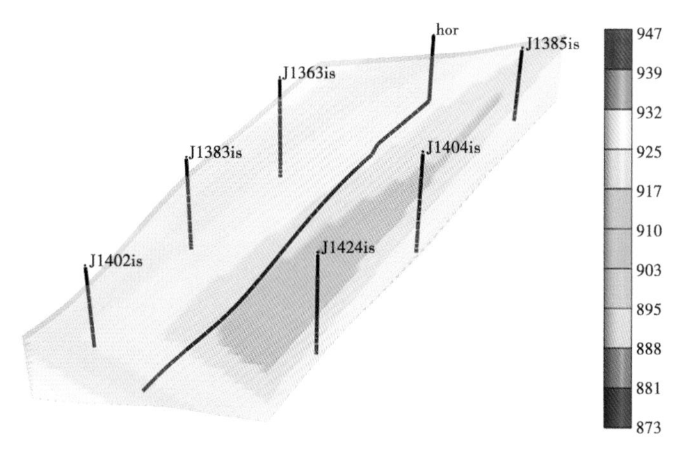

图 4-56 直井和水平井井网三维模型

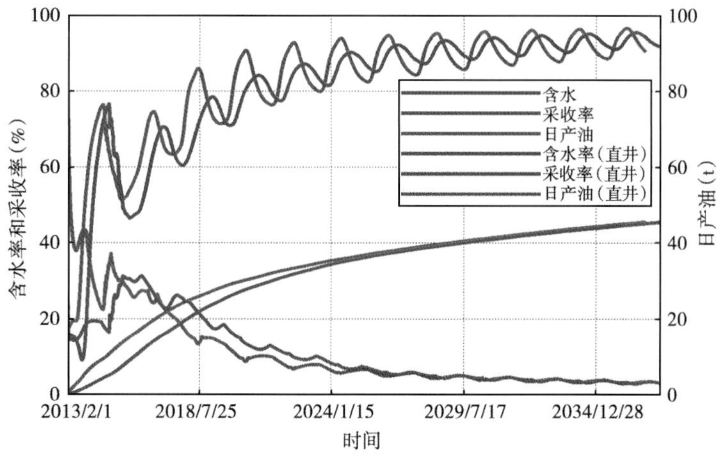

图 4-57 直井井网与直井水平井组合井网开发效果对比

表 4-42　直井井网与直井水平井组合井网开发效果对比

井网	时间（d）	累计产油（10^4t）	采收率（%）
直井水平井组合	1600	4.88	22.83
	5567	8.46	39.56
直井	1600	3.73	17.46
	5598	8.38	39.19

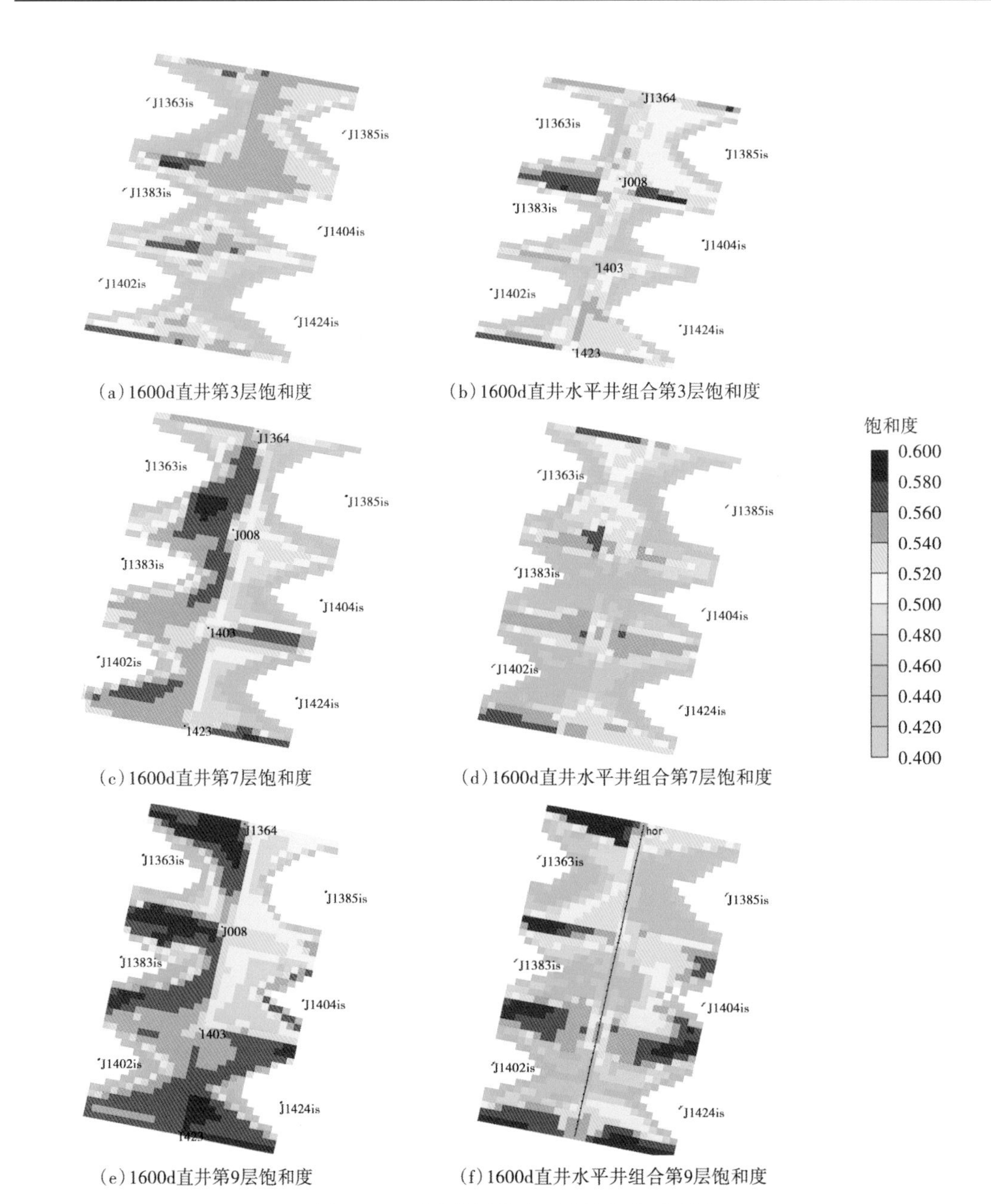

(a) 1600d直井第3层饱和度　(b) 1600d直井水平井组合第3层饱和度

(c) 1600d直井第7层饱和度　(d) 1600d直井水平井组合第7层饱和度

(e) 1600d直井第9层饱和度　(f) 1600d直井水平井组合第9层饱和度

图 4-58　两种井网模式含油饱和度对比图

6. 小结

（1）开发方式数值模拟优化结果表明：通过对比天然能量衰竭、不同温度水驱、不同温度水驱+氮气泡沫驱开发方式的开发效果。150℃水驱+氮气泡沫驱方式相对于常规水驱的净增油量最高，效果最好。推荐开发方式为：150℃水驱+氮气泡沫驱。

（2）热水驱+氮气泡沫驱优化设计推荐：150m 反七点井网的部署方式，注采方案采用单井日注水 30t，注水温度井底 150℃，当生产井含水率达 60%后转入氮气泡沫驱阶段。氮气泡沫驱阶段，分别采用 0.08PV 的泡沫段塞和 0.04PV 纯热水（井底 150℃）段塞交替注入的方式，总计注入 0.8PV 的泡沫，含水率达到 95%后结束。

（3）热水驱+氮气泡沫段塞驱先导试验区筛选：根据油藏油层厚度大、平面发育稳定，油藏条件下原油黏度能代表大部分储量原则，选择吉 8 井断块吉 8—吉 005 井区域开展热水驱+泡沫驱试验。试验区面积 0.60km^2，平均油藏厚度 14.5m，地质储量 92.1×10^{4}t。

（4）共部署 7 个完整 150m 反七点注采井组，注入井 7 口，采油井 24 口。7 口注入井全部为中心井，24 口采油井中三向受效井 6 口，双向受效井 6 口，单向受效井 12 口。预计试验区生产 23 年，累计注水 115.25×10^{4}t，累计注氮气 21921.70×10^{4}m^3，累计产液 133.00×10^{4}t，累计产油 28.83×10^{4}t，累计产气 20821.70×10^{4}m^3，采收率为 31.4%。

三、蒸汽吞吐开发方式优化

利用蒸汽吞吐开采稠油最早出现在 20 世纪 50 年代，作为一种相对简单和成熟的注蒸汽开采技术，目前仍在委内瑞拉、美国和加拿大广泛应用。当今蒸汽吞吐是提高原油采收率的最重要手段之一，蒸汽吞吐工艺施工简单，收效快，可以直接实施于生产井，边生产边试验。尤其在某些油藏条件下，如油层厚、油层埋藏浅、井距小，特别是重力排油能力达到经济产量时，蒸汽吞吐可以获得较高的采收率。蒸汽吞吐通常是作为油田规模蒸汽驱开发之前的一个启动手段的先驱开发方式，以减少生产的阻力和增加注入能力。此外，对于井间连通性差、原油黏度过高及含沥青砂的这类不适合蒸汽驱的油藏，仍把蒸汽吞吐作为一种独立的开发方式，因而它在稠油开发中仍然将继续占有重要的地位（刘文章，1998）。

1. 吉 003 井断块蒸汽吞吐开发方式优化

根据蒸汽吞吐油藏的筛选标准，吉 003 井断块可以考虑蒸汽吞吐开发，但与其他普通稠油油藏相比，渗透率较低（表 4-43）。

表 4-43 吉 003 井断块油藏的主要物性参数与蒸汽吞吐筛选标准对比表

项目	蒸汽吞吐筛选标准	蒸汽驱筛选标准	吉 003 井断块
油藏埋深（m）	<1800	<1400	1458
油层厚度（m）	>8	>7	23
净总厚度比	>0.35	>0.4	
水平渗透率（mD）	>200	>200	45
孔隙度（%）	>20	>20	19.6
含油饱和度（%）	>60	>45	60.0
脱气油黏度（mPa·s）	<2000000	<10000	3960
地层压力（MPa）		<5.0	15
其他		边底水体积<8 倍油体积	无边底水

1）吉003断块井网井距优化

（1）基本模型。

吉003井断块油藏基本参数见表4-44，以这些油藏参数为基础，建立反五点正方形直井井网模型进行蒸汽吞吐预测，合层开采 $P_3wt_1^{2-1}$、$P_3wt_1^{2-2}$ 上下两层，模型平面上具有均质模型的特点，纵向上属非均质模型（图4-59）。

表4-44　吉003井断块梧桐沟组油藏性质参数表

特征	平均	特征	平均
中部深度（m）	1458	渗透率（mD）	44.7
油层温度（℃）	50.1	孔隙度（%）	0.196
地面原油密度（g/cm^3）	0.95	含油饱和度（%）	0.60
地层压力（MPa）	15	地层原油黏度（mPa·s）	877
有效厚度（m）	23	地面脱气油黏度（mPa·s）	3960

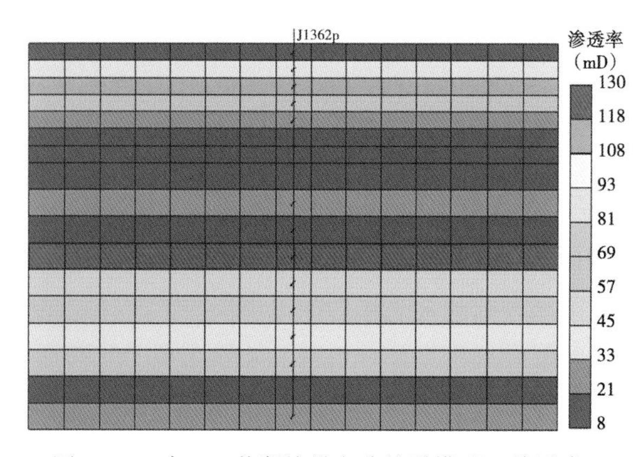

图4-59　吉003井断块纵向非均质模型（渗透率）

（2）井网井距优化。

在建立模型基础上，设计蒸汽吞吐井直井距离分别为70m、100m、150m、200m，对不同井距的方案进行模拟，从而优化出最佳蒸汽吞吐井距。

模拟结果如表4-45所示，油价为70美元/bbl时，五点井网条件下对井距70m、100m、150m、200m开发效果对比可见，井距越大，单井组盈利越高，但采收率和总盈利变小，100～150m井距总盈利最高，井距超过150m时，吞吐生产时间明显变长，从类似油藏开发经验来看100m左右井距较好。

表4-45　蒸汽吞吐不同井距优选对比表

蒸汽吞吐井距（m）	单井组储量（10^4t）	生产天数（d）	单井组采收率（%）	单井组采出油（10^4t）	累计油汽比	井组数（个/km^2）	70美元总投入（万元）	70美元总产出（万元）	70美元盈利（万元）
70	3.79	1468	27.86	1.05	0.30	102	175651.6	240233.4	64581.8
100	7.73	2919	24.71	1.91	0.42	50	94019.4	213176	119156.7
150	17.43	7065	21.29	3.71	0.5	22	51518.8	184034.2	132515.3
200	30.97	12132	18.45	5.71	0.71	12.5	30066.7	159422.7	129356.0

2）吉 003 井断块注采参数优化

方案设计直井第一周期注汽量 3000t，井底干度 30%，周期递增 10%～15%，单井日产油 1～2t 左右生产结束。

模拟结果如表 4-46、表 4-47 所示，周期注汽量越大，周期生产时间越长，累计生产时间越短，第一周期注汽量 2000t，周期递增 10%～15%开发效果较好；干度增加，油汽比增加，建议井底蒸汽干度大于 30%。

表 4-46　100m 井距不同周期注汽量干度 0.3 开发效果

周期注汽量（t）	天数（d）	采收率（%）	累计油汽比	累计产油（10^4t）	累计注汽（10^4t）
1500	3093	23.8	0.46	0.92	2.00
2000	2919	24.71	0.42	0.96	2.28
2500	2447	23.83	0.47	0.92	1.96

表 4-47　100m 井距周期注汽量 2000t 不同干度开发效果

干度	天数（d）	采收率（%）	累计油汽比	累计产油（10^4t）	累计注汽（10^4t）
0.1	2919	23.65	0.4	0.91	2.28
0.3	2919	24.71	0.42	0.96	2.28
0.4	2919	25.23	0.43	0.98	2.28
0.5	2919	25.69	0.44	0.99	2.28

3）吉 003 井断块直井开发与直井水平井组合开发效果对比

在直井反五点井网模式下，用水平段 420m 的水平井替代 3 口直井，布置在 $P_3wt_1{}^2$ 底部，井网示意图如图 4-60 和图 4-61 所示，数模模型如图 4-62 所示。

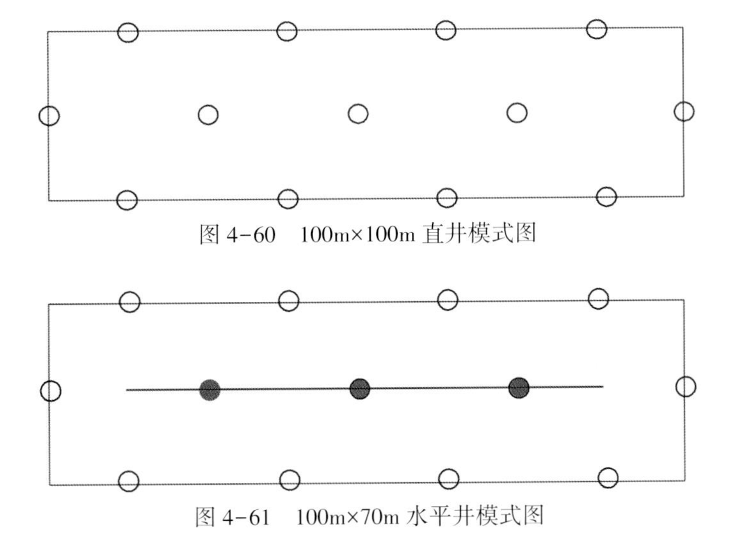

图 4-60　100m×100m 直井模式图

图 4-61　100m×70m 水平井模式图

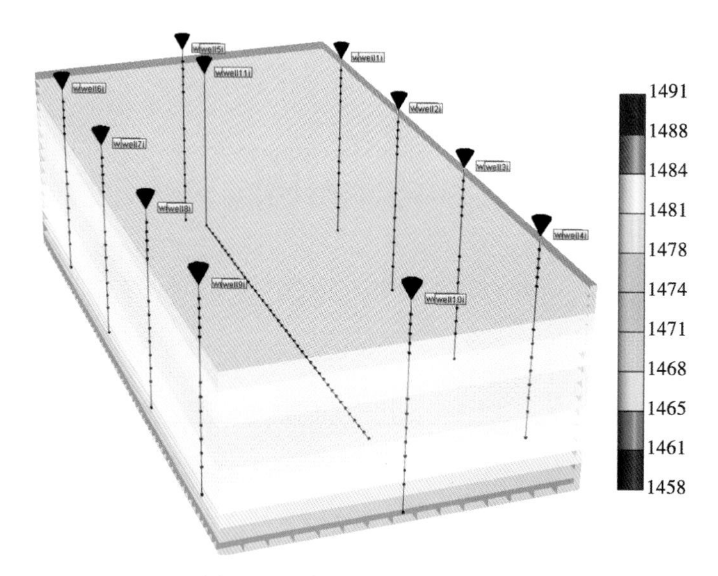

图 4-62　水平井吞吐开发模型

方案设计直井第一周期注汽量 2000t，井底干度 0.30，周期递增 10%~15%；水平井第一周期注汽量 4000t，井底干度 0.30，周期递增 10%~15%，直井、水平井共同吞吐生产，单井日产油 1~2t 左右生产结束。

模拟结果如表 4-48、表 4-49 和图 4-63、图 4-64 所示。从井网对比来看，直井和水平井组合开发比直井单独开发提高采收率 1.2%，单层计算下部油层采收率达 30.7%。从单井对比来看，尽管水平井只动用下部油层，但产油量是直井的 3.67 倍，建议吉 103 采用直井和水平井组合方式开发。

表 4-48　模拟区块开发效果对比

井网模式	天数	采收率（%）	累计产油（10^4t）	累计注汽（10^4m^3）	油汽比
直井井网	2919	24.71	7.64	18.24	0.42
直井和水平组合	2919	25.93	8.02	18.30	0.44

表 4-49　直井与水平井单井开发效果对比

单井对比	天数	累计产油（10^4t）	累计注汽（10^4m^3）	油汽比
直井	2919	0.96	2.28	0.42
水平	2609	3.51	6.87	0.51

2. 吉 103 井断块蒸汽吞吐开发方式优化

根据蒸汽吞吐油藏筛选标准，吉 103 井断块可以考虑蒸汽吞吐开发，与其他普通稠油油藏相比，渗透率较低。

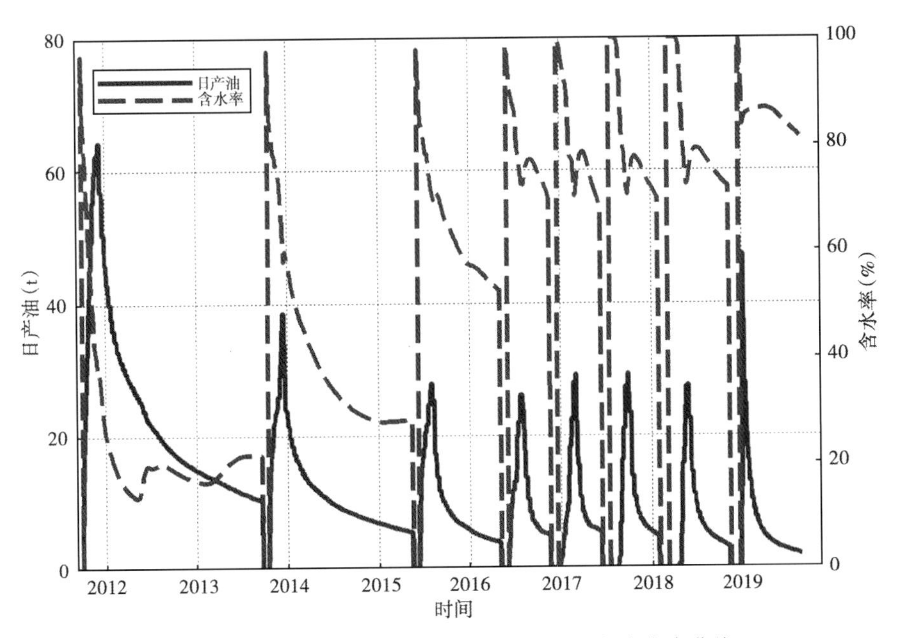

图 4-63　吉 003 井断块水平井单井日产油与含水率曲线

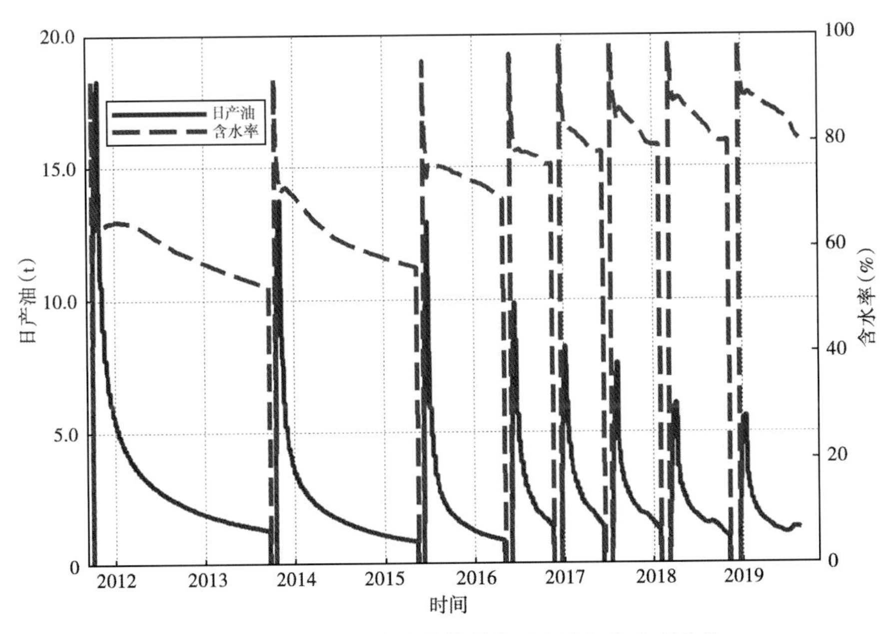

图 4-64　吉 003 井断块直井单井日产油与含水率曲线

1）吉 103 断块井网井距优化

（1）基本模型。

吉 103 断块油藏基本参数见表 4-50，以油藏参数为基础，建立反五点正方形直井井网模型进行蒸汽吞吐预测，合层开采 $P_3wt_1^{2-1}$、$P_3wt_1^{2-2}$ 上下两层，模型平面上具有均质模型的特点，纵向上属非均质模型（图 4-65）。

表 4-50 吉 103 井断块梧桐沟组油藏性质参数表

特征	平均	特征	平均
中部深度（m）	1366.0	渗透率（mD）	56.0
油层温度（℃）	47.71	孔隙度（%）	19.7
地面原油密度（g/cm^3）	0.967	含油饱和度（%）	64.0
地层压力（MPa）	12.34	地层原油黏度（mPa·s）	2153.5
有效厚度（m）	27.9	地面脱气油黏度（mPa·s）	10411.8

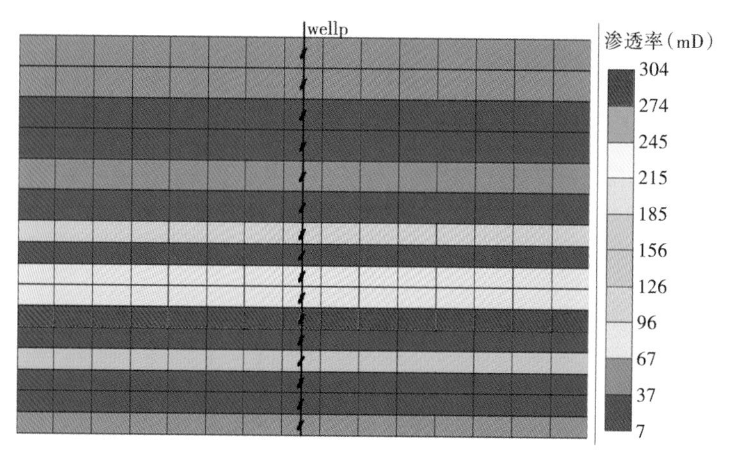

图 4-65 吉 103 井断块纵向非均质模型

（2）井网井距优化。

在基本模型基础上，设计蒸汽吞吐直井距离分别为 70m、100m、150m、200m，对不同井距的方案进行模拟，从而优化出最佳蒸汽吞吐井距。

模拟结果如表 4-51 所示，当油价 70＄/bbl 时，对比井距 70m、100m、150m、200m 开发效果，150m 井距总盈利最高，但其采油速度较低，综合考虑经济效益、采油速度，推荐 100m 井距。

表 4-51 蒸汽吞吐不同井距优选对比表

蒸汽吞吐井距（m）	单井组储量（10^{4}t）	生产天数（d）	单井组采收率（%）	采油速度（%）	单井组采出油（t）	累计油汽比	井组数（个/km^2）	总投入（万元）	总产出（万元）	总盈利（万元）
70	3.60	971	19.87	6.14	7148	0.26	102	161339.6	160830.4	-509.0
100	7.34	2120	17.84	2.52	13101	0.28	50	95034.7	148263.6	53228.9
150	16.51	6281	16.91	0.81	27924	0.27	22	61060.9	139792.8	78731.9
200	29.40	11798	14.37	0.37	42205	0.31	13	40783.1	118568.3	77785.2

2）吉 103 断块直井开发效果

以优化出的 100m 井距为基础模型，进行蒸汽吞吐开发效果预测，蒸汽吞吐单井第一周期注汽量 3000t，周期注汽量逐轮递增 10%～15%，井底干度 0.30，生产 2120d，采收率可达 17.84%，如表 4-52 和图 4-66 所示。

表 4-52 吉 103 断块单井蒸汽吞吐开发效果

周期	生产时间(d)	周期产油量(t)	周期注汽量(t)	周期油汽比	采收率(%)
1	461	1804	3000	0.601	4.91
2	667	1674	3300	0.507	4.56
3	335	1035	3600	0.288	2.82
4	214	772	4000	0.193	2.10
5	218	670	4400	0.152	1.82
6	225	596	4800	0.124	1.62
累计	2120	6550	23100	0.284	17.84

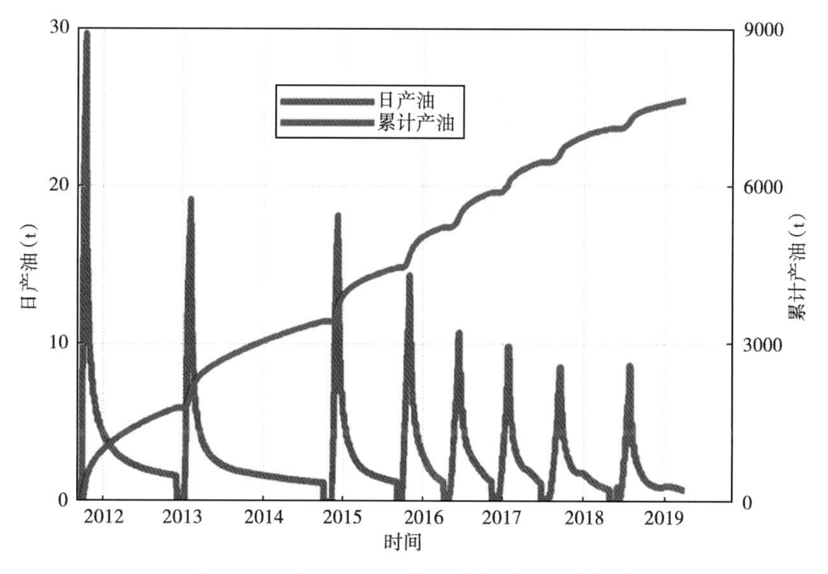

图 4-66 吉 103 断块单井蒸汽吞吐开发效果

3）吉 103 断块直井水平井组合蒸汽吞吐开发效果

在直井反五点井网模式下，用水平段 420m 的水平井替代 3 口直井，布置在 $P_3wt_1^2$ 底部，井网示意图如图 4-67 和图 4-68 所示，数模模型如图 4-69 所示。

方案设计直井第一周期注汽量 3000t，井底干度 0.30，周期递增 10%～15%；水平井第一周期注汽量 6000t，井底干度 0.30，周期递增 10%～15%，直井、水平井共同吞吐生产，单井日产油 1～2t 生产结束。

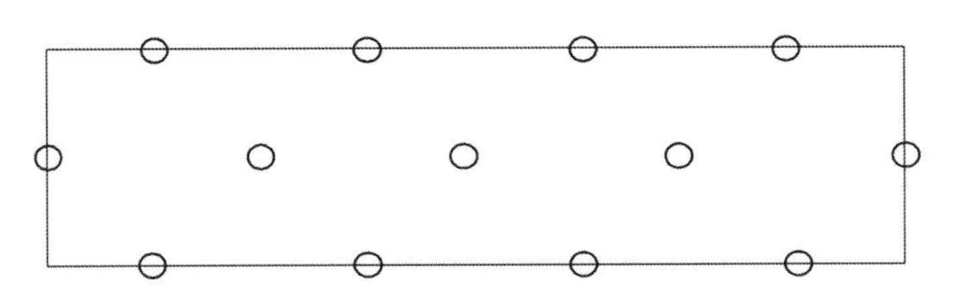

图 4-67　100m×100m 直井模式图

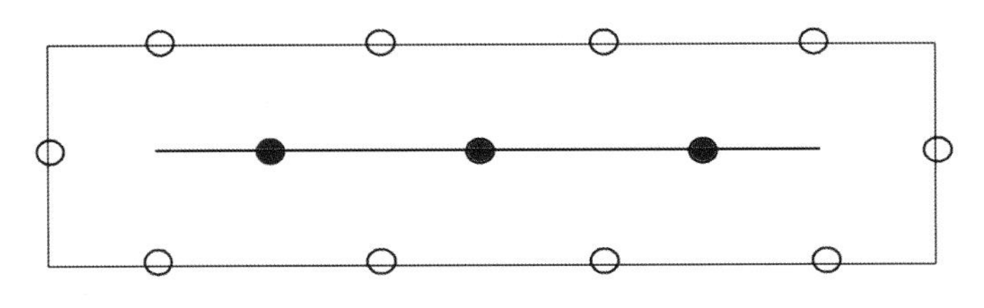

图 4-68　100m×70m 水平井模式图

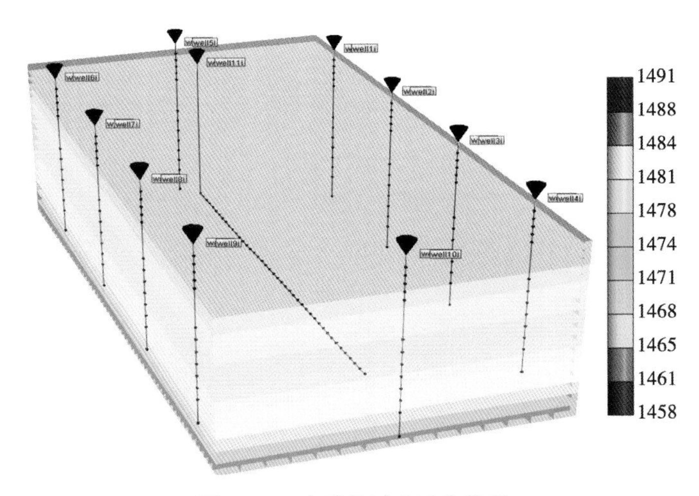

图 4-69　水平井吞吐开发模型

模拟结果如表 4-53、表 4-54 和图 4-70、图 4-71 所示。从井网对比来看，直井和水平井组合开发采收率比直井单独合层开发提高 0.67%，单层计算下部油层采收率达 25.9%。从单井对比来看，尽管水平井只动用下部油层，但产油量是直井的 3.17 倍。水平井吞吐是直井产量的 3 倍左右，建议吉 103 采用直井和水平井组合方式开发。

表 4-53　模拟区块开发效果对比

井网模式	天数 (d)	采收率 (%)	累计产油 (10^4t)	累计注汽 (10^4m^3)	油汽比
直井井网	2120	17.84	1.31	4.62	0.28
直井和水平井组合	2120	18.51	5.32	18.50	0.29

表 4-54 直井与水平井单井开发效果对比

单井对比	天数 (d)	累计产油 (10^4t)	累计注汽 (10^4m^3)	油汽比
直井	2120	0.66	2.31	0.28
水平	1920	2.08	6.14	0.34

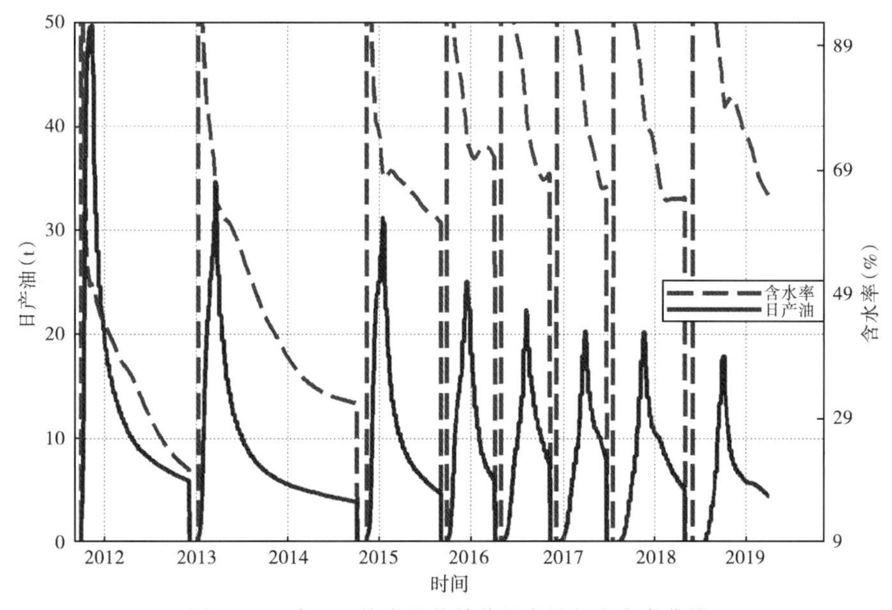

图 4-70 吉 103 块水平井单井日产油与含水率曲线

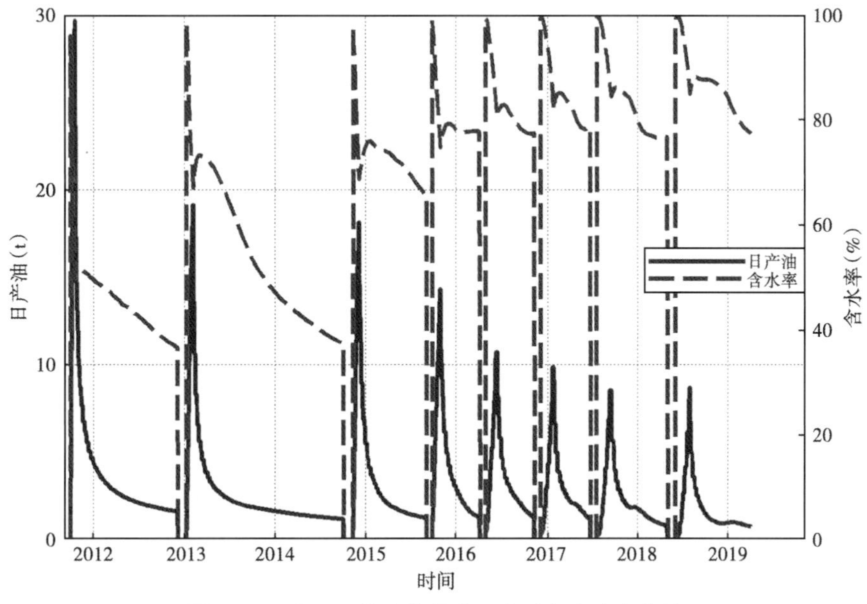

图 4-71 吉 103 块直井单井日产油与含水率曲线

四、开发方式确定

1. 吉7井区储量落实，油藏特点突出，开发方式选择难度大

昌吉油田吉7井区位于准噶尔盆地东部、吉木萨尔凹陷的东南缘，是在斜坡背景下发育的深层普通稠油油藏，已上报探明储量7205.86×10^4t。梧桐沟组油藏厚度大，但油层分散、净总比低。油层物性具有中孔隙度、中低渗透率特征，孔隙结构以细吼道为主。储层黏土矿物含量高，具有中等—强水敏。黏土矿物以伊/蒙混层为主（47.1%），其次为高岭石（31.4%）；岩心水敏程度中偏强。原油为普通稠油—特稠油，油层条件下渗流能力较差。$P_3wt_2^2$油藏50℃地面原油黏度为144.1～2964.5mPa·s，P_3wt_1油藏50℃地面原油黏度为291.2～13920.0mPa·s，原油性质差且变化大，地面原油黏度呈现由西北向南部变大的趋势。梧桐沟组属深层稠油油藏，油藏中部埋深1317.0～1775.0m。综合认为：昌吉油田吉7井区梧桐沟组油藏是一个多种因素复合影响，对于稠油油藏开发来说，具有极为明显的开发难点。因此，需要开展开发方式的研究与攻关，而不是简单的筛选。

2. 前期注水开发见到显著效果

低黏度的普通稠油吉006井断块的注水开发见到初步水驱特征，部分油井产量基本稳定或递减率低。中等黏度的普通稠油吉008注水先导试验区，见到较好的水驱效果。累计注水开发22个月，累计产油2.54×10^4t，累计注水5.34×$10^4$$m^3$。平均单井日注水12.5$m^3$，单井平均日产油4.1t，含水率37.9%，折算年采油速度为2.6%。见效特征体现在：（1）液量稳升、含水先升后稳、递减小；（2）油藏压力保持程度高，平均油藏压力略高于原始油藏压力；（3）剖面动用程度高。注水井平均厚度动用程度73.4%，生产井厚度动用83.0%；（4）生产井多向受效特征显著，注水达到了很好的平面波及效果；（5）预测采收率持续向好。历史拟合基本证实上述情况，预测最终采收率为15.5%。

3. 常规水驱采收率相对较低，提高采收率开发方式以氮气泡沫驱最适合

常规水驱开发普通稠油的采收率普遍较低，流度系数小于5时，采收率约15%。原油性质对开采方式及其采收率影响很大。随着原油黏度增加，注水开发采收率随之降低，而相应的蒸汽驱采收率降低幅度不大。说明随着地层原油黏度升高，注热开发方式将逐渐占据主导地位。调研及类似油田的开发实践证明泡沫驱提高采收率效果明显。泡沫具有调剖作用，可以扩大波及体积；与稠油混合发生乳化降黏，提高驱油效率；气体补充油层能量；提高驱替液黏度。本区储层孔隙度、渗透率处于火驱标准下限，流动系数低于火驱标准，成功进行火驱开发的难度较大。二氧化碳天然气驱能大幅度提高采收率，考虑二氧化碳天然气的来源不足、成本较高，持续注入在目前情况下无法保障，暂不推荐。

4. 计算常规水驱油藏的地层油黏度上限，拓展常温注水黏度范围

数值模拟确定：常温注水的地层油黏度上限为500mPa·s；热水驱的黏度上限为800mPa·s；地层油黏度大于800mPa·s的稠油，建议进行蒸汽吞吐开发。

5. 按照不同的油品、油藏地质特点，确定了3种开发方式组合

对于地层条件下，油品性质较好的吉006、吉7井断块，建议采用常规水驱+氮气泡沫驱的开发方式。预测用反七点法井网，井距210m，常规水驱预测采收率为25.98%。含水率

达 90%后转入聚合物驱可提高采收率 13. 37%，转氮气泡沫驱，可提高采收率 18. 66%。

对于地层油黏度中等，油品稍差的吉 8 井断块等，建议采用热水驱+氮气泡沫驱的开发方式。吉 8 井断块原油黏度对温度敏感性强；随着注水温度的升高，岩心驱油效率明显改善，推荐 150m 反七点井网的部署方式，注采方案采用单井日注水 30t，注水温度井底 150℃，当生产井含水率达 60%后转入氮气泡沫驱阶段。氮气泡沫驱阶段，分别采用 0. 08PV 的泡沫段塞和 0. 04PV 纯热水（井底 150℃）段塞交替注入的方式，总计注入 0. 8PV 的泡沫，含水率达 95%后结束。共部署 7 个完整的 150m 反七点注采井组，注入井 7 口，采油井 24 口，预测采收率可达 31. 4%。

对于地层黏度更大的吉 003、吉 004、吉 103 井断块，推荐采用蒸汽吞吐的开发方式，可以采用 100m 井距的正方形直井井网，也可以采用直井水平井组合的井网形式。

第五章　中深层稠油油藏采油工艺技术

采油工艺的主要任务是根据油田情况，选择合适的生产工艺，创新和采用先进、科学的生产方法，保证油田长期高产、稳产，获得最大采收率和最佳经济效益的最好匹配。本章以吉 7 井区为例，在油藏特征分析基础上，结合现有配套采油工艺，选取适合该井区的采油工艺方法，为中深层稠油油藏开采提供先导性示范方案。

第一节　完 井 工 艺

完井是使井眼与油气产层连通的工序，是衔接钻井工程和采油工程而又相对独立的工程，包括从钻开油气层开始，到下生产套管、注水泥固井、射孔、下生产管柱、排液，直至投产的系统工程。

鉴于中深层稠油采油需求及研究区实际情况，要求在保证安全、保护油层的原则下，尽量简化井身结构，同时应考虑到除梧桐沟组之外，三工河组也是目的层段，不能因为开采下部油层而破坏上部目的层，因此，固井水泥要返高至侏罗系三工河组顶界以上 50m，要求固井质量合格。

一、完井方式

完成钻井后，主要工作就是在井底建立油气层与井筒间的合理连通渠道，也就是油井完井。在井底建立的油气层与井筒之间的不同连通渠道，也就构成了不同的完井方式。经过研究与实践，人们认识到只有根据油气藏类型和油气层的特性并考虑开发开采技术要求，选择最合适的完井方法，才能有效地开发油气田、延长油气井寿命、提高采收率、提高油气田开发的总体经济效益。

目前，国内外油气田用最多的常规完井方法主要有 4 种（邹艳霞，2006），即射孔完井法、裸眼完井法、割缝衬管完井法和砾石充填完井。但不论采用哪种方式，都需要满足以下几个方面的要求：

（1）油层和井筒间应保持最佳的连通条件，油层所受伤害最小；

（2）油层和井筒间应具有尽可能大的渗流面积，油气流入井筒阻力最小；

（3）能有效封隔油、气、水层，防止气窜或水窜，防止层间相互干扰；

（4）能有效防止油层出砂，防止井壁崩塌，确保油井长期生产；

（5）应具备便于人工举升和井下作业等条件；

（6）完井工艺过程简便、安全可靠，成本低。

根据吉 7 区块的地层情况和储层物性分析，完井方式采用固井后射孔方式完井。

二、油层套管

2013 年后，油井套管全部选用 ϕ177. 8mm 套管，水井套管选用 ϕ139. 7mm 套管。

2013 年前，除监测井以外的油井选用 ϕ139.7mm 套管。但由于选用的 ϕ139.7×7.72mm 油层套管（内径 124.3mm）与油井选用的 ϕ88.9mm 油管（节箍外径 107mm）间隙较小，存在测试液面困难的情况，同时不能满足热洗清蜡大排量要求，使得清蜡效果受到影响。此外，存在一些测试井点不符合测试条件后，没有替代井。因此根据现场使用情况，2013 年以后套管全部改为 ϕ177.8mm 套管。

三、油管

油管是地层流体流出地面的通道，其直径是否合理，直接影响油井的安全、高效生产。目前，油井均采用 ϕ88.9mm×6.45mmN80 平式油管，注水井均采用 ϕ73mm×5.51mmN80 平式防腐油管。

2012 年为降低螺杆泵举升及配套技术成本，根据油田公司要求，2012 年在吉 006 井区开展了 3 口井配套使用非 API 标准油管（外径 76mm、内径 65mm）的应用试验，试验情况见表 5-1。

表 5-1 吉 006 井区非 API 标准油管应用情况

井号	原油黏度（50℃）（mPa·s）	使用时间	油管内径（mm）	抽杆外径（mm）	抽杆接箍外径（mm）	应下扶正器外径（mm）	实下扶正器外径（mm）	管杆间隙（mm）	测试最大扭矩（N·m）	测试最大轴向力（kN）	电机功率（kW）	正常运行时间（d）	目前状况
J1023	4036	20121021	65	36	58	69	未下	3.5	639		21	11.4	故障停机
J1026	307.1	20121114	65	25	56	62	59	3			22	6.4	故障停机
J6171	413.6	20121118	65	25	56	62	59	3	214.29	51.42	22	172	正常

目前，3 口非 API 标准油管试验井只有 J6171 井生产正常，另两口井皆因故障停机。故障原因均为启动负荷过大，控制柜因过载保护跳停，螺杆泵无法正常运行。分析非 API 标准油管的试验情况，有以下几点认识：

（1）吉 7 井区因原油黏度较大，停机后再次启动时，扭矩一般都高达 600N·m 以上，为正常运行时扭矩的 2~3 倍，是目前两口非 API 标准油管试验井不能正常运行的主要原因；

（2）采用非 API 标准油管后，若用外径为 36mm 的插接式抽油杆，与其配套的抽杆扶正器外径为 69mm，故扶正器无法下入，对杆、管的长期使用不利。即使采用外径为 25mm 的常规抽油杆，一方面存在杆脱、杆断的隐患，另一方面与 25mm 抽杆配套的扶正器外径为 62mm，杆管间隙太小，故现场应用时处理成 59mm 下入井内，即使如此，杆管间隙也只有 3mm，致使启动时因油稠摩阻大，故启动困难；

（3）由于非 API 标准油管还不成熟，需要配套的各种工具型号复杂，不建议在吉 7 井区大规模推广使用。

四、井口

井口装置是油气生产的重要设备，是整个油气钻采装备中最关键的安全设备之一，不仅用来悬挂井口套管、密封套管之间的环空、定位安装支撑采油树等，而且更重要的是用于安全输送井下油气，有效防止井口高压和有害有毒气体等喷射、散发到环境中给环境和生物造成伤害。其性能的优劣关系到油气井能否安全、高效地生产。井口装置由套管头、油管头和采油树3部分组成，主要用于监控生产井口的压力和调节油（气）水井流量；也可以用于酸化压裂、注水、测试等各种措施作业。石油工业的不断发展对井口装置及阀门的可靠性和控制性提出了更高要求，这便促使和推动着井口装置也处在不断的改进和发展之中。

本区油水井井口均采用耐压25MPa的井口。目前油井井口最高压力为6MPa，注水井最高井口压力为21MPa，所选择井口可以满足生产要求。

五、射孔技术

射孔技术是油气田开发的重要环节（刘涛，2014）。射孔技术作为油气井完井工程的重要环节，在过去10余年时间内得到了大力发展，为油气井增产起到了至关重要的作用。国内外射孔技术大致分为以下几方面：（1）以追求油气产能为主要目的的高效射孔完井技术，如聚能射孔技术、复合射孔技术等，为了最大限度沟通油气生产通道，提高产能，该射孔技术逐渐向大药量、超深穿透、多级火药装药气体压裂增效等方向发展；（2）以保护油气层、完善和提高射孔完井效果为主要目的的射孔工艺技术，如负压射孔工艺技术、动态负压射孔工艺技术、超正压射孔工艺技术、定方位射孔工艺技术等；（3）以提高作业效率为主要目的的一体化组合作业工艺，包括提高测试资料真实性的射孔与测试联作工艺、射孔与酸化、射孔与压裂等措施联作工艺等，如DST（油气井中途测试）联作工艺、全通径射孔工艺、负压射孔测试工艺等；（4）以提高作业安全性和效果为主要目的的管柱安全性设计、施工优化设计、智能定向射孔、射孔施工过程监测和诊断等；（5）以恢复油气井产能、延长使用寿命为目的的增产措施，如射爆联作增产技术和爆燃压裂增产技术等。针对吉7井区情况，对其进行射孔工艺设计如下。

1. 钻井污染评价

在钻开储层的过程中，钻井液的固相颗粒和液相会侵入储层，固相颗粒会堵塞储层孔道，滤液可能会与地层流体或岩石发生反应产生化学伤害，降低储层渗透率和阻碍油藏流体的流动。钻井污染主要影响因素有钻井压差、污染时间、钻井液比重和滤液黏度等。钻井压差越大，污染时间越长，储层伤害越严重。由于钻井污染严重阻碍了储层流体的流动，在钻井污染油井产量低于无污染油井时，从提高稠油井产能的角度，应该选择与地层配伍的钻井液，同时减少钻井正压差，提高钻井速度或使用欠平衡钻井减小钻井污染。

前期油井采用YD-89枪、SDP-102枪对应的DP40RDX、SDP44RDX（HMX）射孔弹，在本区油层的校正穿深分别为366.67mm、570.67mm（表5-2），根据钻井资料，预测本区钻井污染深度为131.6~151.7mm（表5-3）。可见，前期采用的YD-89枪、SDP-102枪均能射穿本油层的钻井污染带。

表5-2 射孔弹穿透深度及孔眼直径校正表

弹型号	穿深（mm）	孔径（mm）	穿深校正系数	孔径校正系数	校正穿深（mm）	校正孔径（mm）
DP40RDX	550	10.4	0.67	0.7806	366.67	8.12
SDP44RDX（HMX）	856	12.2	0.67	0.7806	570.67	9.52

表 5-3 钻井污染深度估算表

断块	层位	油层深度（m）	孔隙度（%）	渗透率（mD）	钻井液浸泡时间（d）	钻井液密度（g/cm^3）	污染深度（mm）
吉 7	$P_3wt_2^2$	1650.0	21.08	89.40	3	1.18	151.7
	P_3wt_1	1660.0	21.90	80.80	3	1.18	144.2
吉 8	$P_3wt_2^2$	1527.0	21.08	89.40	3	1.13	137.1
	P_3wt_1	1517.0	21.90	80.80	3	1.12	131.6

2. 射孔方式及工艺

射孔完井是套管完井和尾管完井所必须采取的作业，在射孔完井的油气井中，井底孔眼是沟通产层和井筒的唯一通道。为了保证在产层和井底间产生一条清洁通道，使射孔对产层伤害最小，完善系数最高。油气井产能最大，需要针对油气藏的具体情况，研究射孔参数等与产能之间的关系，选择适当的射孔液、射孔枪、射孔工艺（刘涛，2014）。

前期生产油井采用油管传输射孔，DP-89 枪，60°相位角，20 孔/m；注水井采用油管传输射孔，SDP-102 枪，90°相位角，16 孔/m。射孔液采用 4%~6%KCL 防膨射孔液。前期射孔工艺可以满足投产需求。

六、投产工艺

前期投产的探井、评价井射孔后均不出油或者产量很低，经过压裂改造后油井供液能力增强，压裂前平均日产油 0.79t，压裂后平均日产油 5.40t，压裂效果显著。

2011 年投产的吉 008 井试验井组按照地质要求初期不压裂，观察井组注水见效情况。从吉 008 井注水试验区试采情况来看，初期采油井均未压裂投产，采油井射孔后均不出油，经过螺杆泵转抽后，获得一定产能，初期日产油量 1.9~9.4t，初期平均单井日产液量 4.9t、日产油量 4.4t、含水率 8.9%，但是仍有 8 口井初期日产油量小于平均水平，占总井数的 66.7%。从开发历程来看，初期液量、油量递减较大，经过同步注水开发，见效后液量、油量稳中有升，目前平均日产油 4.0t，含水率 40%，但是仍有 6 口井日产油量低于 4.0t。

2012 年吉 006 断块投产的 29 口油井中 14 口井射孔后能够自喷生产，其余 15 口油井射孔后不出油或产量较低，进行压裂改造（8 口井射孔后不出油直接压裂，7 口井射孔后产能达不到配产再压裂）后平均单井日产液 7.0t，日产油 6.4t。

第二节 螺杆泵举升工艺及配套技术

螺杆泵具有独特优势。它是一种容积式泵，运动件只有螺杆，没有阀和复杂的流道。油流扰动少，水力损失大大降低，同时对出砂井适应性强，不容易砂卡。因此，螺杆泵采油是最常用的人工举升方式之一（任龙，2007），具有以下特点：

（1）泵效高、节能、维护费用低。由于螺杆泵工作时负载稳定，机械损失小，泵效可达 90%，成为机械采油中耗能最小、效率最高的机采方式之一；

（2）一次性投资少。与电动潜油泵、水力活塞泵和游梁式（链条式）抽油机相比，螺杆泵的结构简单，一次性投资低；

（3）适合稠油开采。一般来说，螺杆泵适合于黏度为8000mPa·s以下的原油开采。

螺杆泵于1930年发明后，主要用于工业领域泵送黏稠液体，1970年首次被用于开采高含砂稠油。苏联在1973年研制成功电动潜油单螺杆泵采油系统，并发展了单螺杆、双螺杆等形式的螺杆泵。法国PCM公司也生产出电动潜油单螺杆泵，采用了4个相同的单螺杆泵串联或上、下两组左、右旋单螺杆泵并联结构，其共同特点是采用潜油电机直接驱动螺杆泵。20世纪90年代，美国、加拿大等国家开始研制带井下减速器的电动潜油螺杆泵，并在多砂、高黏深井，定向井，水平井中采用，目前规模较大的有美国的Centrilift Amoco、Reda和加拿大的Kudu公司等。法国MAPE公司生产的螺杆泵可以在含砂量高达60%的井况下正常工作。目前，使用较多的是地面驱动抽油杆传动螺杆泵，井下电机驱动螺杆泵近几年发展较快，在国外和海上油田使用数量逐渐增多。

中国在螺杆泵的研制方面起步较晚，20世纪90年代中期开始在国内油田小规模应用，目前，地面驱动的螺杆泵已有批量应用，应用及配套技术也相对成熟。大量文献资料表明，国内对电动潜油螺杆泵技术的研究起步较晚，但潜力巨大。

在螺杆泵井系统设计过程中主要包括系统分析和设备选型（穆金峰等，2010），设备选型即泵、杆、管及地面驱动装置的合理选配，整个系统设计涉及基础设备参数、性能数据，包括泵、抽油杆、油管、套管、电机及驱动头等，以及各个设备生产厂家的相关资料。

根据吉7井区中深层稠油的特点，在试验时还选配了大直径油管，一方面为螺杆泵提供有效的工作场所，另一方面增大油流通道有利于稠油的流动，从而减小举升阻力。同时合理使用了抽杆扶正器、选配了液压ABS防反转地面驱动装置。

通过螺杆泵配套工艺的优选，大幅度提高了螺杆泵举升中深层稠油的适应性。

一、举升方式

截至2013年11月，吉7井区共有84口井转抽，全部采用螺杆泵举升，平均检泵周期为513d，最长检泵周期达1120d，螺杆泵举升工艺能适应吉7井区的稠油举升需求。

2008年吉7井区有3口井（吉7、吉8、吉001），由于吉7井区原油黏度较大（吉7、吉001两井相近，50℃原油黏度分别为568.0mPa·s和592.9mPa·s，吉8井原油黏度较高，50℃原油黏度为2026mPa·s），这3口井在采用抽油机举升过程中经常出现启抽困难、抽油杆断等情况。

针对吉7井区举升困难的情况，前期开展了3种举升工艺的现场试验均取得了成功，3种技术分别为过泵电加热技术（连续和周期加热）、掺降黏剂技术试验、螺杆泵举升技术。

1. 过泵电加热技术

空心杆过泵电加热装置（郭雄华等，1999）主要是由空心杆、耐温防砂电加热泵、加热电缆、配电柜及特种变压器组成。耐温防砂电加热泵利用其泵上专用拉管、下拉管将泵上空心杆及泵下空心杆联为一体，在井口处向空心杆的中心孔内下入整体电缆，通过泵下丝堵和杆壁构成回路，当送入工频交流电后依靠集肤效应原理，实现对泵下原油的直接加热和泵上油管内原油全程拌热，以降低原油黏度，提高原油流动性，使原油顺利进泵并举升到地面。

2008年在吉7井首次开展现场试验并取得了成功，然后陆续在吉8井和吉001井也开展了该工艺试验，取得了较好的效果（试验井情况见表5-4），但该工艺存在耗电量大，采油成本高，电缆、抽油杆易断等缺点。

表5-4 过泵电加热试验井情况表

序号	井号	油层中深(m)	50℃原油黏度(mPa·s)	加热深度(m)	措施前		措施后	
					日产液(t)	日产油(t)	日产液(t)	日产油(t)
1	吉7	1686.25	568	1311.67	4.2	4.1	10.7	10.2
2	吉8	1573.50	2026	1337.99	3.0	2.7	16.6	10.0
3	吉001	1695.00	592.9	1442.57			8.3	6.2

为了降低电加热运行成本，在初步试验基础上，进行了不同周期电加热试验。不同周期电加热试验期间吉8井的生产情况进行对比见表5-5。

表5-5 吉8井周期电加热试验情况对比表

开始日期	试验天数(d)	加热方式(h)	日产液(t)	日产油(t)	含水(%)	井口温度(℃)	上行电流(A)	下行电流(A)	最大载荷(MPa)	最小载荷(MPa)	备注
2008.1.02	38	连续	11.1	7.9	28	54	47.5	43.1	82.1	50.6	
2008.2.09	34	开4关4	10.8	5.5	49	40	52.4	44.3	86.8	50.3	
2008.3.15	5	开1关23	11.3	5.4	52	36	48.6	44.8			运行困难
2008.4.18	19	开3关9	11.6	5.3	54	39	52.1	45.7	85.9	57.4	

从不同周期电加热试验来看，设定的加热周期均能保证井口温度保持在30℃以上，而且井口产量变化也不大，其中“开1关23”方式试验时间较短，虽然没有获得示功图资料，但根据现场生产情况来看，抽杆下行较为困难，抽油机不能正常运转。相对而言，“开3关9”的电加热方式更为经济。

2. 掺化学降黏剂技术

稠油的特殊性质决定了稠油的采、输、炼必然是围绕稠油的降黏降凝改性或改质处理进行。工业上使用过的稠油改性降黏技术包括掺表面活性剂水溶液乳化降黏、掺稀原油降黏、掺有机溶剂（汽油、柴油、轻烃、混苯等）降黏、掺油溶性降黏剂降黏及复合降黏剂降黏等，其中最具技术经济价值的是水溶性乳化剂降黏和油溶性降黏剂降黏。

2009年8月开始在吉8井进行稠油举升配套掺化学降黏剂技术，在原有空心杆、空心环流泵基础上，在泵下配置单流阀，在井口配置加药泵、配液罐等装置，实现泵下连续加降黏剂。吉8井采取掺化学降黏剂工艺后日产油由试验前0.9t上升到8.4t，取得了较好的效果（表5-6）。

表 5-6　吉 8 井掺化学降黏剂试验效果情况统计表

井号	措施前			措施后		
	日产液（t）	日产油（t）	含水率（%）	日产液（t）	日产油（t）	含水率（%）
吉 8	1.2	0.9	26	11.6	8.4	28

掺化学降黏剂试验一个月后停止，该工艺需要配备配液罐、注入降黏剂的柱塞泵等地面设备，降黏剂需要人工每天进行加入，工艺流程比较复杂，地面建设和现场管理有一定难度。

3. 螺杆泵举升技术应用情况

2009 年 8 月在吉 7 井开展螺杆泵试验，选用 60TP2000 型螺杆泵，电机转速 100 转/min，电机功率 18.5kW。下入螺杆泵以后，产量、含水率均比较平稳，平均日产液 6.25t，平均日产油 5.56t，含水率 8%，生产状况良好。采用螺杆泵举升技术，工作管理方便，而且生产过程中不会发生气锁现象，有省电、机械效率高的优点。

4. 3 种举升工艺经济性对比

根据 3 种工艺的一次性投入费用对比（表 5-7）和能耗费用对比（表 5-8），采用螺杆泵在一次性投资及能耗费用上具有更好的经济性。

表 5-7　常规有杆泵和螺杆泵一次性投资费用对比表

工艺方法	抽油机电机安装（万元）	加热电缆（万元）	空心抽油杆（万元）	抽油泵（万元）	地面（万元）	专用插接杆（万元）	PCM 螺杆泵（万元）	其他（万元）	合计（万元）
电加热	24.10	12.09	9.56	0.85	13.68			1.55	62.20
过泵降黏	24.10		9.56	0.85	11.80			0.5	51.90
螺杆泵					7.75	15.35	8.4	0.87	32.38

表 5-8　常规有杆泵和螺杆泵能耗费用对比表

工艺方法	伴热电缆电费（元/日）	举升设备电费（元/日）	储罐加热（元）	降黏剂费用（元）	折算热洗费用（元）	增加拉运费用（元）	合计（元）	日产油量（t）	成本	
									元/t	美元/bbl
连续电加热	1225	160	198	0	0	0	1583	5	316.6	6.1
开 3 关 9	406	160	198	0	0	0	764	5	152.5	2.9
过泵降黏	0	160	198	169	0	77	604	5	120.8	2.3
螺杆泵	0	60	198	0	123	0	381	5	76.2	1.5

二、举升设备

螺杆泵的举升性能有 4 个方面含义：（1）从多深的井中往上举升介质（液体、气体或固体），即螺杆泵工作压力；（2）单位时间内举升的介质数量，即螺杆泵排量概念；（3）为系统配备的功率；（4）功率的利用程度（效率）。此外，还必须考虑系统的寿命和优化配套问题（刘潮勇，2009）。

目前螺杆泵型均选用60TP2000型或者13E2000型螺杆泵，螺杆泵100转/min时排量为13t，驱动头额定载荷100kN，输出轴额定扭矩1000N·m，电机功率18.5kW。抽油杆均选用ϕ36mmD级插接式抽油杆，下泵深度在1400~1600m，通过吉7井区前期29口井的扭矩及载荷测试结果分析（图5-1、图5-2），目前所选择的设备基本能够满足吉7井区举升需求。在吉7井区南部原油黏度较大地区螺杆泵运转时表现出转速较慢排量不能满足配产的特征，分析原因认为电机功率偏小，2014年以后所配的电机均为22kW（马丽等，2013）。

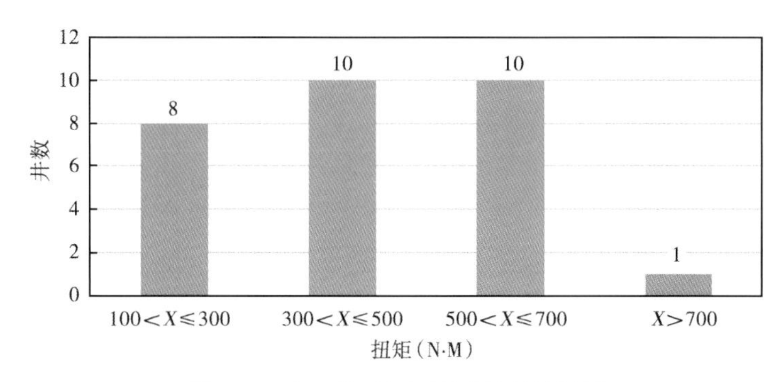

图5-1　吉7井区扭矩测试结果统计图

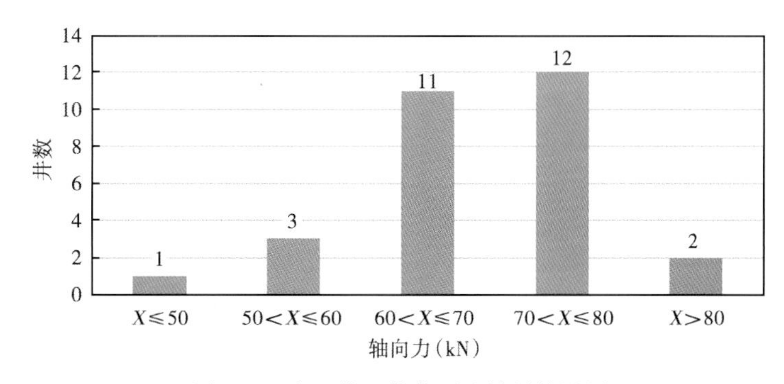

图5-2　吉7井区载荷测试结果统计图

三、配套工艺

螺杆泵采油井的合理工作状态就是要保证泵的排量与油井产能协调，避免发生抽空现象（杨樟柏，2006）。用“节点分析”方法明确油井生产取得较大经济效益，然后进行选泵及优选参数，即螺杆泵工艺设计是依靠油井的状况来合理选择螺杆泵的泵型，确定泵的工作参数，或者根据某一规格的螺杆泵来选井。而螺杆泵采油井的合理工况是指油井在合理流压下生产，螺杆泵在合理工作区域内工作。

1. 螺杆泵生产诊断工艺

吉7井区螺杆泵生产诊断采用光杆载荷测试工艺，在井口采用SM40YBC-LGB螺杆泵系统效率测试仪进行测试，该工艺通过实时采集光杆的扭矩、轴向力和转速参数，进行螺杆泵井工况测试，并结合电参数、动液面等相关测试数据，系统性地进行诊断分析。同时能根据测试数据画出三相电流图、两相功率图、功率因数图、动液面曲线图、光杆载荷曲线图、光杆扭矩曲线图、光杆转速曲线图。准确地对机采系统的系统效率进行分析，从而指导生产实践。截至 2013 年 11 月 31 日，在吉 7 井区共测试 108 井次，取得了较好的生产效果。

2. 动态监测工艺

吉 7 井区 2012 年在 6 口监测井上试验了 3 种井下测试工艺（每种工艺试验 2 口井，分别为抽油机+电加热工艺、螺杆泵+永制式压力计工艺、偏心螺杆泵测试工艺），经过近 1 年的试验，3 种工艺均取得了成功。对比 3 种工艺其中螺杆泵+永制式压力计工艺由于技术局限只能测试井底的流压和温度数据，不能取得剖面测试资料；而抽油机+电加热工艺存在耗电量较大的缺点；偏心螺杆泵工艺在新疆油田为首次应用，经过试验及技术改进后成功取得流压、温度及产液剖面资料，其优点是螺杆泵耗电量少，经济上较为合理。2013 年在吉 006 井区继续应用了 3 口偏心螺杆泵测试工艺，成功取得了流压、温度及产液剖面资料。

第三节　注 水 工 艺

注水替油工艺作为超深井油藏提高采收率的一项重要措施，在轮西油田得到广泛推广。注水替油工艺的原理是向储集体中注入水，补充地层亏空能量，防止地层裂缝闭合，减缓因供液能力下降造成的产量递减；使油藏驱动类型由天然弹性驱动和底水锥近驱动转化为天然弹性驱动、底水锥近驱动和注入水驱动。

向油层注水，利用人工注水保持油层压力来开发油田，是油田开发史上的一个重大转折。自 20 世纪 20 年代末开始实施注水开发油田，到 20 世纪 50 年代后开始大规模注水，目前已在世界范围内获得了广泛应用，注水已成为主要的油田开采方式，是当前强化采油和提高原油产量的重要手段。如 1970 年，美国的注水开发区块达 9000 多个，苏联原油 85%以上是从注水开发的油田采出的，国内油田开发也主要采用注水开发。

目前吉 7 井区共有注水井 47 口，其中吉 008 试验区有 7 口，吉 006 断块有 40 口。

一、注水工艺基本情况

目前水质标准采用《吉 7 井区梧桐沟组油藏注水水质推荐标准》；注水管柱采用 ϕ73mm ×5. 51mmN80 平式防腐油管；射孔均采用 SDP－102 枪，油管传输，孔密 16 孔/m，相位角 90°。由于储层为强盐（水）敏特征，为防止低矿化度的注入水对地层伤害，目前注水井在转注前均先注入 2. 0%高浓度防膨剂段塞进行处理，然后由系统连续注入 0. 1%～0. 3%浓度的防膨剂。目前的注水工艺基本能满足吉 7 井区注水需求。

二、前期试注情况

1. 吉 001 井试注情况

吉 001 井于 2009 年 11 月 21 日至 2009 年 12 月 3 日进行了试注、系统试井施工，共 300h，累计注入液量 352. 24m^3。试注成果见表 5-9，试注曲线如图 5-3 所示。

根据吉 001 井试注成果得出以下结论：

（1）随注入压力提高，注水压差增大，油层吸水能力增加；

（2）井口启动压力为 3. 91MPa，折算到油层中部 1695m 启动压力为 20. 857MPa；

表 5-9 吉 001 井试注成果表

日期		泵压（MPa）	井口注入压力（MPa）	起止时间	时间间隔（h）	日注水量（m^3）	压力计压力（MPa）			
							仪深（m）			
月	日						1	100	500	1000
11—12	30—1	4.0	3.8	20:00 至 8:00	12	21.60	5.1205	5.4150	8.8424	14.9409
12	1	4.9	4.8	8:00 至 20:00	12	46.32	6.2325	6.4019	10.0063	16.2478
12	1—2	5.6	5.6	20:00 至 8:00	12	62.16	7.0900	7.3729	10.7876	16.9167
12	2	6.8	6.7	8:00 至 20:00	12	86.64	7.4209	7.7283	11.1718	17.1809
12	2—3	7.1	7.1	20:00 至 8:00	12	101.76	7.8211	8.1718	11.6745	17.4453
12	3	8.2	8.2	8:00 至 20:00	12	111.84	10.8775	10.3239	14.3110	20.4686

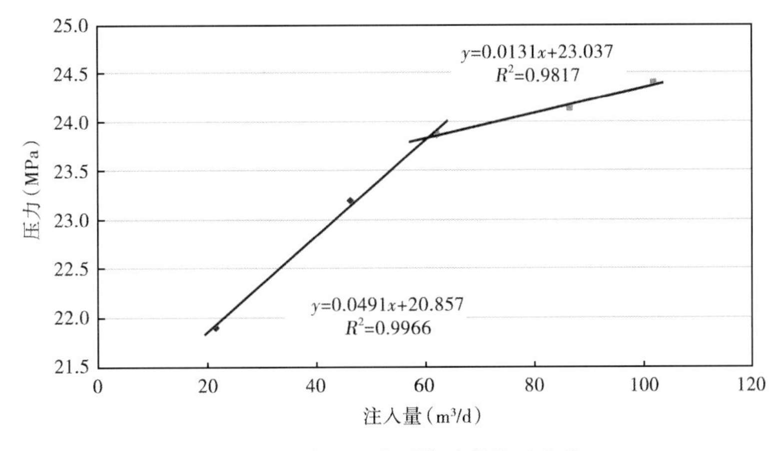

图 5-3 吉 001 井系统试井指示曲线

（3）当日配注量 111.9m^3 时，井口压力 10.88MPa，日配注量 20m^3 时，井口注入压力 4.89MPa；

（4）油层中部拐点压力为 23.83MPa，当注入压力低于 23.83MPa 时的吸水产能方程为：$P=0.0491Q+20.857$；当注入压力高于 23.83MPa 后的吸水产能方程为：$P=0.0131Q+23.037$。该井随着注水量增大、注入压力提高，射孔井段内新的小层启动参与吸水，吸水指数变大。

2. J1005 试注情况

吉 7 井区 J1005 井于 2010 年 11 月 5 日至 2010 年 11 月 8 日进行试注，注水井压力随着注水量增加缓慢升高，注水情况较稳定。试注曲线如图 5-4 所示，试注成果见表 5-10。

根据 J1005 井试注成果得出以下结论：

（1）随注入压力提高，注水压差增大，油层吸水能力增加；

（2）井口启动压力为 9.10MPa，折算到油层中部 1651m 启动压力为 25.61MPa；

（3）当日配注量 40m^3 时，油层中部 1651m 注水压力 26.91MPa，井口注入压力 10.40MPa；

（4）油层中部拐点压力为 27.15MPa，当注入压力低于 27.151MPa 时的吸水产能方程为：$P=0.0325Q+24.904$；当注入压力高于 27.151MPa 后的吸水产能方程为：$P=0.0144Q+25.76$。该井随着注水量增大、注入压力提高，射孔井段吸水能力增强，吸水指数变大。

表 5-10　J1005 井试注成果表

日期		泵压（MPa）	井口注入压力（MPa）	起止时间	时间间隔（h）	日注水量（m^3）	压力计压力（MPa）					
							仪深（m）					
月	日						1	100	500	1000	1500	1580
11	5—6	11	11	18:00 至 6:00	12	18.6	9.838	11.010	14.917	19.943	24.827	25.509
11	6	11	11	6:00 至 18:00	12	41.4	10.613	11.678	15.593	20.658	25.604	26.250
11	6—7	11.5	11.5	18:00 至 6:00	12	58.2	11.241	12.148	16.028	20.972	25.957	26.643
11	7	11.8	11.8	6:00 至 18:00	12	80.1	11.313	12.375	16.165	21.258	26.214	26.835
11	7—8	12	12	18:00 至 6:55	12.9	100.9	11.750	12.689	16.596	21.520	26.421	27.212
11	8	12	12	6:55 至 18:00	11.1	121.2	12.042	13.076	16.963	21.882	26.777	27.524

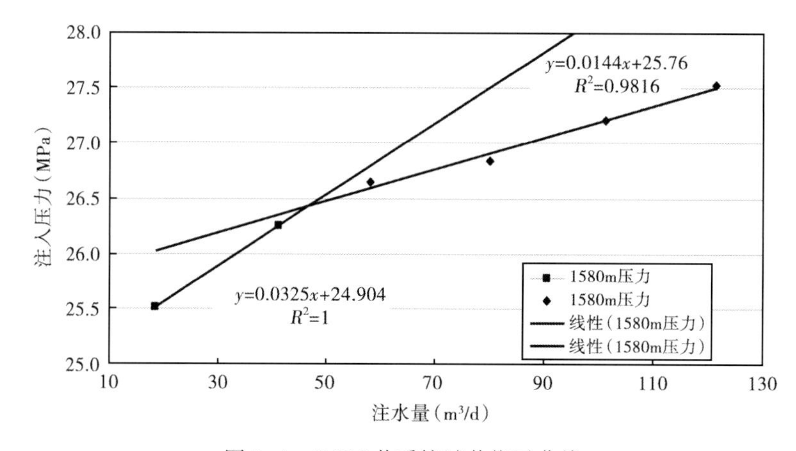

图 5-4　J1005 井系统试井指示曲线

三、注水情况

1. 吉 008 试验井组（区）注水情况

截至 2013 年 11 月 30 日，吉 008 试验区共有注水井 7 口，最小井口注入压力为 7MPa，最大井口注入压力为 13.5MPa，平均为 10.2MPa，J1443 井曾经最大注入压力为 19MPa。J1382、J1403 井采用酸化投注，初始注入压力低，目前注水压力仍然最低。具体注水情况见表 5-11。

表 5-11　吉 008 试验区注水井情况统计表（2013.11.30）

井号	投注日期	注入压力（MPa）		日配注量（m^3）	日注水量（m^3）	累计注水量（m^3）	备注
		初期	目前				
J1363	2011.9.9	9.0	13.5	14	14	7059	
J1382	2011.9.9	4.0	7.5	13	13	6560	酸化
J1385	2011.9.9	8.0	12	13	13	6552	

续表

井号	投注日期	注入压力（MPa）		日配注量（m^3）	日注水量（m^3）	累计注水量（m^3）	备注
		初期	目前				
J1403	2011.9.9	7.0	7	20	20	10016	酸化
J1422	2011.9.9	12.0	12	10	10	6027	
J1425	2011.9.9	8.0	8.5	10	10	6435	
J1443	2011.9.9	15.8	11	10	10	6199	泵压最高 19MPa

2. 吉 006 断块注水情况

吉 006 井断块 2012 年 6 月底开始注水，目前，共有注水井 40 口，注水压力为 4.7～21.3MPa，平均为 13.4MPa。（表 5-12）

表 5-12 吉 006 井断块 P_3wt 油藏注水情况表

层位	井号	投注日期	日配注量（m^3）	日注水量（m^3）	油压（MPa）	套压（MPa）	干线压力（MPa）	累计注水量（m^3）	累计注水天数（d）	备注
$P_3wt_2^2$	J1018	2013.05.02	13	13	17.7	17.5	21.3	892	162.7	
	J6068	2012.11.25	10	10	19.5	19.8	21.3	1220	169.9	
	J6074	2013.09.11	10	10	19.5	20.0	21.3	4845	278.1	
	J6087	2012.12.14	15	2	21.1	20.7	21.3	4606	275.5	欠注
	J6090	2012.11.25	10	9	4.8	5.0	21.3	837	81.0	
	J6115	2013.07.26	20	18	18.0	18.0	21.3	1163	113.0	
	J6128	2012.12.12	12	12	13.3	13.1	21.3	2891	275.0	
	J6131	2012.07.09	20	19	13.3	13.5	21.3	1919	93.5	
	J6147	2012.09.04	10	0	21.3	21.3	21.3	304	85.2	欠注
	J6150	2012.07.06	15	15	12.2	12.0	21.3	2577	171.9	
	J6166	2012.12.15	10	10	20.0	20.0	21.3	1154	113.6	
	J6169	2012.06.27	15	17	4.7	4.5	21.3	3440	315.3	酸化
	J6185	2012.12.14	10	11	12.6	13.5	21.3	473	47.7	
	J6188	2012.08.11	15	16	12.2	12.0	21.3	1892	310.4	
	J6191	2012.06.27	10	10	13.5	13.5	21.3	1841	252.1	
	J6207	2012.12.14	10	9	18.3	18.3	21.3	2049	116.9	
	J6210	2012.06.27	10	11	9.4	5.6	21.3	4512	307.4	酸化
	J6226	2013.06.21	10	11	12.5	12.5	21.3	6906	364.5	
	J6229	2013.08.07	10	10	10.7	2.6	21.3	1167	110.1	
	J6248	2012.12.14	10	10	13.6	12.5	21.3	5239	360.9	
	J6301	2013.08.10	10	10	8.8	10.0	21.3	2654	310.0	
	J6318	2013.07.24	20	19	14.2	14.8	21.3	6224	389.1	

续表

层位	井号	投注日期	日配注量（m^3）	日注水量（m^3）	油压（MPa）	套压（MPa）	干线压力（MPa）	累计注水量（m^3）	累计注水天数（d）	备注
$P_3wt_2{}^2$	J6321	2013.06.30	10	7	20.5	21.1	21.1	4008	293.8	欠注
	J6337	2013.08.04	20	20	12.7	13.0	21.5	4850	333.7	
	J6356	2013.08.05	35	35	8.8	9.0	21.5	4300	390.7	
	J6375	2013.06.23	20	20	7.0	6.5	21.5	4054	310.6	
	J6394	2013.07.30	20	20	6.7	6.5	21.5	4364	389.8	
	J6413	2013.06.29	10	11	7.3	7.2	21.5	1287	123.2	
P_3wt_1	J5072	2013.05.04	15	7	21.1	19.0	21.1	808	79.0	欠注
	J5094	2012.12.14	25	25	19.5	20.5	21.1	2938	310.2	
	J5113	2012.12.11	20	19	17.2	16.4	21.3	605	58.9	
	J5116	2013.08.08	10	10	7.0	7.1	21.3	1784	93.5	
	J5132	2013.06.28	10	10	15.6	14.7	21.3	1057	112.7	
	J5135	2012.12.11	15	15	11.6	11.2	21.3	1478	76.2	
	J5151	2013.07.22	10	10	13.8	0	21.3	2762	79.6	
	J5154	2013.06.27	10	10	12.7	12.0	21.3	2349	117.1	
	J5170	2013.05.01	10	10	13.0	12.0	21.3	2236	91.7	
	J5192	2013.06.30	10	10	15.0	15.0	21.3	778	91.5	
	J5211	2013.06.28	10	10	9.3	9.0	21.3	1245	114.5	
	吉011	2013.05.04	15	15	6.6	6.0	21.1	2281	167.9	
合计			550	517				101989	7938.4	
平均			14	13	13.4	12.7	21.3	2550	198	

其中欠注井4口（J5072、J6087、J6147、J6321井），占总井数的10%，从4口欠注井的分布位置和物性来看，4口井均分布在油藏边部，且渗透率远低于所在层位的平均值（表5-13）。

表5-13　吉006井断块P_3wt油藏4口欠注井欠注原因分析表

断块	层位	平均渗透率（mD）	井号	单井渗透率（mD）	日配注量（m^3）	日注水量（m^3）	位置
吉006	$P_3wt_1{}^2$	39.9	J5072	12.3	15	7	油藏边部
	$P_3wt_2{}^{2-3}$	80.6	J6087	22.6	15	2	油藏边部
	$P_3wt_2{}^{2-3}$	80.6	J6147	32.5	10	0	油藏边部
	$P_3wt_2{}^{2-1}$	86.5	J6321	41.8	10	7	油藏边部

为了降低水井初期注水油压，J6169井投注前对其进行酸化预处理，酸化用液151m^3，施工压力1~17MPa，注水油压一直保持在4.7MPa左右。J6210井投注前也进行了酸化预处

理，目前注水油压为9.4MPa。

从吉006井断块各油藏平均注水压力变化情况来看，$P_3wt_2^{2-1}$、$P_3wt_2^{2-3}$、$P_3wt_1^{1}$、$P_3wt_1^{2}$油藏目前注水压力较初期分别平均上升了3.2MPa、3.1MPa、0.7MPa、2.2MPa（表5-14）。虽然目前大部分注水井能够满足配注要求，但是注水压力仍有上升的可能。

表5-14 吉006井断块各油藏注水压力变化统计表

层位	井数（口）	平均单井配注（m^3）	平均单井实注（m^3）	平均注入压力（MPa）			平均累计注水（m^3）	平均累计注水天数（d）
				初期	目前	变化		
$P_3wt_2^{2-1}$	8	20	19.3	8.1	11.3	3.2	1690	93.0
$P_3wt_2^{2-3}$	19	13.3	12.5	9.9	14.0	3.1	3195	263.9
$P_3wt_1^{1}$	4	13.8	14	10.8	11.5	0.7	1883	126.3
$P_3wt_1^{2}$	8	15.6	13.5	10.8	13.1	2.3	2268	180.7
全区平均		15.2	14.3	9.9	12.5	2.6	2259	166.0

四、注水井酸化工艺

注水井酸化工艺是解堵后用防膨剂稳定黏土的增注技术（林立民等，2005）。由于地层存在黏土矿物，如蒙皂石、伊/蒙混层等，黏土矿物遇水会发生水化膨胀，分散运移，堵塞孔喉，造成渗透率降低，并影响注水量，甚至会出现注不进水的情况。通过采用酸化措施可解除地层中黏土、铁质、钙质、机械杂质及钻井液造成的堵塞，然后用长效性防膨剂来抑制黏土矿物的膨胀和运移，恢复和提高地层渗透率，从而增加注水井的注入量。

前期在吉7井区注水井上共实施酸化4井次，4口井均为酸化后投注，经过酸化后4口井初始注入压力均比未酸化投注的井小，且目前注水压力仍然较小，说明酸化投注能够起到降低注入压力的作用。4口井的酸化体系均为低伤害的缓速酸体系，处理半径3.5~4.0m。酸液配方见表5-15，酸化施工参数见表5-16。

表5-15 吉7井区酸化施工时酸液配方表

酸液名称	配　方
前置酸	12%HCl+10%TH-1+2%TS-2+2%TWE-3+1%DC-1+1% RWD-1
主体酸	12%HCl+3.0%HF+10%TH-1+2%TS-2+2%BH-2+1% DC-1+1% RWD-1
后置酸	5%HCl+5%TH-1+4%BH-2+2%TS-2+1%TWE-3+ 1% DC-1+1% RWD-1

表5-16 前期酸化施工参数情况统计表

井号	酸化日期	射孔厚度（m）	酸液用量（m^3）	施工排量（m^3/h）	泵压（MPa）	处理半径（m）	目前注水压力（MPa）
J1382	2011.9.9	14.0	161	12~36	15~17	4.0	7.5
J1403	2011.9.9	16.5	133	12~36	16~18	3.5	9.0
J6169	2012.6.27	18.0	148	12~36	14~17	3.5	3.5
J6210	2012.6.27	12.0	102	12~36	16~19	3.5	10.0

五、注水温度对注水的影响分析

早在20世纪60年代，热水驱已被证明可降低原油黏度，使流度比下降，从而提高最终采收率。作为一种提高原油采收率的方法一直未能被大规模应用，其主要原因是热水的含热量少，不宜作为有效的热载体把热量带入油藏。但与蒸汽相比，热水的密度、流度与地层油相差不大，热水不易造成重力超覆流动，体积波及系数较大，热效应可得到充分发挥。

前期J1005井现场注水试验表明，常规的生产管柱，井口注入70~80℃的热水到井底，由于井深热损失大，温度与注入常温水到达井底后的温度相差不大，均为38℃左右（图5-5）。

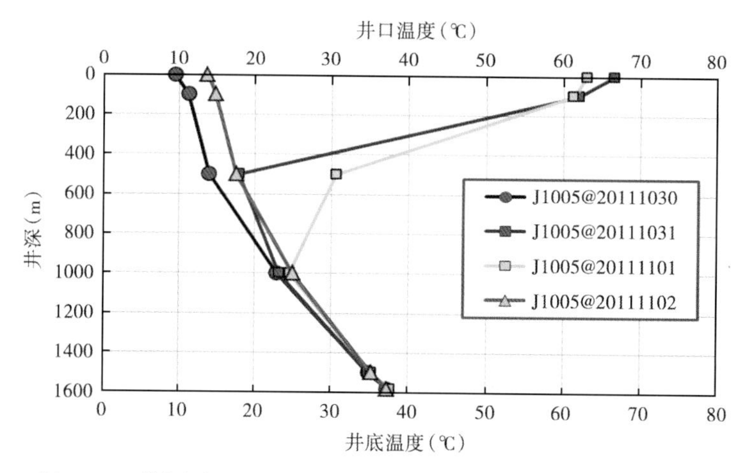

图5-5　不同注水温度普通油管注热水现场试验（注水量30m³/d）

根据吉7井区原油黏温曲线（图5-6、图5-7）可见，原油黏度拐点约为30℃，即使地层原油温度由52℃下降至38℃，原油黏度升高幅度也不高，况且注入水进入地层后还会受到地层的持续加热，因此综合考虑后认为注入水温度对注水影响较小。

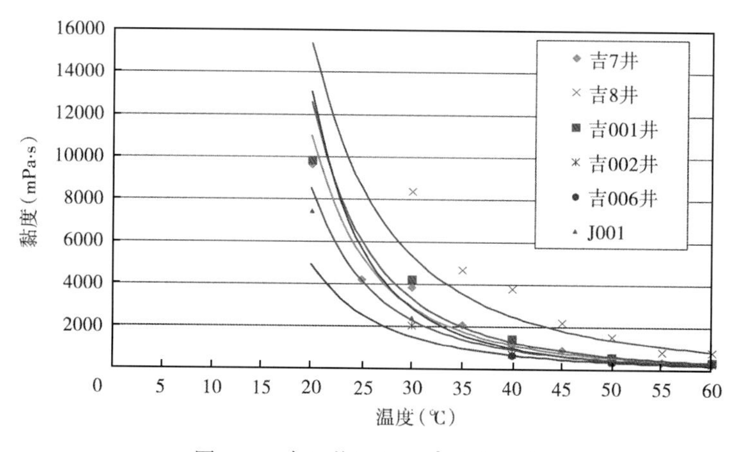

图5-6　吉7井区 $P_3wt_2{}^2$ 黏温曲线

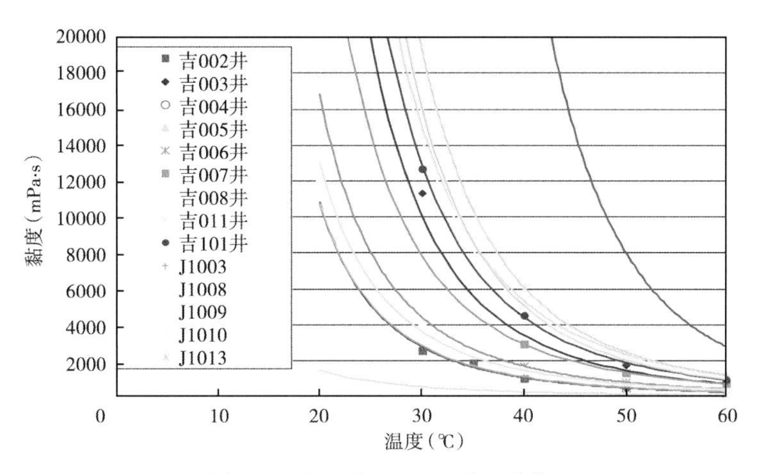

图 5-7　吉 7 井区 P_3wt_1 黏温曲线

第四节　压 裂 工 艺

稠油压裂技术从 20 世纪 80 年代以来在加拿大、美国等油田开发中广泛应用，因为稠油油田面临进入后期低效率开发阶段，需要用压裂等技术手段来增加产能；同时新开发的油田也可以用压裂手段来改造整个区块，扩大油藏的生产潜能（王楠，2014）。

近年来，随着压裂材料、压裂工艺技术的发展，稠油油藏的水力压裂开发技术取得了巨大发展。中国稠油开采技术近年来吸取了美国和加拿大的经验，基于国内实际地质条件及技术水平，开发了一套适合中国油田的相关技术，并取得了较快的发展。

目前吉 7 井区 $P_3wt_2^2$ 油藏压裂 30 井 34 层，P_3wt_1 油藏压裂 32 井 40 层。

一、压裂液选择

自 20 世纪 50 年代大规模进行水力压裂以来，压裂液无论从单项添加剂研制、整体压裂液配方体系的形成、室内研究仪器设备和方法及现场应用工艺技术等均发生了重大变化，特别是 20 世纪 90 年代以来，压裂液体系研究趋于完善，在压裂液化学和应用中取得了许多新的突破，并且发挥了重要作用（熊湘华，2003）。

根据油藏中部深度及地层温度，建议采用有机硼瓜尔胶压裂液，压裂液性能见表 5-17。这类压裂液是目前油田应用最成熟的压裂液，具有耐温性好，摩阻低，破胶彻底，携砂性能好的特点。同时由于储层具有中强水敏，建议加入 2%KCl，使压裂液防膨性能更高。

表 5-17　防膨水基瓜尔胶压裂液性能表

防膨水基瓜尔胶压裂液		防膨水基瓜尔胶压裂液	
稠度系数（10^4mPa · s^n）	2.4	流态指数：	0.2593
滤失斜率（mL/$min^{1/2}$）	1.8	压裂液比重（g/cm^3）	1.04
交联比	10:1	摩阻系数（%）	20~25
破胶时间		53℃ 2h 彻底破胶	

二、支撑剂的选择

压裂支撑剂的选用是事关压裂成败和决定压后增产效果的关键因素之一（刘新生等，2010）。压裂支撑剂的发展应用是根据油田增产技术的不断发展、提高而不断更新应用。压裂支撑剂品种繁多，各个油田的地质情况更是复杂异常，要选择好适合油层压裂改造，形成较高的裂缝导流能力的支撑剂，就必须对支撑剂的物理特性及对裂缝的导流能力影响和配伍性作一些分析研究。主要依据地层闭和压力、支撑剂的强度及与地层的适应性。该区油藏中部深度在 1550m 左右，压裂目的层闭合压力约为 28.0MPa，考虑井底流压因素，作用在支撑剂上的压力为 23.0MPa，一般采用新疆石英砂基本能够满足该闭合压力下破碎率的要求（地层闭合压力下支撑剂破碎率小于 10%）。因此，本方案设计采用 0.45~0.90mm 粒径的新疆优质石英砂。新疆石英砂的性能见表 5-18。

表 5-18　新疆石英砂的性能

项目	标准	性能参数	说明
粒径范围（mm）		0.45~0.9	
合格率（%）	>90	96.5	越高越均匀
视密度（g/cm^3）		2.64	越低越易输送
体积密度（g/cm^3）		1.60	越低越易输送
圆度	>0.6	0.8	圆球度影响渗透率和抗压强度
球度	>0.6	0.8	
浊度（NTU）	≥100	73.0	越低，伤害越低
28MPa 下破碎率（%）	≤14	7.18	越低，导流越高
52MPa 下破碎率（%）			越低，导流越高
10MPa 下导流能力（D·cm）		86.94	
20MPa 下导流能力（D·cm）		45.54	
30MPa 下导流能力（D·cm）		19.91	
40MPa 下导流能力（D·cm）		10.13	

三、压裂施工参数

吉 7 井区前期投产的井压裂方式均为油管压裂，压裂液采用防膨水基瓜尔胶压裂液，支撑剂为 0.45~0.90mm 新疆石英砂+覆膜砂，加砂强度在 1.2~3.6m^3/m，平均为 2.3m^3/m；砂比 18.5%~30.0%，平均为 27.2%；施工排量 2.9~3.4m^3/min，平均为 3.3m^3/min。具体压裂施工参数见表 5-19。

吉 7 井区早期投产的评价井压裂后有出砂现象，采用压裂尾追树脂覆膜砂工艺后取得了较好的防砂效果，后期投产井采用压裂尾追树脂覆膜砂均无出砂现象。

表 5-19 前期投产试油井压裂参数表

井号	施工日期	射孔厚度（m）	油层中部深度（m）	施工总液量（m^3）	砂量（m^3）		总砂量（m^3）	加砂强度（m^3/m）	含砂比（%）	破裂压力（MPa）	平均排量（m^3/min）
					石英砂	树脂砂					
吉 001	20100522	26.0	1785.0	281.5	32		32	1.2	18.5	41	2.9
吉 002	20100723	7.0	1675.0	120.0	13	4	17	2.4	29.0	31.0	2.9
吉 003	20100811	6.0	1602.0	120.3	10	5	15	2.5	28.6	34.0	3.3
吉 002	20100830	8.5	1637.0	117.9	8	5	13	1.5	21.0	39.0	3.4
吉 002	20100925	10.0	1596.0	128.5	15	5	20	2.0	28.6	25.0	3.4
J1001	20100926	22.0	1636.0	188.5	22	8	30	1.4	29.6	37.0	3.4
J1003	20100927	14.0	1666.0	245.5	32	8	40	2.9	30.0	32.0	3.4
J1008	20101020	13.5	1667.0	170.0	20	7	27	2.0	29.7	45.0	3.4
吉 007	20101020	4.5	1512.0	127.5	12	4	16	3.6	28.6	22.0	3.4
吉 005	20101111	4.5	1602.0	112.5	10	2	12	2.7	25.0	35.0	2.9
吉 007	20101112	9.0	1472.0	200.5	19	8	27	3.0	30.5	22.0	3.4
平均				160.6			22.6	2.3	27.2	33.0	3.3

四、压裂施工效果

从试油期间压裂效果统计情况来看，吉 7 井区 $P_3wt_2^2$ 油藏试油 10 井 17 层，其中压裂 9 井 11 层，油井压裂前初期日产油量从 0～0.5t 不等，压裂后，平均单井日产油量提高至 5.4t，平均单井日增油约 5.3t（表 5-20）。P_3wt_1 油藏试油 20 井 30 层，其中压裂 17 井 24 层，油井压裂前初期日产油量从 0～1.1t 不等，压裂后，平均单井日产油量提高至 5.5t，平均单井日增油约 5.4t（表 5-21）。压裂改造效果明显。

表 5-20 吉 7 井区梧桐沟组（$P_3wt_2^2$）油藏试油期间压裂前后对比表

断块	井号	压裂前				压裂后				日产油量变化（t）
		工作制度（mm）	日产液（t）	日产油（t）	含水率（%）	工作制度（mm）	日产液（t）	日产油（t）	含水率（%）	
吉 7	吉 7	不出				无油嘴	7.7	7.5	0	7.5
	吉 001	ϕ57	1.0	0.4	60.0	ϕ57	2.4	2.4	0	2.0
	吉 002	抽汲	8.4	带油花		无油嘴	11.3	2.6	73.0	2.6
		抽汲	0.5	0.4	20.0	无油嘴	8.7	8.7	9.0	8.3
	吉 014	不出				无油嘴	8.4	8.4	0	8.4
		抽汲	0.5	带油花		5	15.8	0	0	0
吉 8	吉 8	4.0	0.5	0.5	6.0	无油嘴	3.9	3.7	6.0	3.2
	吉 005	不出				ϕ36	5.7	5.7	0	5.7
	吉 009	不出				无油嘴	11.4	10.5	8.0	10.5
吉 003	吉 003	不出				ϕ36	5.3	5.3	0	5.3
吉 004	吉 004	抽汲	0.1	0.1		ϕ36	4.5	4.5	0	4.4
平均			0.9	0.1	88.9		7.8	5.4	30.8	5.3

表 5-21 吉 7 井区梧桐沟组（P_3wt_1）油藏试油期间压裂前后对比表

断块	井号	压裂前				压裂后				日产油量变化（t）
		工作制度（mm）	日产液（t）	日产油（t）	含水率（%）	工作制度（mm）	日产液（t）	日产油（t）	含水率（%）	
吉 7	吉 002	抽汲	0.5	0.4	20.0	$\phi 36$	11.3	10.7	5.0	10.3
吉 8	吉 005	退出破堵液 0.46m^3 后不出				$\phi 36$	5.7	5.2	8.0	5.2
		抽汲	9.3	带油花		$\phi 36$	9.0	0	100.0	0
	吉 007	抽汲	12.7	0.2	98.4	无油嘴	4.7	4.4	6.0	4.2
		无	0.9	0.9	1.0	$\phi 36$	12.9	12.9	0	12.0
	吉 008	无	1.2	1.1	9.0	$\phi 36$	10.3	9.4	8.0	8.3
	吉 009	抽汲	0.4	0.2	50.0	$\phi 36$	2.7	1.2	56.0	1.0
		无油嘴观察不出				无油嘴	11.8	11.8	0	11.8
	吉 012	抽汲	0.6	带油花		6	4.3	4.3	0	4.3
吉 003	吉 003	抽汲	0.1	0.1	1.0	$\phi 36$	14.6	14.6	0	14.5
吉 004	吉 004	无油嘴观察不出				$\phi 36$	4.0	1.3	68.0	1.3
吉 101	吉 101	抽汲	9.2	0	99.8	$\phi 36$	4.0	3.8	4.0	3.8
		抽汲	0	0		$\phi 36$	1.3	1.3	0	1.3
	吉 112	退出破堵液 0.92m^3 后不出				$\phi 36$	6.9	6.5	7.0	6.5
	吉 113	无油嘴观察不出				$\phi 36$	8.1	7.7	5.0	7.7
		退出破堵液 0.3m^3 后不出				$\phi 36$	6.3	6.3	0	6.3
	吉 114	无油嘴观察不出				$\phi 36$	4.3	4.3	0	4.3
	吉 115	无油嘴观察不出				$\phi 36$	0.5	0.5	0	0.5
	吉 116	退出破堵液 0.17m^3 后不出				无油嘴	1.7	1.7	0	1.7
吉 103	吉 103	$\phi 36$	5.3	带油花		$\phi 36$	7.1	6.7	5.0	6.7
		退出破堵液 0.62m^3 后不出				$\phi 36$	7.4	6.8	8.0	6.8
	吉 105	退出破堵液 0.18m^3 后不出				$\phi 36$	4.4	4.4	0	4.4
		退出全部破堵液后不出				$\phi 36$	0.1	0.1	0	0.1
	吉 109	退出破堵液 1.53m^3 后不出				$\phi 36$	5.0	5.0	0	5.0
平均			1.7	0.1	94.1		6.2	5.5	11.3	5.4

从试采期间压裂效果来看，$P_3wt_2^2$ 油藏试采 34 井 38 层，压裂 21 井 23 层，油井压裂前平均单井日产液量 0.2t，平均单井日产油量 0.2t，含水率为 0，压裂后，平均单井日产液量 5.8t，平均单井日产油量 5.3t、含水率为 8.6%，平均单井日增油可达到 5.1t（表 5-22）。P_3wt_1 油藏试采 17 井 20 层，压裂 15 井 16 层，油井压裂前均不出，压裂后，平均单井日产液量 7.3t，平均单井日产油量 5.7t、含水率为 21.9%，平均单井日增油可达到 5.7t（表 5-23）。压裂改造效果明显。

吉 7 油田为中深层稠油，综合考虑其地层特性选用有机硼瓜尔胶压裂液和 0.45～0.90mm 粒径的新疆优质石英砂为支撑剂，压裂后平均单井日增油明显，对日后同类中深层稠油的压裂具有示范作用。

表 5-22 吉 7 井区梧桐沟组（$P_3wt_2^2$）油藏试采期间压裂前后对比表

断块	井号	压裂前				压裂后				日产油量变化（t）
		工作制度（mm）	日产液（t）	日产油（t）	含水率（%）	工作制度（mm）	日产液（t）	日产油（t）	含水率（%）	
吉 7	吉 7	ϕ38	2.5	2.5	0	无油嘴	7.7	7.5	3.0	5.0
	吉 002	无油嘴	0.8	0.6	27.0	无油嘴	8.7	8.7	0	8.1
	J1026	无油嘴	0.1	0.1	0	3	5.1	5.1	0	5.0
	J1001	不出				3	8.6	8.6	0	8.6
	J1005	不出				2	5.3	4.4	18.0	4.4
吉 8	吉 8	4.0	0.5	0.5	0	无油嘴	3.7	3.7	0	3.2
	吉 005	不出				ϕ36	5.7	5.7	0	5.7
	吉 009	不出				无油嘴	10.5	10.5	0	10.5
	J1003	不出				ϕ36	4.0	0.1	97.0	0.1
	J1008	不出				ϕ36	5.9	3.9	35.0	3.9
	J1009	不出				ϕ36	5.7	4.5	21.0	4.5
	J1010	不出				ϕ36	2.4	1.9	21.0	1.9
	J1011	不出				ϕ36	10.1	8.9	12.0	8.9
吉 8	J1021	不出				3	1.9	1.9	0	1.9
	J1022	不出				2	1.3	1.3	0	1.3
	J1024	3.0	0.6	0.6	2.0	3	8.6	8.6	0	8.0
	J1025	射孔不出投产即压裂				3	3.1	3.1	0	3.1
吉 003	吉 003	不出				ϕ36	5.3	5.3	0	5.3
	J1012	不出				ϕ36	7.8	7.5	4.0	7.5
吉 004	吉 004	不出				ϕ36	4.5	4.5	0	4.5
平均			0.2	0.2	0		5.8	5.3	8.6	5.1

表 5-23 吉 7 井区梧桐沟组（P_3wt_1）油藏试采期间压裂前后对比表

断块	井号	压裂前				压裂后				日产油量变化（t）
		工作制度（mm）	日产液（t）	日产油（t）	含水率（%）	工作制度（mm）	日产液（t）	日产油（t）	含水率（%）	
吉 8	吉 007	不出				ϕ36	12.9	12.9	0	12.9
	J1003	不出				ϕ36	10.1	1.3	88.0	1.3
	J1008	不出				ϕ36	3.2	2.0	38.0	2.0
	J1009	不出				ϕ36	8.8	8.5	3.0	8.8
	J1010	不出				ϕ36	5.1	4.4	13.0	4.4
	J1013	不出				ϕ36	12.7	11.7	8.0	11.7
	J1363	不出				ϕ36	8.9	0.2	97.0	0.2

续表

断块	井号	压裂前				压裂后				日产油量变化（t）
		工作制度（mm）	日产液（t）	日产油（t）	含水率（%）	工作制度（mm）	日产液（t）	日产油（t）	含水率（%）	
吉003	吉003	不出				ϕ36	14.6	14.6	0	14.6
	J1012	不出				ϕ36	9.5	8.5	11.0	8.5
	J1023	不出				3	2.1	2.1	0	2.1
吉101	吉101	不出				ϕ36	3.8	3.8	0	3.8
	吉112	不出				ϕ36	6.5	6.5	0	6.5
	吉113	不出				ϕ36	6.3	6.3	0	6.3
	吉115	不出				ϕ36	0.5	0.5	0	0.5
	吉116	不出				无油嘴	1.7	1.7	0	1.7
平均							7.3	5.7	21.9	5.7

第六章 中深层稠油常规水驱效果

自 1924 年，“五点注水井网”方案在美国 Bradford 油田实施以来，注水开发已逐渐发展成为一种油田开发的主要方式，对于低、特低渗透油田，注水采油也是一项重要的开发技术（Thakur G C 等，2001）。数值模拟研究表明当地层原油黏度为 5~500mPa · s 时，常温水驱具有优势。因此，常温水驱的界限定为地层原油黏度小于 500mPa · s。应根据地质特征、井网完善程度和开发阶段，要选择不同的注水方式。本章结合吉 7 井区的吉 006 断块和吉 8 断块吉 008 实验区原油性质，对常规水驱油适应性开展分析，并对开发效果进行评价，提出了适合该区块的开发方式。

第一节 常规水驱开发可行性

针对昌吉油田吉 7 井区中深层稠油地质特征，在国内外类似稠油油藏水驱开发效果分析的基础上，结合本区块室内物理模拟实验，开展常规水驱可行性分析。

一、室内物理模拟实验

1. 油藏岩石润湿性呈现弱—中性亲水，有利于注水开发

吉 8 井断块吉 008 井 4 块润湿性实验数据表明：$P_3wt_2^2$ 油藏整体表现为中性（相对润湿指数为-0.074）；P_3wt_1 油藏整体表现为中性—弱亲水性（相对润湿指数为 0.059~0.140，平均为 0.090）。储层为中性—弱亲水性特性，说明毛细管力为驱油动力，对水驱油有利。

2. 油层微观均质性较好，有利于水驱油

对吉 7 井区梧桐沟组油藏不同渗透率（56.38mD、126.54mD、224.98mD）的岩心开展了油—水相对渗透率测定，结果见表 6-1。

表 6-1 昌吉油田吉 7 井区梧桐沟组油藏油水相对渗透率测试结果（50℃水驱）

岩心渗透率（mD）	饱和度（%）					K_{rw}（S_{or}）（%）
	S_{wi}	S_{oi}	S_{or}	S_{om}	$S_{共渗点}$	
56.38	36.4	63.6	31.3	32.3	58.0	5.08
126.54	36.7	63.3	31.1	32.2	61.7	5.08
224.98	36.9	63.1	31.8	31.3	61.3	5.08

结合储层岩矿、孔隙结构、润湿性和敏感性等特征数据，由油水相对渗透率曲线可以得出以下两点认识：

（1）CT 扫描孔隙度表明：孔隙度分布区间在 20%~25%，随着渗透率增大，大孔隙度所占比例增大。整体来看，孔隙度大于 20%的占 79.2%，表明储层具有较好的连通性。从

CT 扫描结果来看（图 6-1、图 6-2），CT 值变化小，轴向及层面均质性相对较好。随着渗透率降低，岩心层面及轴向均质性变差。储层属中孔、中等渗透偏低、中细喉道储层，在一定程度上会对储层渗流特征曲线形态有所影响（孙卫等，2006、周渤等，1994）。

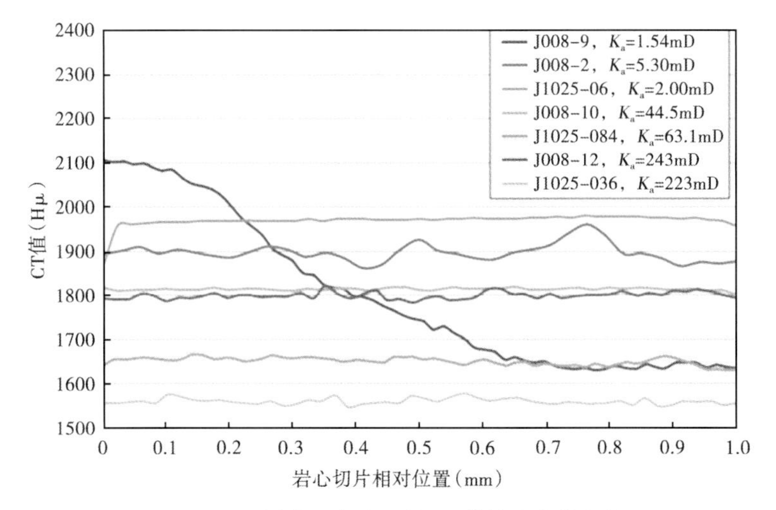

图 6-1　不同渗透率岩心的 CT 值轴向变化规律

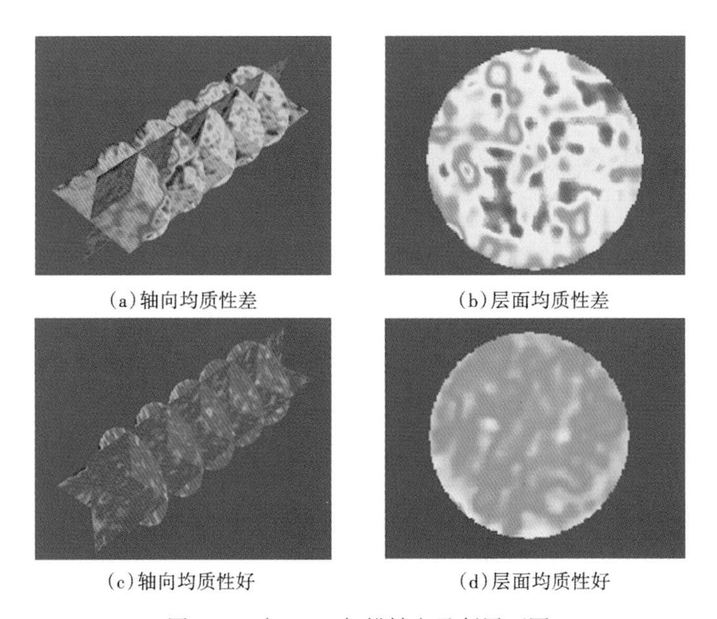

(a) 轴向均质性差　(b) 层面均质性差

(c) 轴向均质性好　(d) 层面均质性好

图 6-2　岩心 CT 扫描轴向及断层面图

（2）P_3wt 油层具有较高的束缚水饱和度和较低的共渗点饱和度，在残余油饱和度时水相相对渗透率较小，油层可采储量大部分在较高含水期采出。对于 56.38mD、126.54mD、224.98mD 这 3 种渗透率，岩心水驱油相对渗透率的端点值及形状差异不大。

吉 7 井区不同驱替类型和方式的室内物理模拟实验表明：原油在油藏中具有一定的流动能力，实施常规注水开发是可行的（表 6-2）。原因如下：

（1）油藏岩心常规水驱油效率为 29.8%~36.0%，说明在一定条件下吉 7 井区梧桐沟组油藏实施常规注水开发是可行的，如果注水压力过高，可通过注入稠油降黏剂和优化设计注水速度，降低注水压力；

（2）冷水转热水驱最终驱油效率为 43.4%，与热水驱（44.2%）效果相当；冷水转二氧化碳驱最终驱油效率为 47.4%，二氧化碳驱最终驱油效率为 53.0%，说明先期注冷水对后续其他开发方式影响不大。

表 6-2　室内物理模拟实验结果统计表

驱替类型	驱替方式	样品类型	实验流量（mL/min）	温度（℃）	平均渗透率（mD）	地面原油黏度（mPa·s）	驱油效率（%）	平均驱油效率（%）
单一方式	常规冷水驱	岩心	0.05	50	184	1972	23.5~39.7	29.8
					314	271	29.3~42.0	36.0
	热水驱			80	272	1972	43.1~45.3	44.2
	二氧化碳驱			50	228	1972	50.7~55.0	53.0
混合方式	常规冷水转热水驱			50 转 80	267	1972	39.4~47.4	43.4
					246	271	40.2~54.3	48.0
	常规冷水转二氧化碳驱			50	211	1972	34.1~52.0	42.5
					303	271	39.8~70.5	52.4

3. 水驱采收率

结合油藏地质特点，主要应用以下 3 种模型对吉 7 井区梧桐沟组油藏注水开发区域的水驱采收率进行预测。

1）模型 1

利用含水率 f_w 与含水饱和度 S_w 的关系，计算岩样平均含水饱和度 $\bar{S}_w$：

$$\bar{S}_w = S_w + \frac{1 - f_w}{f_w}$$

再根据 $\bar{S}_w$ 计算驱油效率 E_D：

$$E_D = \frac{S_w - S_{wi}}{1 - S_{wi}}$$

当含水率达到极限含水率 98%时，注水开发区域 $P_3wt_2^2$ 油藏和 P_3wt^1 油藏的平均含水饱和度和平均水驱油效率见表 6-3。

影响采收率的因素主要为驱油效率、面积波及系数和垂向波及系数，因而水驱采收率由下式确定：

$$E_R = E_D E_V = E_D E_{pa} E_z$$

式中　E_D——油藏的水驱油效率，f；

　　E_{pa}——油藏的面积波及系数，f；

E_z——油藏的垂向波及系数，f；

E_V——油藏的体积波及（扫油）系数，E_{pa}和E_z的乘积，f。

面积波及系数计算公式为

$$E_{pa}=0.546+\frac{0.0317}{M}+\frac{0.3022}{e^M}-0.005097$$

影响面积波及系数的主要因素是油水流度比。计算流度比公式为

$$M=\frac{K_{rw}(\bar{S}_w)}{\mu_w}\frac{\mu_o}{K_{roi}}$$

注水开发区域$P_3wt_2^2$油藏和P_3wt_1油藏的油水流度比、计算面积波及系数见表6-3。

垂向波及系数计算公式为

$$E_Z=\frac{1-V_K^2}{M}$$

式中 V_K——渗透率变异系数，f。

油层变异系数由下式计算：

$$V_K=\frac{K_{50}-K_{84.1}}{K_{50}}$$

式中 K_{50}——油层渗透率累计频率等于50%对应渗透率值，即概率平均渗透率，f；

$K_{84.1}$——油层渗透率累计频率等于84.1%对应渗透率值，f。

注水开发区域$P_3wt_2{}^2$油藏和P_3wt_1油藏的渗透率变异系数，垂向波及系数及计算水驱采收率，各区块不同层位采收率为8.7%~16.4%，详见表6-3。

表6-3 吉7井区梧桐沟组油藏注水开发区域常规水驱实验计算采收率表

断块	层位	S_{oi} (f)	M (f)	V_k (f)	E_z (f)	E_{pa} (f)	含水率98%时		E_R (%)
							$\bar{S}_w$ (f)	E_D (f)	
吉7	$P_3wt_2{}^{2-2}$、$P_3wt_2{}^{2-3}$	0.548	1.25	0.62	0.49	0.65	0.698	0.450	14.5
	$P_3wt_1{}^1$	0.522	1.22	0.76	0.35	0.66	0.677	0.382	8.7
吉8	$P_3wt_2{}^{2-2}$	0.565	1.25	0.57	0.54	0.65	0.698	0.466	16.4
	$P_3wt_2{}^{2-3}$	0.595	1.25	0.62	0.49	0.65	0.698	0.493	15.9
	$P_3wt_1{}^1$	0.581	1.22	0.64	0.48	0.66	0.677	0.445	14.1
	$P_3wt_1{}^2$	0.561	1.22	0.72	0.39	0.66	0.677	0.425	11.0

2）模型2

稠油油藏常规注水开发采收率计算经验公式为

$$E_R=0.0195+0.2730\phi+0.0032S+0.10821\lg\frac{K}{\mu_o}$$

式中 ϕ——孔隙度，f；

S——井网密度，口/km^2；

μ_o——地层原油黏度，mPa·s；

K——有效渗透率，mD。

3）模型3

辽河稠油水驱采收率经验公式为

$$E_R = 14.3177\left(\frac{Kh}{\mu_o}\right)^{0.0590}$$

式中 K——有效渗透率，mD；

h——有效厚度，m；

μ_o——地层原油黏度，mPa·s。

综合以上几种方法，根据吉7井区梧桐沟组油藏各断块各层位储层物性参数，计算得到水驱采收率介于11.1%~16.1%之间（表6-4）。

表6-4 吉7井区块梧桐沟组油藏水驱采收率计算参数表

层位	断块	μ_o（mPa·s）	S_{oi}（%）	K（mD）	h（m）	ϕ（%）	采收率（%）			
							模型1	模型2	模型3	平均
吉7	$P_3wt_2^{2-2}$、$P_3wt_2^{2-3}$	215.44	0.548	60.00	15.80	0.213	14.5	10.1	15.6	13.4
	$P_3wt_1^1$	215.03	0.522	55.80	11.60	0.199	8.7	9.4	15.3	11.1
吉8	$P_3wt_2^{2-2}$	423.27	0.565	84.50	13.00	0.213	16.4	16.6	15.1	16.1
	$P_3wt_2^{2-3}$	425.30	0.595	92.50	13.40	0.212	15.9	17.0	15.3	16.0
	$P_3wt_1^1$	421.71	0.581	79.60	20.00	0.211	14.1	16.3	15.5	15.3
	$P_3wt_1^2$	419.14	0.561	55.60	16.80	0.197	11.0	14.3	15.0	13.4

二、国内类似油藏注水开发生产效果好

国内埋深约2000m，地层原油黏度大于50mPa·s的类似油藏，采用常规注水开发取得成功，采收率在8%~30%（表6-5），为吉7井区梧桐沟组油藏注水开发提供参考。

表6-5 国内类似油藏开发效果统计表

油藏名称	油藏基本参数								开发方式
	埋深（m）	有效厚度（m）	渗透率（mD）	孔隙度（%）	温度（℃）	地面原油密度（g/cm^3）	地层原油黏度（mPa·s）	流度（mD/mPa·s）	
大港羊三木	1188~1464		800	29.0			37~148	5.41~21.6	注水，含水率为94.6%时，采收率为25.0%
胜利渤21块	1230~1300		200~950	31.0			95	2.11~10.00	注水，含水率为92.6%时，采收率为13.0%

续表

油藏名称	油藏基本参数								开发方式
	埋深（m）	有效厚度（m）	渗透率（mD）	孔隙度（%）	温度（℃）	地面原油密度（g/cm^3）	地层原油黏度（mPa·s）	流度（mD/mPa·s）	
Wilmington 油田	780		1500	30.0			280	5.36	注水，含水率为 97.0% 时，采收率为 25.0%
辽河海外河	1500~2400		829	28.7			50~100	8.29~16.58	注水，预计采收率为 30.0%
吐哈鲁克沁	2300	63.6	625	27.0	67	0.9668	154~526	1.19~4.06	200~220m 井距，注水、油井降黏，预计采收率为 16.5%
辽河冷 43 块	1650~1940	87.7	478	17.2			327~4500（地面 50℃）	0.11~1.46	141m 井距，部分井蒸汽吞吐，采收率为 8.39%。5 个井组注水开发先导性实验，水驱起到了一定的能量补充，但驱油效果不明显
吉 7 梧桐沟组油藏	1317~1660	7.8~27.5	45.6~124.7	18.8~22.9	47.3~57.6	0.925~0.965	100~500	0.13~1.17	预计注水开发采收率较低（10%~20%）

综上所述，吉 7 井区块梧桐沟组油藏注水开发是可行的。

三、注水开发先导试验区生产效果好

1. 吉 006 井断块注水效果分析

吉 006 井断块梧桐沟组油藏（$P_3wt_2^{2-3}$）中部深度 1810m，油层渗透率 80.6mD，50℃地面原油黏度 308.6mPa·s。

从吉 006 井断块 $P_3wt_2^{2-3}$ 油藏生产曲线图（图 6-3）可见，注水见效前，液量、油量下

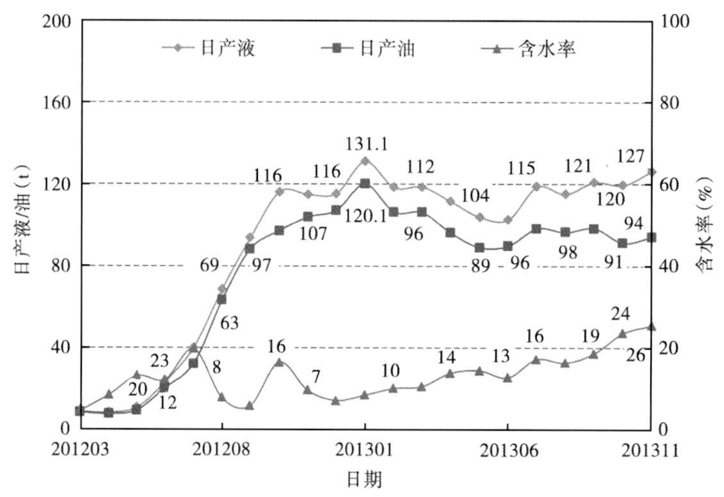

图 6-3　吉 006 井断块梧桐沟组 $P_3wt_2^{2-3}$ 油藏生产曲线图

降，含水率略有上升，年水平自然递减为40.0%，阶段含水上升率为12%；注水见效后，液量、油量稳中有升，含水率略有上升，年平均自然递减为-4.8%，阶段含水上升率为11%，注水初见成效。

2. 吉008井试验区注水效果

吉008井区梧桐沟组油藏（$P_3wt_2^{2-3}$）中部深度1580m，油层渗透率86.0mD，50℃地面原油黏度1850mPa·s。

从吉008井注水试验区油藏生产曲线图（图6-4）可见，自2012年10月注水见效后，液量上升，含水率稳中有降，油量上升，年平均自然递减率为-12.3%，注水见到明显效果。

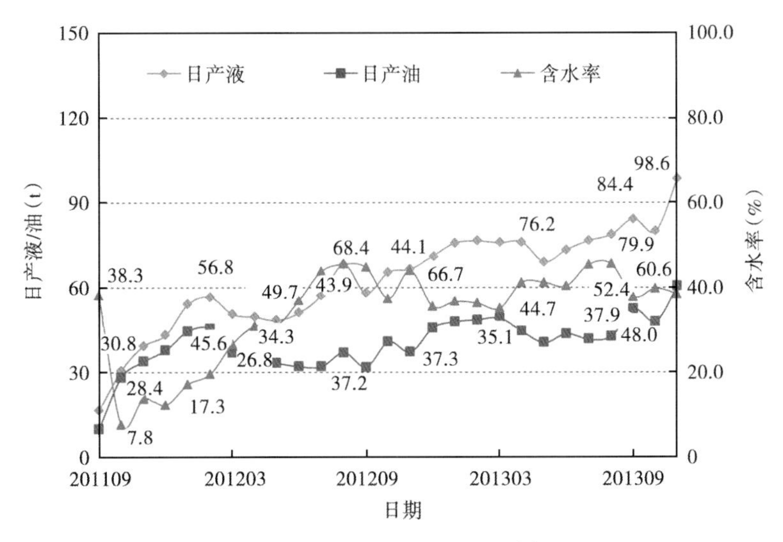

图6-4 吉008注水试验区梧桐沟组$P_3wt_2^{2-3}$油藏生产曲线图

四、常规水驱开发地面原油黏度界限

1. 数值模拟

利用纵向非均质、平面均质模型，模型参数采用吉008注水试验井组物性平均值，150m井距反七点注水井网，进行常规水驱开发地层条件下原油黏度上限研究。设定50℃地面原油黏度从20mPa·s到4000mPa·s等11种情况，分别注50℃常温水、150℃热水两种情况进行比较，确定不同黏度下两种水驱的采收率及热水驱相对常规水驱的盈利状况（表6-6、表6-7）。

对比发现：当地下原油黏度小于500mPa·s时，常规水驱具有优势；地层油黏度为500~800mPa·s时，热水驱效益好，可以考虑热水驱方式；地层油黏度大于800mPa·s时，热水驱实际增油量减少，开采效益变差，且水驱采收率低于10%，常温水驱及热水驱都无盈利空间（图6-5）。因此常温水驱的界限定为地层原油黏度小于500mPa·s。

表 6-6　常温水驱黏度界限测算基础数据表

参数	取值	参数	取值
储层厚度（m）	15	直井钻井成本（元/m）	3000
净毛比（%）	0.85	直井钻井进尺（m）	1600
孔隙度（%）	0.19	单井地面投资（万元/口）	150
渗透率（mD）	31~120	$70 油价（元/t）	2800
地下原油黏度（mPa·s）	5~800	吨油税费（元/t）	150
溶解气油比（m^3/m^3）	30.00	基础操作成本（元/t）	500
储层温度（℃）	52	常温水注水成本（元/t）	10
井距（m）	150	锅炉（万元/台）	700
注液强度（t/d）	30	井口 170℃热水成本（元/t）	34

表 6-7　不同黏度稠油常规水驱和热水驱效果对比表

地层原油黏度（mPa·s）	地面原油黏度（mPa·s）	常规水驱			150℃热水驱			差值比较	
		采收率（%）	采油速度（%）	净现值（万元）	采收率（%）	采油速度（%）	净现值（万元）	采收率（%）	净现值（万元）
5	20	42.5	3.2	92583	43.4	3.0	87660	0.9	-4923.04
30	120	30.0	2.5	55900	31.7	2.3	53602	1.7	-2297.56
50	200	26.6	2.1	45801	28.4	2.0	43397	1.8	-2403.49
100	400	20.8	1.6	28610	23.0	1.5	27062	2.2	-1548.29
200	800	17.9	1.4	20062	20.3	1.3	19020	2.4	-1042.05
300	1200	16.2	1.2	14919	18.9	1.1	14214	2.7	-704.98
400	1600	14.9	1.1	10967	17.7	1.1	10394	2.8	-572.22
500	2000	13.4	0.9	6541	16.7	0.9	7159	3.3	617.61
600	2400	11.0	0.9	-290	14.6	0.8	957	3.6	1247.13
800	3200	7.5	0.8	-10169	11.0	0.7	-8406	3.5	1762.12
1000	4000	4.9	0.7	-17460	7.3	0.6	-17376	2.4	84.67

2. 现场试验

吉 008 井区域 50℃地面原油黏度约 2000mPa·s，采用反七点井网 150m 井距开展注水试验。初期单井平均日产油 4.4t，含水率 8.9%。截至 2013 年 11 月，单井平均日产油 4.0t，综合含水率 40.0%，累计产油 3.11×10^4t，采出程度 5.0%，累计单井平均日产油 3.7t，生

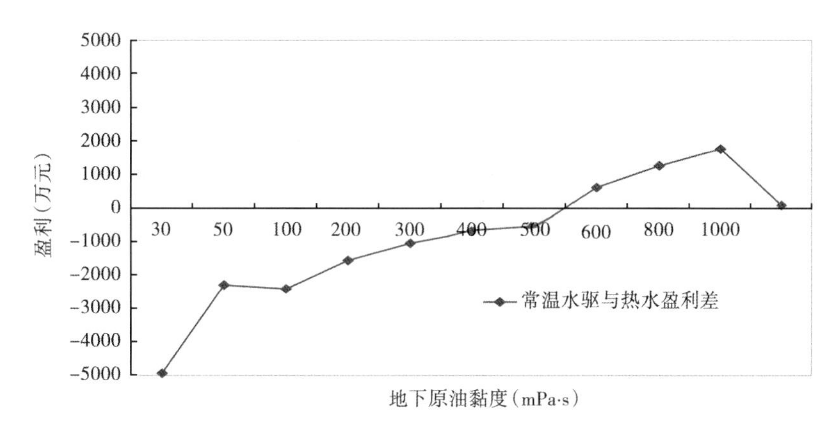

图 6-5 不同黏度常温水驱与热水驱盈利能力对比图

产效果好。说明地面原油黏度小于 2000mPa · s 的中深层稠油油藏可实施常规注水开发。

按照稠油油藏分类标准，地层原油黏度小于 150mPa · s（对应地面原油黏度 600mPa · s）的区域可以注水开发，该区域地质储量为 869. 32×10^4t。根据研究结果，吉 7 井区 50℃地面原油黏度为 600～2000mPa · s，初期开发方式以常规水驱为主，后续可采用氮气泡沫驱，新增水驱可动用地质储量 3391. 99×10^4t。50℃地面原油黏度大于 2000mPa · s 的区域建议再进行室内试验评价，确定针对性的开发策略（表 6-8）。

表 6-8 吉 7 井区梧桐沟组油藏地质储量动用分类表

50℃地面原油黏度（mPa · s）	地质储量（10^4t）	百分比（%）	开发方式
<600	869. 32	12	常规水驱
600～2000	3391. 99	47	常规水驱+氮气泡沫驱
>2000	2944. 55	41	蒸汽吞吐或火驱试验

第二节 开发效果评价

正确认识稠油水驱开发现状、开发规律，系统地提出一套评价指标和评价标准，采用合理的评价方法，建立完整的评价体系，全面判别其开发效果并提出治理方法非常重要。

一、吉 006 井断块注水效果

1. 吉 006 井区井位部署情况

吉 006 井区分 4 层进行常规注水方式开发，采用反七点法注采井网开展注水试验，如图 6-6 所示。

2. 注水试验井组开发状况

在 2015 年 12 月前，单井产油量为 2. 5t/d，含水率为 53. 5%，实验区生产历史曲线如图 6-7 所示。

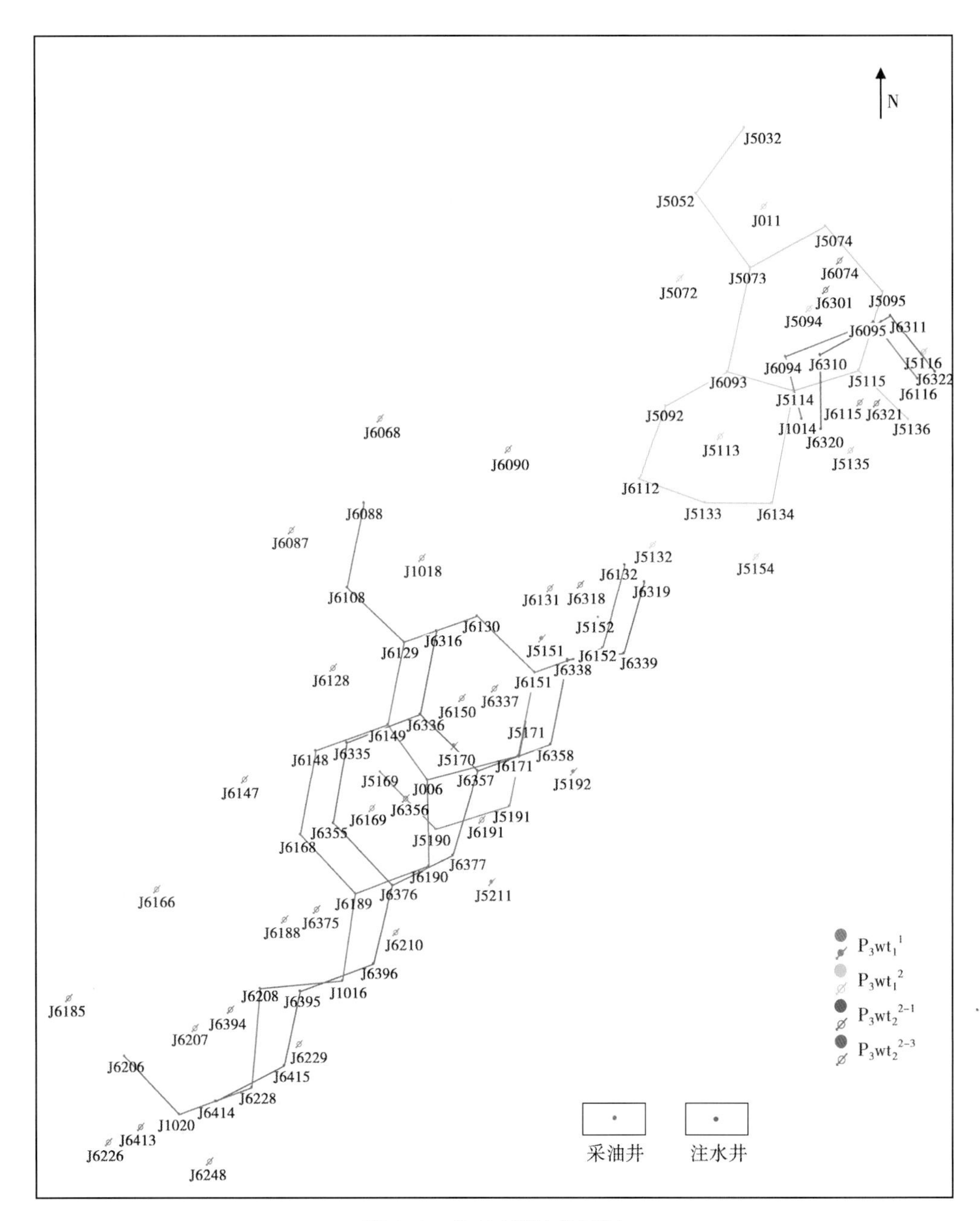

图 6-6　吉 006 断块井网图

3. 注水开发试验的效果分析

吉 006 井断块按照反七点注采井网 150m 井距分 4 套开发层系，共部署开发井 124 口，其中采油井 83 口，注水井 41 口（老井各利用 3 口），建产能 12.45×10^4t/a（图 6-8）。

其中，吉 006 井断块梧桐沟组 $P_3wt_2{}^{2-3}$油藏共投产采油井 19 口，2014 年 9 月初采，初期单井日产油 2.7~11.6t，平均为 7.0t，含水率为 7.9%。

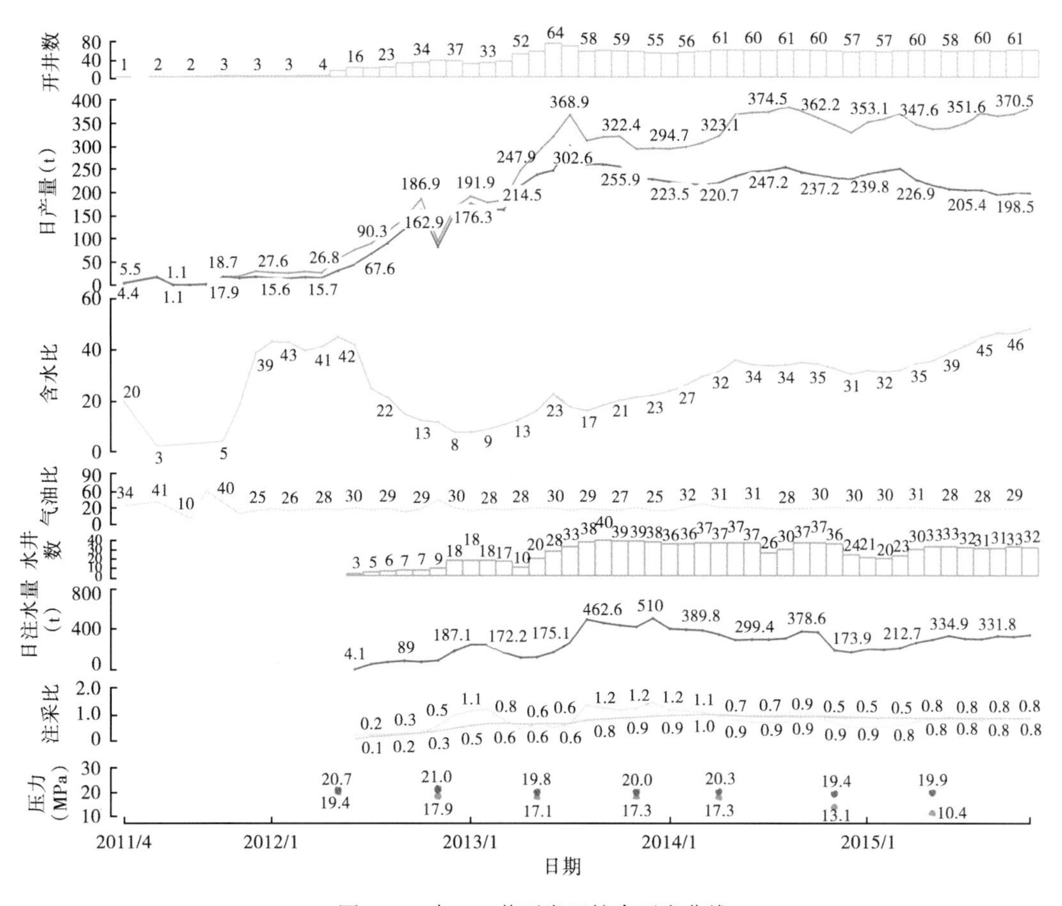

图 6-7 吉 006 井开发区综合开发曲线

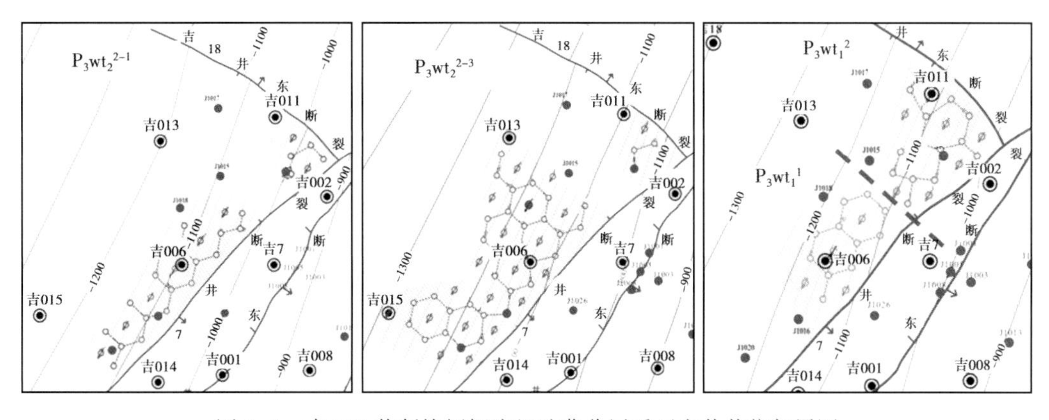

图 6-8 吉 006 井断块梧桐沟组油藏分层系开发井井位部署图

选取 2012 年 7 月投注的注水井 J6150 周边生产时间超过 6 个月的采油井（J6129、J6130、J6149、J6151、J6171 井）做开采曲线，从曲线和试采成果图上可以看出平均单井日产油量呈平稳趋势，说明注水是有一定效果（图 6-9）。

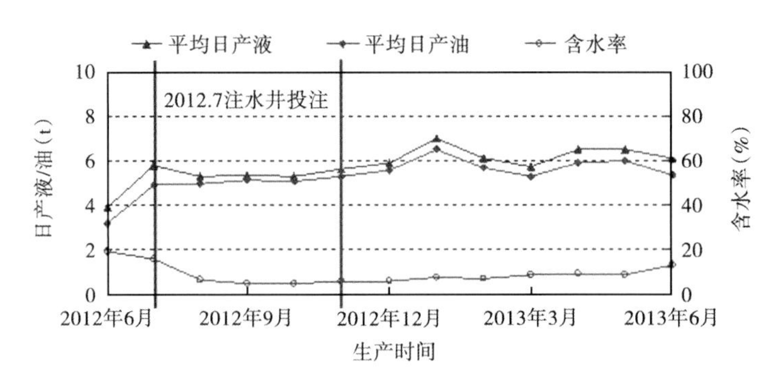

图 6-9 吉 006 井断块 $P_3wt_2^{2-3}$油藏 J6150 井组开采曲线

二、吉 008 井试验区注水效果分析

1. 注水试验井组部署情况

2011 年 4 月，吉 008 井区采用 7 注 12 采、150m 反七点法注采井网开展注水试验，统一在 $P_3wt_2^{2-3}$砂层射孔，2011 年 9 月注采同步。$P_3wt_2^{2-3}$平均油层厚度 14.9m，控制面积 0.45km²，地层条件下原油黏度平均为 374.0mPa·s，50℃地面原油黏度平均为 3000mPa·s，地质储量 70.98×10^4t（图 6-10）。

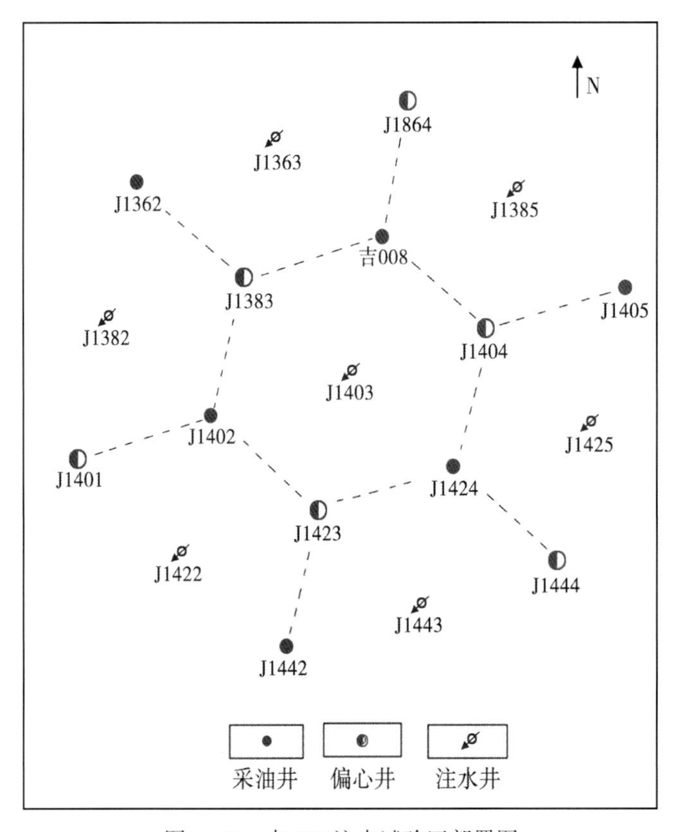

图 6-10 吉 008 注水试验区部署图

2. 注水试验井组开发状况

截至 2013 年 6 月，累计注水开发 22 个月，累计产油 2.54×10^4t，累计注水 $5.34\times10^4m^3$。平均单井日注水 $12.5m^3$，单井平均产油 4.1t/d，含水率 37.9%。

生产现状如图 6-11 所示。验区生产历史曲线如图 6-12 所示。

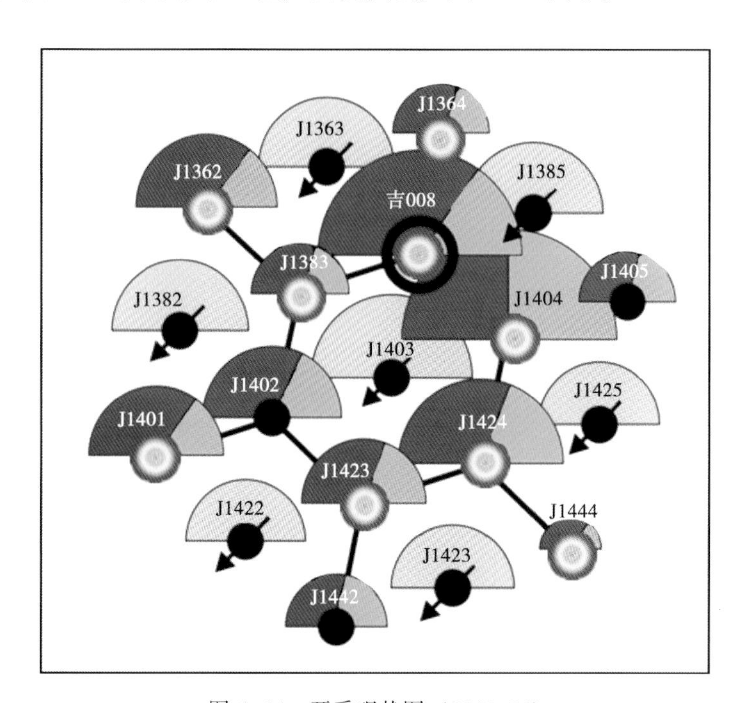

图 6-11 开采现状图（2013.06）

3. 注水开发试验的效果

吉 008 注水试验井组 12 口采油井，从注水开始大约 4 个月左右，含水率明显上升，平均见水时间约 130d。见水后，含水率快速上升，油量大幅度下降，显示注水见效较差的趋势特征。

2012 年 11 月，即注水 10 个月后，对 9 口生产井采取了提液措施，控制液面进一步升高，同时也适当地降低注水强度，使注采比由初期的 1.4 下降到 1.2 左右。经过这一调整措施后，试验井组的开发效果得到明显改善。采油生产井表现为：含水率稳定，液量、油量上升。其中有 7 口井效果显著，见到了明显的液量升高，油量稳定或增加，含水率一定幅度上升的见效特征；5 口井见到的注水效果稍差于第一种，表现为液量基本稳定，油量基本稳定（图 6-13、表 6-9）。

具体见到注水效果的指标表现在以下几个方面。

1）液量稳升、含水率先升后稳、递减小。

2012 年 11 月前，试验区含水率快速上升，日产油量下降，折算年水平自然递减为 43.2%；见到注水效果后，自然递减为负递减。试验区的折算年采油速度为 2.6%。

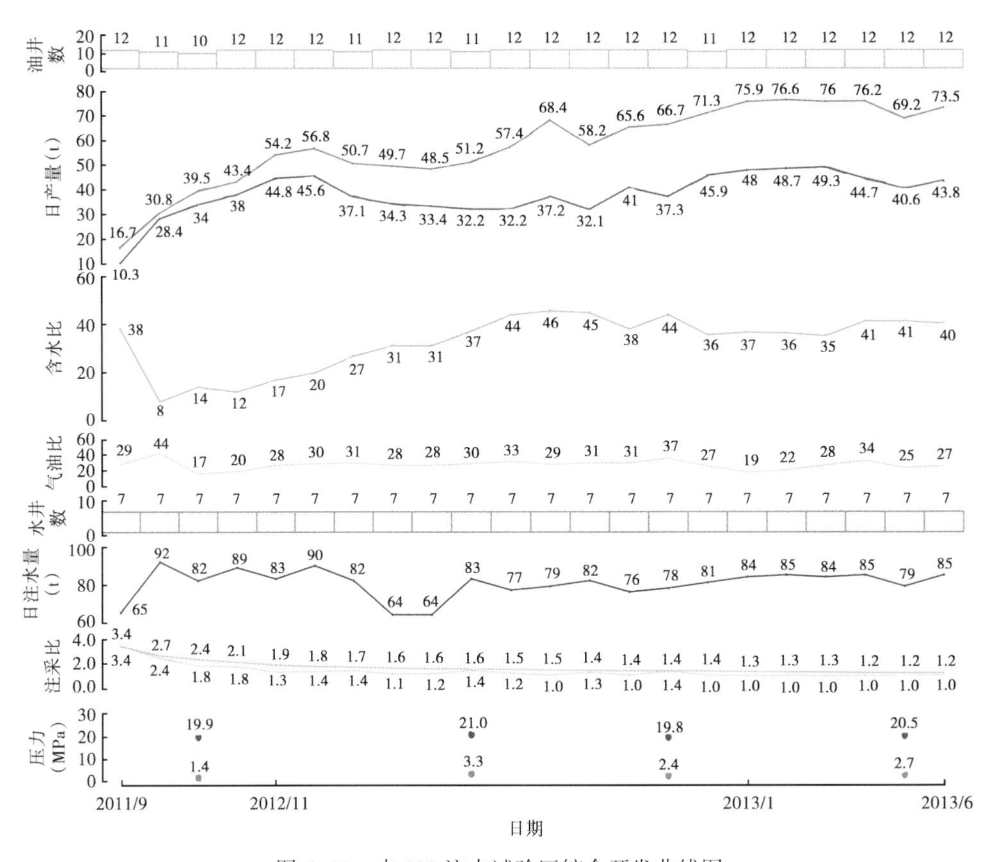

图 6-12　吉 008 注水试验区综合开发曲线图

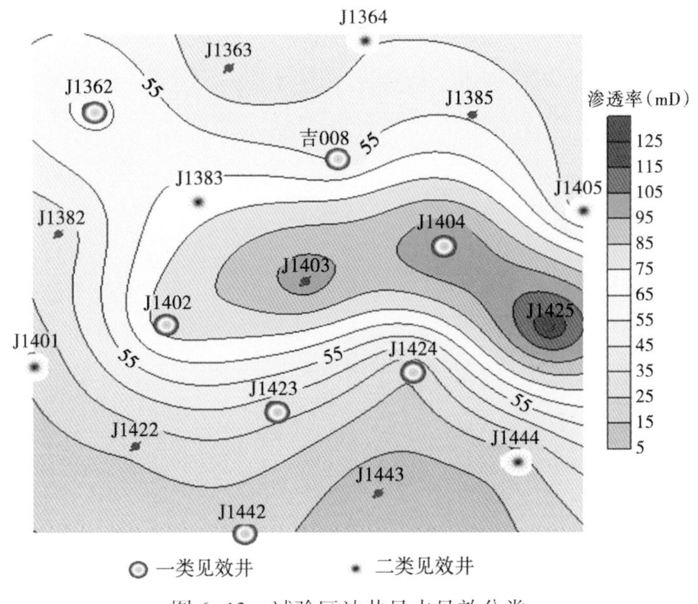

图 6-13　试验区油井见水见效分类

表 6-9 试验区油井见效见水分类

见效类别	表现形式	井数（口）	比例（%）	井 号
一类见效井	液量升、油量升或稳、含水升或稳定	7	58.3	J1362、吉 008、J1402、J1404、J1423、J1424、J1442
二类见效井	液量稳、油量稳	5	41.7	J1364、J1383、J1401、J1405、J1444

2）油藏压力保持程度高

由于同步注水、超前注水政策的实施，且在 2012 年 10 月前一直采用注大于采的开发策略，地层压力小幅增加。2012 年 10 月后，采取了生产井提液措施后，基本达到了注采平衡或注略大于采的情况，地层压力增加的幅度减小。采油井的生产测试的液面深度在 2012 年 10 月前平均为 172m，在 2012 年 10 月后测试平均为 589m，反应地层能量有明显的增加（图 6-14）。

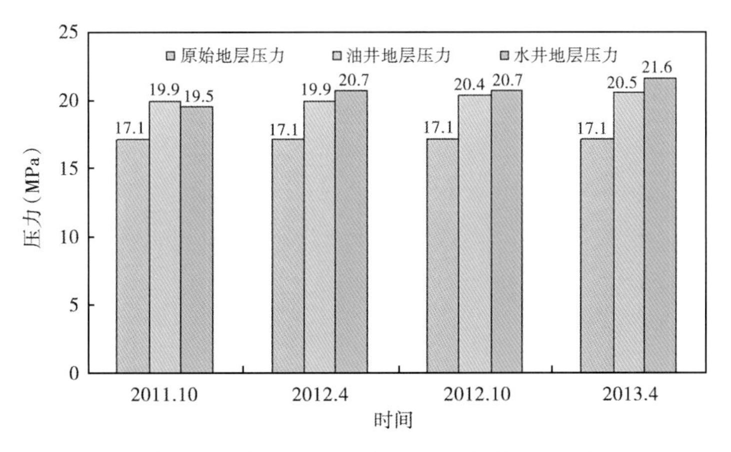

图 6-14 吉 008 注水试验区地层压力对比图

3）油井提液措施效果良好

从吉 008 试验区含水率变化来看，油井见水后，含水率快速上升，当含水率达到约 50%时趋于稳定，由于平面上水驱速度的非均质性，导致不同注水井的注入水到达采油井存在一定时间差，当新增注水见效方向时，油井动液面上升，对应生产压差减小，原有受效方向受到一定抑制，而且新的见效方向由于处于刚突破状态，对油井贡献的液量中油占主要部分（图 6-15），从纵向上看，由于油井见效后经过提液试采，生产压差增大，剖面矛盾得到一定缓解，原来不出油的低渗透层得到启动，使得含水率稳定。从含水上升率来看，含水上升阶段的阶段含水上升率为 19.7%，含水稳定阶段的阶段含水上升率为-1.2%（图 6-16）。

2012 年 10 月后，对 9 口采油井提液后，9 口井全部见效。平均单井日产液量、油量均为 1.0t，增幅分别为 22%、40%，含水下降 8 个百分点，沉没度下降约 200m，见表 6-10。

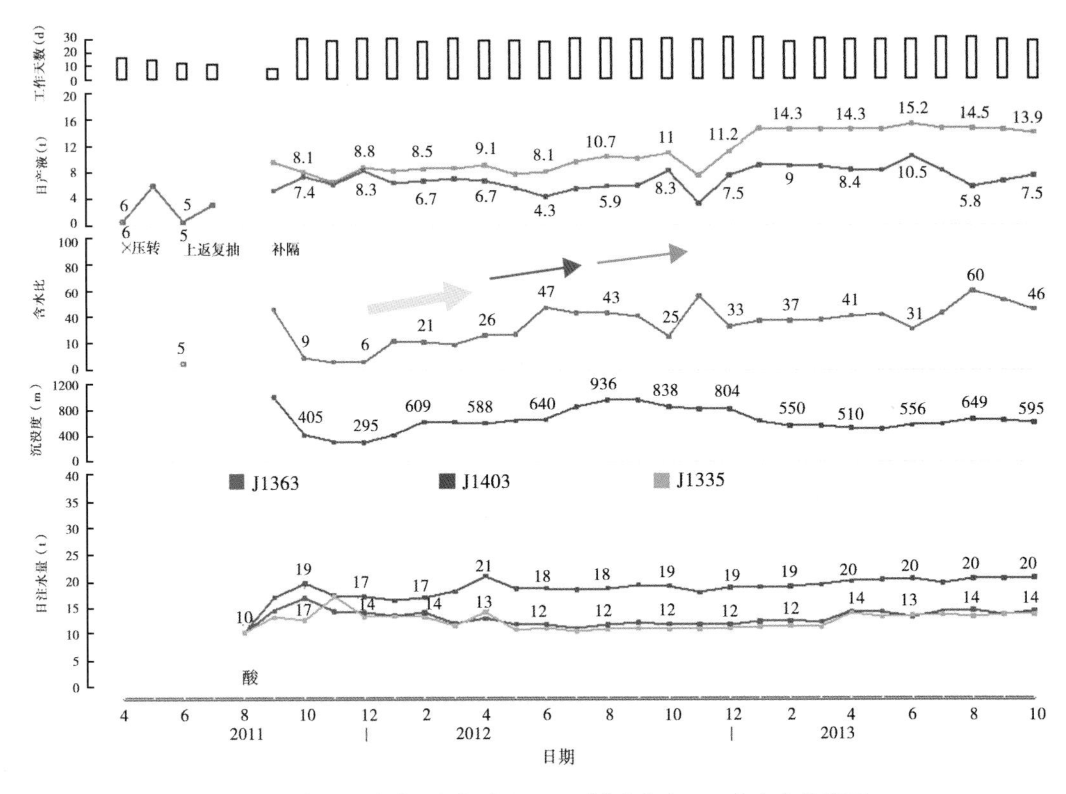

图 6-15　吉 008 试验区梧桐沟组 $P_3wt_2^{2-3}$ 油藏吉 008 井生产曲线图

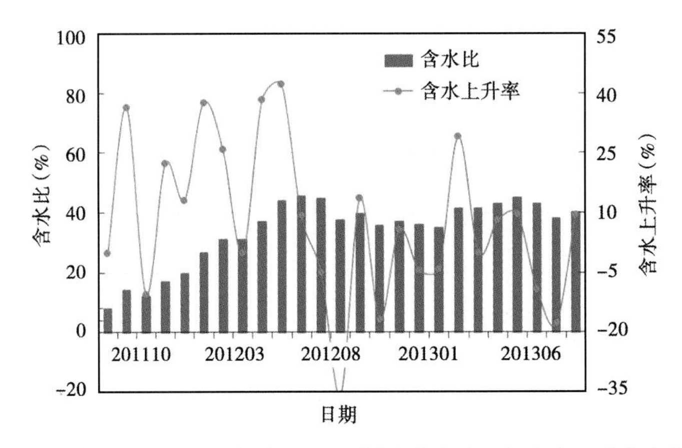

图 6-16　吉 008 试验区梧桐沟组 $P_3wt_2^{2-3}$ 油藏含水比与含水上升率变化图

4）剖面动用程度高

对比从投产以来，近 3 年的吸水剖面和产液剖面情况来看：2011 年，注水井平均吸水层数动用程度为 65.2%，厚度动用程度为 67.4%，生产井产液剖面层数动用程度为 75%，厚度动用程度为 83%。到 2013 年后，测试结果显示，注水井平均吸水层数动用程度上升到 69.6%，厚度动用程度为 73.4%，生产井产液剖面层数动用程度仍为 75%，厚度动用也保持在约83%。相对其他中低渗透注水开发油田而言，吉008井区试验井组的剖面动用程度较高，而且随着注水开发试验的逐步深入，动用程度还略有提高（图6-17、图6-18）。

表6-10 油井提液前后效果对比表

井号	提液前					提液后					日增油（t）
	日产液（t）	日产油（t）	含水比（%）	沉没度（m）	转速（r/min）	日产液（t）	日产油（t）	含水比（%）	沉没度（m）	转速（r/min）	
J1362	4.7	3.1	33	306	70	5.1	4.2	32	290	80	1.1
J1364	2.3	0.7	68	267	40	2.8	1.2	57	216	60	0.5
J1402	6.5	4.4	37	1395	70	7.5	5.2	33	843	90	0.8
J1405	1.8	1.5	16	195	60	3.9	2.6	34	59	70	1.1
J1423	3.3	2.0	39	271	80	4.1	2.9	33	241	90	0.9
J1424	7.8	1.7	78	291	90	10.2	3.6	65	157	100	1.9
J1442	2.3	1.4	40	86	60	3.1	1.8	42	59	70	0.4
J1444	2.1	1.6	29	1042	40	2.7	2.3	13	378	60	0.7
吉008	10.4	5.9	43	936	100	11.2	7.5	33	804	130	1.6
平均	4.6	2.5	46	532		5.6	3.5	38	339		1.0

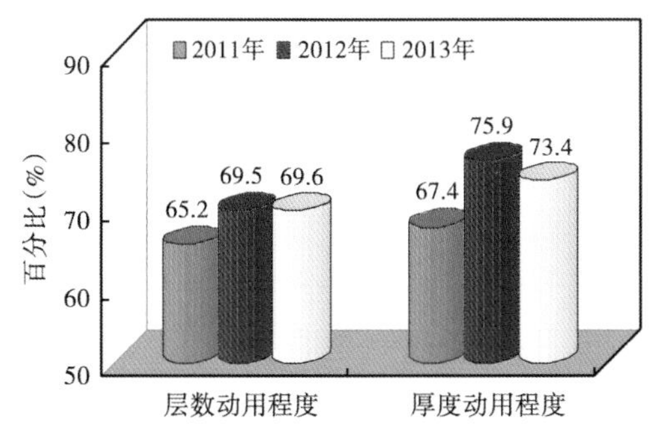

图6-17 吸水剖面动用程度图

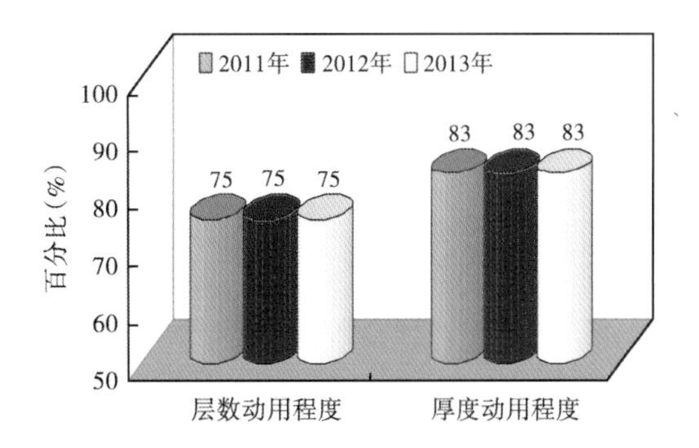

图6-18 产液剖面动用程度图

5）生产井多向受效特征显著

吉008注水先导试验井组开展了多期次的示踪剂监测，确定注水试验效果。从注采井间不同种类示踪剂的类别、发现时间、持续期间浓度大小监测，确定注水流的波及方向和强度。从多向受效所占的比率来看，注水达到了很好的平面波及效果，见表6-11。

表6-11 示踪剂见剂方向分类表

见剂方向（个）	井数（口）	井 号
单向	2	J1383、J1442
双向	5	J1362、J1364、J1423、J1424 、J1444
四向	3	J1402、J1404、吉008
未见剂	2	J1401、J1405

6）预测开发效果显著

自 2012 年 10 月，生产井采取提液措施后，区块日产油量增加，含水下降，从水驱预测曲线来看，采出程度曲线自 10%基线向 20%基线偏移，开发效果持续向好，证明注水试验的提液措施得当。从水驱预测曲线的发展趋势来看，预测水驱采收率在 16%～20%（图 6-19）。

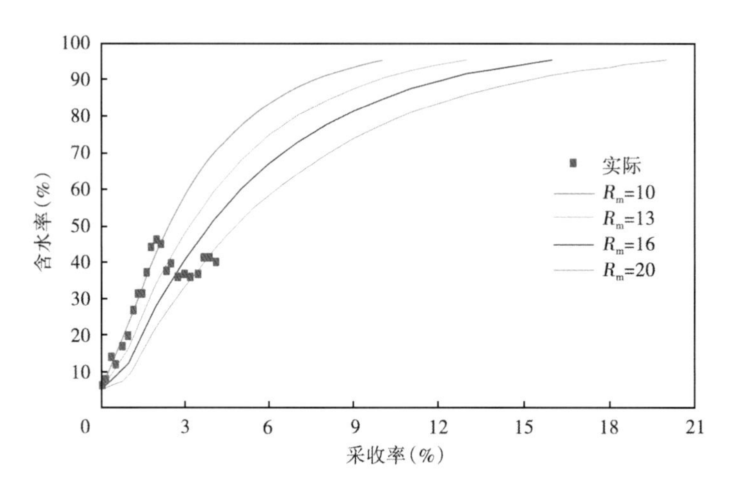

图 6-19　吉 008 注水试验区含水率与采收率关系图

4. 吉 008 注水试验井组效果评价

1）数值模拟模型

建模区域位于昌吉油田吉 7 井区吉 008 井注水试验井组，7 口注水井、12 口采油井，反七点注水井网，150m 井距，目的层 $P_3wt_2^{2-3}$；建模范围外扩 1 个井距，总面积 0.46km²，网格数总计 97875 个，其中 I 方向 75 个，J 方向 87 个，Z 方向 15 个，平面网格步长 10m，纵向上步长约为 1m。

根据地质模型输出成果，建立吉 008 井注水试验井组数值模拟模型（图 6-20）。模型参数见表 6-12。

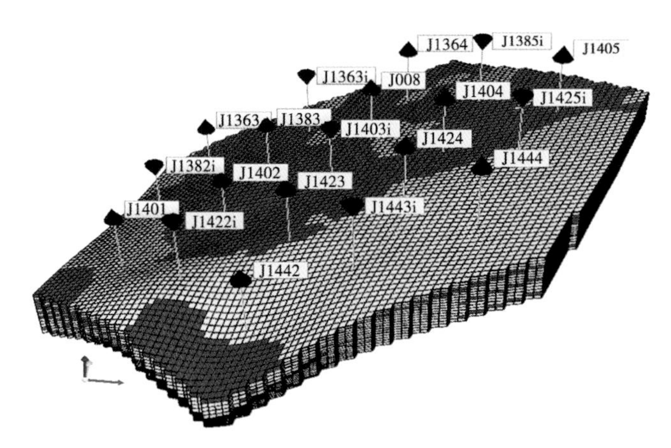

图 6-20　吉 008 井注水试验区数值模拟模型

表 6-12 吉 008 井注水试验区模型参数统计表

特征	平均值	特征	平均值
中部深度（m）	1580.0	地层压力（MPa）	16.5
油层温度（℃）	52.5	地饱压差（MPa）	6.8
地面原油密度（g/cm^3）	0.945	地层原油密度（g/cm^3）	0.911
50℃地面脱气油黏度（mPa·s）	3000.0	地层原油黏度（mPa·s）	374.0
有效厚度（m）	14.9	渗透率（mD）	71.8
含油饱和度（%）	59.0	孔隙度（%）	19.3
压缩系数（1/MPa）	1×10^{-5}	地质储量（10^4t）	77.8

2）历史拟合

从 2011 年 9 月 1 日投产，至 2013 年 01 月，拟合累计产液量 21093t，产油量 18700t，含水率 35%，油量误差 0.3%。阶段采出程度 2.6%。地层压力因长期注采比高于 1.2，而压力略有提升。

总体上，试验区生产动态与预测趋势比较一致，由于个别井现场洗井、调关等措施造成生产动态上下波动比较大。如 J1405 井生产动态与预测趋势比较一致，日产油和含水率动态拟合较好（图 6-21）。吉 008 井日产油和含水率动态波动较大，但总的生产规律与预测趋势比较一致（图 6-22 至图 6-24）。

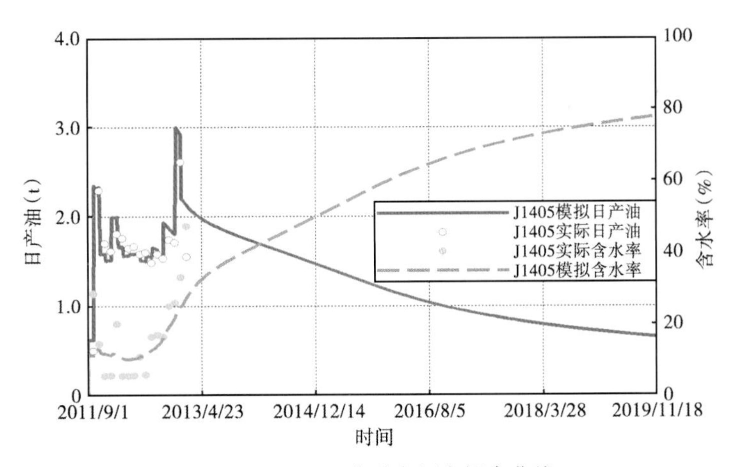

图 6-21 J1405 井动态历史拟合曲线

3）拟合结果分析

从历史拟合成果分析发现，该区注水试验有以下特点：

（1）平均地层压力略有上升。

因注采比大于 1.0，整个注水过程中，注入井底压力逐渐升高，从原始压力 17.1MPa 上升到目前的 17.3MPa。注水约 4 个月后，注采井间基本建立起压力驱动关系（图 6-25、图 6-26）。

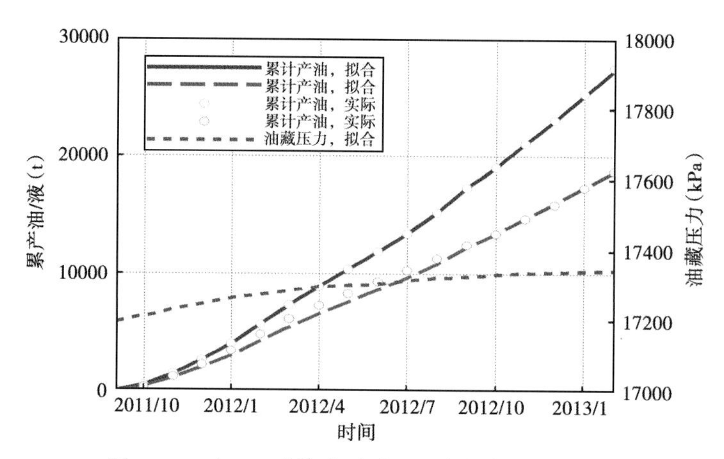

图 6-22　吉 008 井注水试验区历史拟合曲线（一）

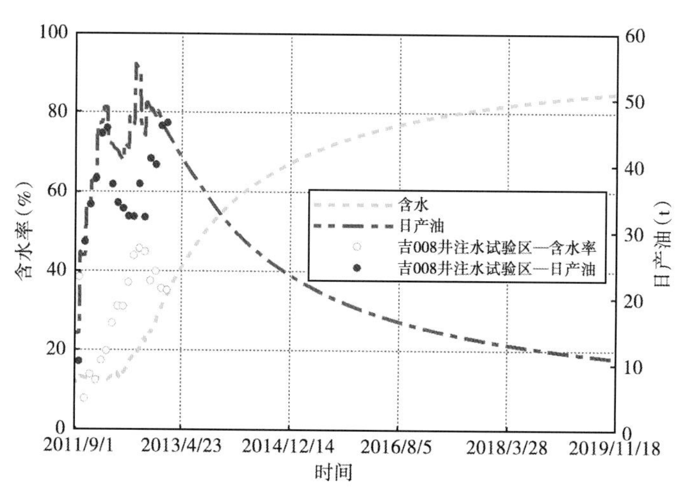

图 6-23　吉 008 井注水试验区历史拟合曲线（二）

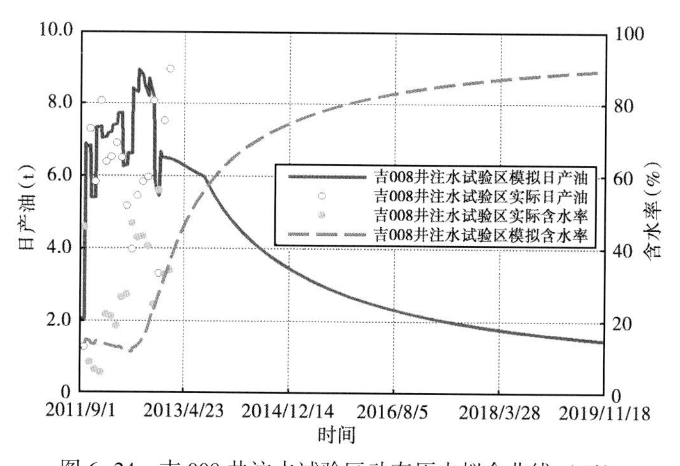

图 6-24　吉 008 井注水试验区动态历史拟合曲线（三）

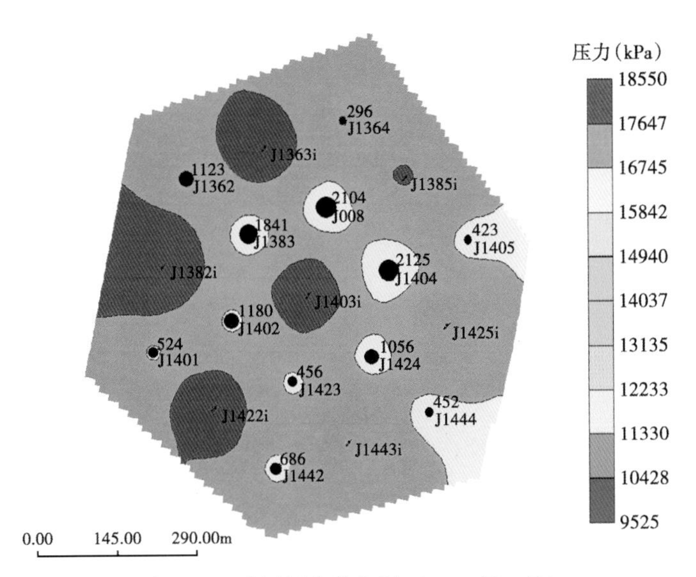

图 6-25　地层压力分布图（2013 年 1 月）

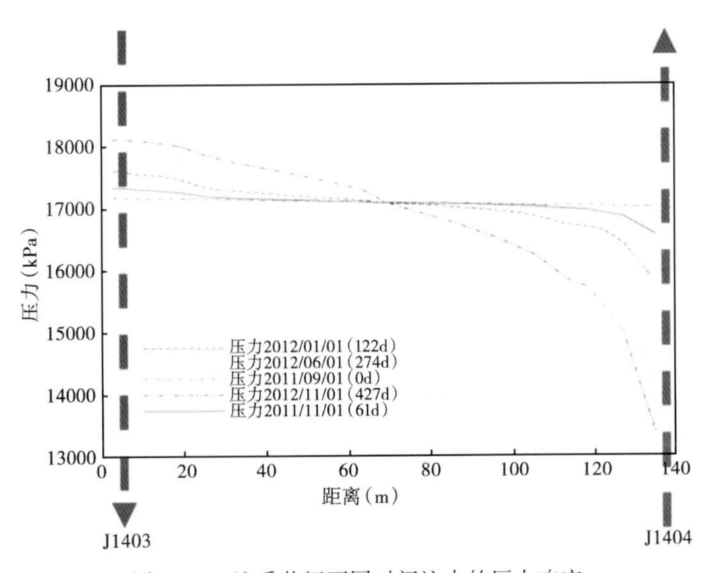

图 6-26　注采井间不同时间注水的压力响应

（2）注水波及状况良好，剩余油主要分布于井间及低渗透层段。

试验区中心，油层主体部位的注采井间、河道拐弯处是剩余油富集区，试验区边部的低渗透油层也是剩余油富集区（图 6-27、图 6-28）。

（3）注水温度偏低，造成一定储层伤害。

因注入水温度低于油藏温度 4~5℃，注入井附近 15m 范围内，温度有所下降，地层油黏度增加 20%。如图 6-29、图 6-30 所示。

（4）预测采收率约为 16%。

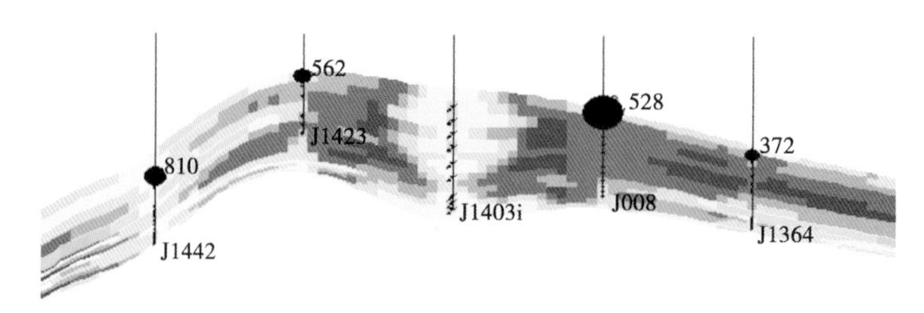

图 6-27　过 J1442—J1364 井含油饱和度剖面

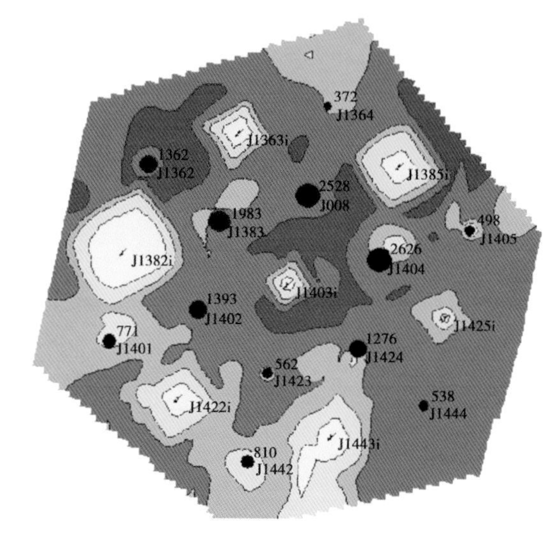

图 6-28　数值模拟第 8 层含油饱和度图（2013 年 1 月）

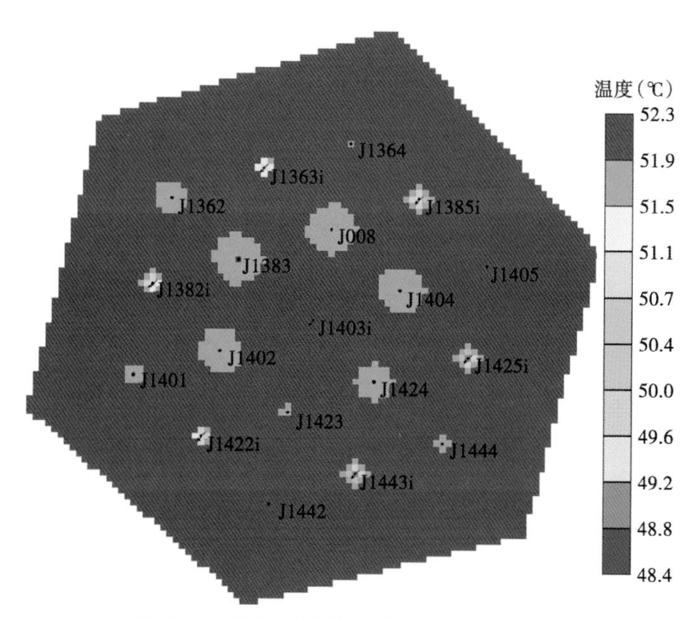

图 6-29　地层温度等值图（2013 年 1 月）

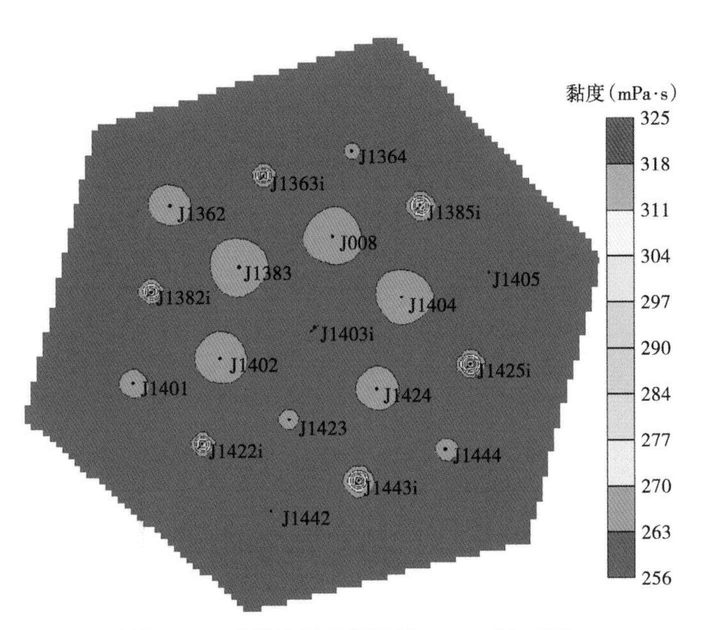

图 6-30 地层油黏度等值图（2013 年 1 月）

按目前注采参数，根据数值模拟预测，当采收率大于 5%时，含水率将快速上升。大部分原油将在高含水期采出，且采油速度大幅下降，最终有效采收率约为 15.5%（图 6-31）。

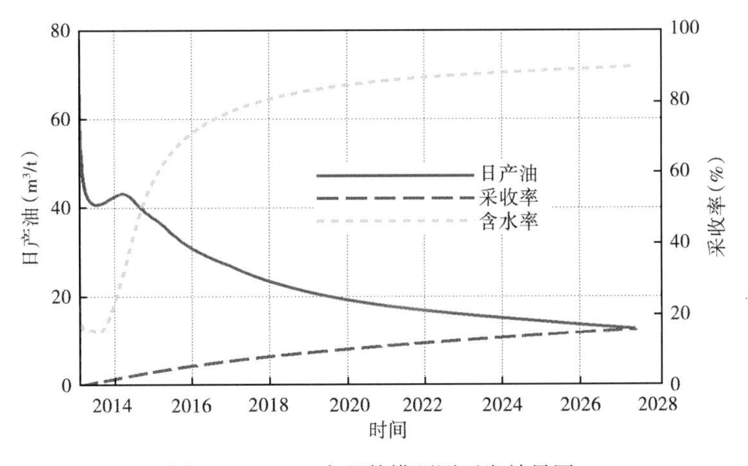

图 6-31 50℃水驱数模预测开发效果图

对吉 006 井断块和吉 008 井试验区注水效果分析，并根据室内实验及数模结果及时调整开发方式，最终均得到较好的开发效果。吉 006 井断块生产时间大于 1 年的 13 口采油井，从递减情况来看，油井见水见效之前，折算年水平自然递减 33.6%，见效后折算年水平自然递减 8.8%，递减大大减缓；吉 008 井区注水见效后含水稳中有降，油量上升，递减趋势为负递减，注水效果显著。因此，对于地层原油黏度小于 500mPa · s 的中深层稠油油藏可先实施常规注水开发，后期转氮气泡沫等方式提高采收率。

参考文献

Thakur G C，Satter A. 2001. 油田注水开发综合管理 . 北京：石油工业出版社，2-10.

邴绍献 . 2013. 基于特高含水期油水两项渗流的水驱开发特征研究 . 西南石油大学 .

蔡国刚，鞠俊成 . 2010. 辽河西部凹陷稠油成藏机制及深化勘探方法探讨 . 特种油气藏，17（4）：35-38.

代鹤伟 . 2008. 东风港油田车 40、车 44 块油藏地质特征及开发效果评价 . 中国石油大学 .

德勒恰提·加娜塔依，张明玉，陈春勇，等 . 2011. 准噶尔盆地吉木萨尔凹陷东部二叠系梧桐沟组湖底扇沉积特征及展布 . 石油学报，33（6）：687-692.

丁树柏，王天成 . 2001. 依靠科技进步，加快稠油开发步伐 . 石油科技论坛，20（6）：15-17.

杜殿发，王学忠，崔景云，等 . 2010. 稠油注蒸汽热采的替代技术探讨 . 油气田地面工程，29（10）：54-56.

郭雄华，汤志强，张国荣，等 . 1999. 空心杆过泵电加热装置在孤东稠油开采中的应用 . 油气采收率技术，6（1）：83-86.

康玉柱，张大伟，赵先良，等 . 2014. 中国非常规油气地质学 . 北京：地质出版社，8-12.

匡立春，孙中春，欧阳敏，等 . 2013. 吉木萨尔凹陷芦草沟组复杂岩性致密油储层测井岩性识别 . 测井技术，37（6）：638-642.

黎文清，李世安 . 1993. 油气田开发地质基础（第二版）. 北京：石油工业出版社 .

李传亮 . 2005. 油藏工程原理 . 北京：石油工业出版社 .

李涛，何芬，班艳华，等 . 2005. 国内外常规稠油油藏开发综述 . 西部探矿工程，12（116）：80-84.

李秀娟 . 2008. 世界稠油资源的分布及其开采技术的现状与展望 . 内蒙古石油化工，5（21）：61-65.

林立民，李君珍，张淑坤 . 2005. 利用注水井酸化工艺提高油田开发效果 . 油气田地面工程，24（7）：21-22.

刘潮勇 . 2009. 螺杆泵采油系统优化技术研究及其实现 . 大庆石油学院 .

刘海龙 . 2012. 一维水驱油恒压驱替渗流过程推导 . 大庆石油学报，36（3）：90-95.

刘汝敏，罗智，王震，等 . 2010. 正交试验方法在储层地质建模中的应用 . 石油天然气学报，32（4）：208-210.

刘涛 . 2014. 鲁克沁稠油油藏射孔优化设计研究 . 西南石油大学 .

刘文章 . 1997. 稠油注蒸汽热采工程 . 北京：石油工业出版社，5-13.

刘文章 . 1983. 关于我国稠油分类标准的初步研究 . 石油钻采工艺，1（2）：41-50.

刘文章 . 1998. 普通稠油油藏二次热采开发模式综述 . 特种油气藏，2（5）：1-7.

刘新福 . 1996. 世界稠油开采现状及发展趋势 . 石油勘探开发情报，5（4）：43-53.

刘新生，张宏 . 2010. 压裂支撑剂选择技术探讨 [A]. 西安石油大学、陕西省石油学会、国家外国专家局信息中心 . 国际压裂酸化大会论文集 [C]. 西安石油大学、陕西省石油学会、国家外国专家局信息中心：5.

楼章华，赵霞飞 . 大龙口地区仓房沟群的沉积环境及其演化 [J]. 石油与天然气地质，1995，16（1）：31-39.

陆先亮，陈辉，栾志安，等 . 2003. 氮气泡沫热水驱油机理及实验研究 [J]. 西安石油学院学报（自然科学版），18（4）：49-52.

罗鸿成，梁成钢，单国平，等 . 2014. 深层稠油油藏常温注水试验效果评价——以昌吉油田吉 008 试验区为例 . 新疆石油天然气，10（4）：58-61.

马丽，许冬进，王亮，等 . 2013. 中深层稠油油藏开采工艺技术试验研究 . 石油科技论坛，（6）：20-22+48+65.

穆金峰，吕有喜，魏三林，等．2010. 超深稠油螺杆泵举升工艺技术研究与应用．石油矿场机械，39（2）：72-75

彭永灿，史燕玲，崔志松，等．2014. 中深层稠油油藏有效开发方式探讨——以昌吉油田吉 7 井区梧桐沟组油藏为例．石油天然气学报，36（12）：183-186.

任芳祥，孙洪军，户旭昊，等．2012. 辽河油田稠油开发技术与实践．特种油气藏，19（1）：1-6.

任龙．2007. 螺杆泵采油系统新进展．海外油田工程，23（1）：30-56

沈德煌，张义堂，张霞，等．2005. 稠油油藏蒸汽吞吐后转注 CO_2 吞吐开采研究．石油学报，26（1）：83-86.

孙靖，王斌，薛晶晶，等．2011. 准噶尔盆地吉木萨尔凹陷东斜坡二叠系梧桐沟组储层特征及影响因素．岩性油气藏．23（3）：44-48.

孙卫，史成恩，赵惊蛰，等．2006. X-CT 扫描成像技术在特低渗透储层微观孔隙结构及渗流机理研究中的应用．地质学报，80（5）：775-780.

王楠．2014. 稠油油藏整体压裂技术研究．西南石油大学．

王旭．2006. 辽河油区稠油开采技术及下步技术攻关方向探讨．石油勘探与开发，33（4）：484-489.

熊湘华．2003. 低压低渗透油气田的低伤害压裂液研究．西南石油学院．

杨樟柏．2006. 提高螺杆泵举升性能研究．大庆石油学院．

于连东．2001. 世界稠油资源的分布及其开采技术的现状与展望．特种油气藏，8（2）：98-103.

张方礼．2007. 辽河油田稠油注蒸汽开发技术．北京：石油工业出版社，10-20.

张方礼．2007. 稠油开发实验技术与应用．北京：石油工业出版社，1-6.

张健，刘楼军，黄芸，等．2003. 准噶尔盆地吉木萨尔凹陷中—上二叠统沉积相特征［J］. 新疆地质，21（4）：412-414.

张伟．2010. 精细油藏地质模型的建立及其应用．中国石油大学．

周渤然，田中华，赵碧华，等．1994. 用 CT 技术确定砂岩的孔隙度．测井技术，18（3）：178-184.

周明晖．2009. 储层地质模型的建立及动态实时跟踪研究．中国石油大学（北京）．

朱键．2013. 吉木萨尔凹陷东部二叠系梧桐沟组沉积相研究．长江大学．

邹才能．2011. 非常规油气地质学．北京：地质出版社，5-10.

邹艳霞．2006. 采油工艺技术．北京：石油工业出版社．